国家科技支撑计划课题（2015BAK11B03）资助出版

城镇排水管道
检测与评估技术指南

安关峰　主编

中国建筑工业出版社

图书在版编目（CIP）数据

城镇排水管道检测与评估技术指南 / 安关峰主编 . 北京：中国建筑工业出版社，2024. 10. -- ISBN 978-7-112-30445-5

Ⅰ . TU992.4-62

中国国家版本馆 CIP 数据核字第 2024SU3504 号

责任编辑：李玲洁　王　磊
责任校对：张　颖

城镇排水管道检测与评估技术指南
安关峰　主编
*
中国建筑工业出版社出版、发行（北京海淀三里河路 9 号）
各地新华书店、建筑书店经销
北京海视强森图文设计有限公司制版
临西县阅读时光印刷有限公司印刷
*
开本：787 毫米 ×1092 毫米　1/16　印张：$14^1/_2$　字数：297 千字
2024 年 12 月第一版　2024 年 12 月第一次印刷
定价：**148.00** 元
ISBN 978-7-112-30445-5
（43723）

如有内容及印装质量问题，请与本社读者服务中心联系
电话：（010）58337283　QQ：2885381756
（地址：北京海淀三里河路 9 号中国建筑工业出版社 604 室　邮政编码：100037）

编委会

主　编

安关峰

编写人员

孙跃平　李　强　代　毅　吕耀志　连　峰　曲　垚

赵乐军　郑洪标　叶绍泽　李远文　杨　粤

主编单位

广州市市政集团有限公司

参编单位

上海管丽建设工程有限公司

深圳市博铭维科技股份有限公司

武汉特瑞升电子科技有限公司

武汉中仪物联技术股份有限公司

中城院（北京）环境科技股份有限公司

深圳市工勘建设集团有限公司

天津市政工程设计研究总院有限公司

山东省建筑科学研究院有限公司

广城工程技术（广州）有限公司

前 言

随着《国务院关于印发水污染防治行动计划的通知》(国发〔2015〕17号)的发布，全国各省、自治区、直辖市按照“问题在水里，根源在岸上，核心在管网，关键在排口”黑臭水体整治技术路线，全面贯彻“控源为本，截污优先；远近兼顾，近期优先；点线统筹，排口优先；系统整治，诊断优先；建管并重，修复优先”五个优先原则，全力推动城镇既有排水管网的改造工程。《住房和城乡建设部、生态环境部、发展改革委关于印发城镇污水处理提质增效三年行动方案（2019—2021年）的通知》(建城〔2019〕52号)明确提出加快补齐城镇污水收集和处理设施短板，尽快实现污水管网全覆盖、全收集、全处理的要求。近20年来，中国城镇排水管道建设飞速发展，目前里程约120万公里，为建设“蓝天常在、青山常在、绿水常在”的美丽中国，城镇排水管道检测与评估工作如火如荼，方兴未艾。

《城镇排水管道检测与评估技术规程》CJJ 181—2012对排水管道（包括检查井、雨水口）的检测方法、结构性缺陷、功能性缺陷的判定和缺陷等级评估做了规定。随着技术进步和市场发展，更多、更新、更先进的排水管道检测技术和设备不断涌现，《室外排水管道检测与评估技术规程》T/CECS 1507—2023正式发布，并于2024年5月1日实施，该规程对既有和新兴的检测设备、检测方法进行了规范，进一步加强了我们对管道的检测能力。为了更加详细指导城镇排水管道的检测和评估工作，基于《城镇排水管道检测与评估技术规程》CJJ 181—2012和《室外排水管道检测与评估技术规程》T/CECS 1507—2023两本标准，编委会特编制了《城镇排水管道检测与评估技术指南》(以下简称《指南》)，以促进排水管道检测事业发展。

《指南》共分为15章。主要内容是：排水管道工程技术发展、工作方法、管道闭路电视检测、管道潜望镜检测、管道胶囊检测、激光检测、声呐检测、电法测漏仪检测、管中雷达检测、传统方法检查、探地雷达检测、缺陷智能识别、管道评估、全景激光量化检测技术、检查井和雨水口检测与评估。每一项检测技术介绍了概述、检测原理、设备类型和技术特点、检测方法和市场参考指导价等内容，评估涵盖了先进的缺陷智能识别技术，内容丰富、图文并茂，并提供了检测实例和检测技术市场参考指导价，同时方便工程技术人员、管理人员的理解与使用。

《指南》可供排水管道检测单位、工程设计和施工单位、排水管道养护单位和建设单位的相关人员、质量监督人员使用，也可作为大专院校市政工程和给水排水工程专业的教学科研参考书。

《指南》在使用过程中，敬请各单位总结和积累经验，随时将发现的问题和意见寄交广州市市政集团有限公司（通信地址：广州市环市东路338号银政大厦23楼，邮编：510060；E-mail：13318898238@126.com），以供今后修订时参考。

目 录

第 1 章

排水管道工程技术发展

1.1 我国排水管道工程技术发展现状

1.1.1 城镇排水体制和排水系统的组成

城镇排水可分为三类，即生活污水、工业废水和降水径流。城市污水是指排入城市排水管道的生活污水和工业废水的总和。将城市污水、大气降水有组织地进行收集、处理和排放的工程设施称为排水系统。

排水系统就是收集、输送、处理、再生和处置污水和雨水的设施以一定方式组合成的总体，通常由管道系统（或称排水管网）和污水处理系统（即污水处理厂）组成。管道系统是收集和输送污水的设施，把污水从污染源输送至污水处理厂或出水口，它包括排水设备、检查井、管渠、泵站等工程设施。污水处理系统是处理和利用废水的设施，它包括城市及工业企业污水处理厂中的各种处理构筑物及除害设施等。

城市污水和降水的汇集排除方式，称为排水体制，按汇集方式可分为合流制和分流制两种基本形式。

合流制排水系统是指将城市污水和降水采用一个管渠系统汇集输送的系统，根据污水、废水、降水汇集后的处置方式不同，合流制系统又分为直流式合流制和截流式合流制。将城市污水和降水混合在一起称为混合污水。直流式合流制是将未经处理的混合污水用统一的管渠系统分若干排水口就近直接排入水体，我国许多城市旧城区的排水方式大多是这种系统，由于这种系统易造成水体污染，故新建城区的排水系统已不采用这种体制。截流式合流制在晴天时将管中汇集的城市污水全部输送到污水处理厂；雨天时当混合污水超过一定数量时，其超出部分通过溢流井泄入水体，部分混合污水仍然送入污水处理厂经处理后排入水体，这种体制目前应用比较广泛。合流制排水系统示意图见图 1.1-1。

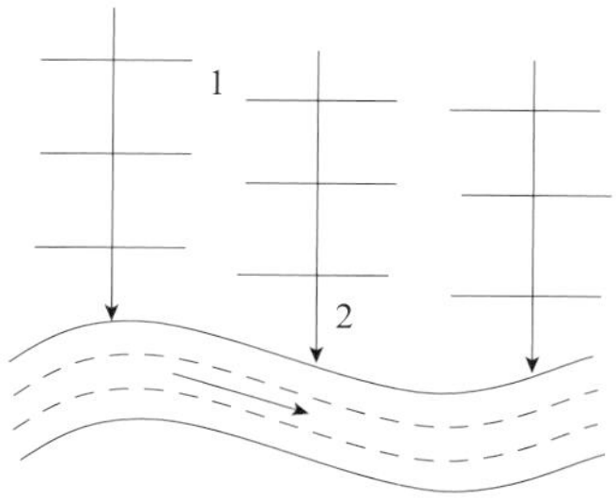

（a）直流式

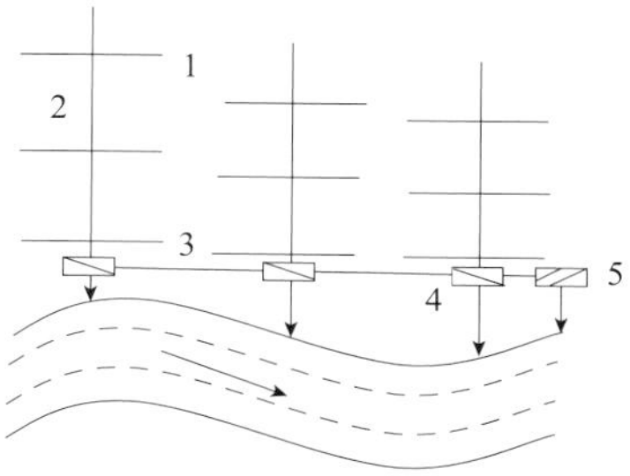

（b）截流式

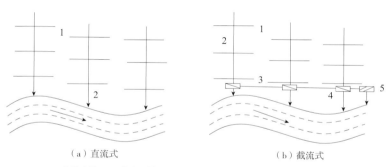

1—合流支管；2—合流干管；3—截留主干管；4—溢流井；5—污水处理厂

图 1.1-1 合流制排水系统示意图

当生活污水、工业废水、降水径流用两个或两个以上的排水管渠系统汇集和输送时，称为分流制排水系统，其中汇集生活污水和工业废水中生产污水的系统称为污水排水系统；汇集和排泄降水径流和不需要处理的工业废水的系统称为雨水排除系统；只排除工业废水的系统称为工业废水排除系统。分流制排水系统示意图见图 1.1-2。

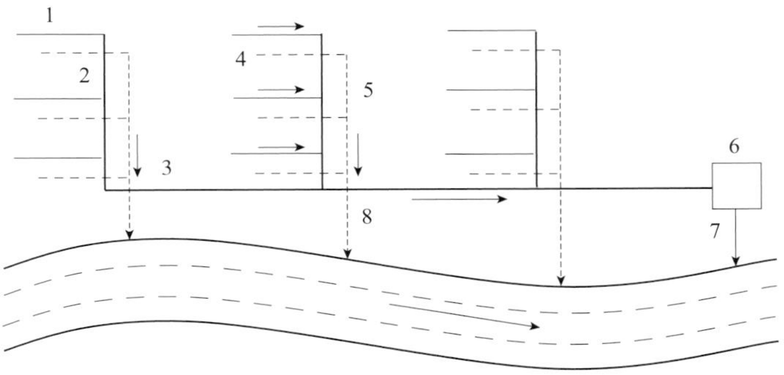

1—合流支管；2—合流干管；3—截留主干管；4—雨水支管；5—雨水干管；6—污水处理厂；
7—污水出口；8—雨水出口

图 1.1-2 分流制排水系统示意图

我国在城市排水方面一直偏重于污水处理技术的研究，对城市排水体制方面的关注不足。城市排水系统作为一个整体，城市排水管网领域的现代科学理论和技术已大大落后，与先进的城市污水处理理论与技术形成了强烈反差。排水体制的合理选择不仅关系到城市雨污水的收集排放、排水系统的适用性和经济效益问题，而且更重要的是能否满足水资源和环境保护的要求，能否有效实现城市点源污染和非点源污染总量的控制，以及能否符合城市生态和可持续发展的要求。

截至 2020 年，全国城市污水处理厂 2618 座，处理能力为 19267 万 m^3/d，污水年排放量 5713633 万 m^3，污水年处理量为 5572782 万 m^3，污水日处理量为 19267 万 m^3。城市污水处理率为 97.53%，城市污水处理厂集中处理处理率为 95.78%。与此同时，我国仍存在污水配套管网建设相对滞后、设施建设不平衡、部分处理设施不能完全满足环保新要求、多数污泥尚未得到无害化处理处置、污水再生利用程度低、设施建设和运营资金不足、运营监管不到位等问题。“十四五”期间，新增污水处理能力 2000 万 m^3/d，新增和改造污水收集管网 8 万 km。全部建成后，所有设市城市均建有污水处理厂，所有县均具有污水处理能力，各省（区、市）污水处理率均达到规划确定的目标，全面提升全国污水处理服务水平。

在排水体制的选择上，应结合各地的实际情况选择分流制。分流制虽然有很多优点，但对于无法拓宽道路、改造原有小区排水系统的老城区以及像大城市的住房阳台改成厨房或装上洗衣机的情况，生活污水会直接进入雨水管道系统，无法实施雨、污分流，导致投资浪费和水体污染加剧。发达国家的实践表明，为了进一步改善受纳水体的水质，将合流制改造为分流制的费用高且控制效果有限，因此，在排水体制的选择上应改变观念，允许部分地区在相当长的时间内采用截流式合流制系统，并将提高污水的处理率作为工作的重点。在对老城市合流制排水系统改造时要结合实际制定可行方案，在各地新建开发区规划排水系统时也需充分分析当地条件、资金的合理运作，并从管理水平、动态发展的角度进行研究，不应盲目模仿、生搬条款。对于已有二级污水处理厂的合流制排水管网，应在适当的地点建造新型的调节、处理设施（滞留池、沉淀渗滤池、塘和湿地等），这是进一步减轻城市水体污染的关键性补充措施。

西方国家的实践表明，在合流制系统中建造上述补充设施则较为经济而有效。所以，国外排水体制的构成中带有污水处理厂的合流制仍占相当高的比例。英、法等国家的大部分城市也仍保留了合流制系统，以控制非点源污染并保证污水的处理率，修建合流管渠截流干管，即改造成截流式合流制排水系统，莱茵河和泰晤士河的水体都得到了很好的保护。而西德在 1987 年的合流制下水道长度占总长度的 71.2%，且该国专家认为通常应优先采用合流制，分流制要建造两套完整的管网，耗资大、困难多，只在条件有利时才采用。至 20 世纪 80 年代末，西德建成的调节池已达计划容量的 20%，虽然其效果难以量化，但是截送到处理厂的污水量增加了、河湖的水质有了显著的改善。德国鲁尔河协会（Ruhriverband），其管辖流域的城市大都采用合流制排水系统和合流制污水处理厂，其旱季处理流量为污水流量（Q），而雨季处理流量则为两倍污水流量（$2Q$），而且其剩余的雨水径流进入雨水处理系统——雨水塘和地表径流型人工湿地。2002 年，鲁尔河协会共运行 96 座污水处理厂，而雨水处理厂则达 297 座。因此，鲁尔河无论是旱季还是雨季，其水质都保持得非常好，不仅具有良好的生态景观，而且成为鲁尔工业区的主要供水水源。

加强排水管网的管理和养护，对建成后的运行成效至关重要。对于已经建成的排水系统，无论是合流制还是分流制，如果管理和养护措施跟不上，即使建造的排水管网管径再大，也会由于管道堵塞、破损等缺陷使排水系统失去应有的作用。因此，城市排水系统能否真正发挥其应有的环境效益、社会效益和经济效益，必须采取有效措施加强对排水管网检测、养护和管理。

在排水系统中，除污水处理厂以外，其余均属排水管道系统。排水管道系统是由一系列管道和附属构筑物组成：

（1）污水支管，其作用是承受来自庭院污水管道系统的污水或工厂企业集中排除的污水。其流程为建筑物内的污水→出户管→庭院支管→庭院干管→城市污水支管。

（2）污水干管，汇集污水支管流来的污水。

（3）污水主干管，其作用是汇集各污水干管流来的污水，并送至污水处理厂。

（4）雨水支管，其作用是汇集来自雨水口的雨水并输送至雨水干管。

（5）雨水干管，其作用是汇集来自雨水支管的雨水并就近排入水体。

（6）管道附属构筑物，排水管道系统上的附属构筑物较多，主要包括：雨水口、检查井、跌水井、水封井、溢流井、防潮门、出水口等。

1）雨水口：地面及街道路面上的雨水，通过雨水口经过连接管流入排水管道。雨水口一般设在道路两侧和广场等地。街道上雨水口的间距一般为 30 ~ 80m。平箅式雨水口见图 1.1-3。

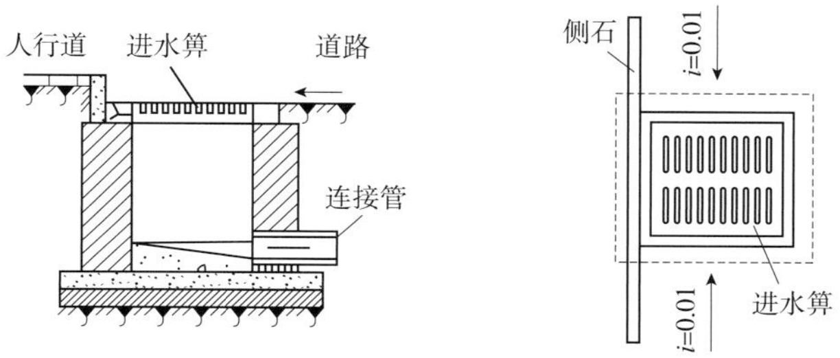

图 1.1-3　平箅式雨水口

2）检查井：为便于对管渠系统做定期检查和清通，必须设置检查井。检查井通常设在管渠交汇、转弯、管渠尺寸或坡度改变、跌水等处以及相隔一定距离的直线管渠段上。检查井一般为圆形，由井底（包括基础）、井身和井盖（包括盖座）组成，见图 1.1-4。检查井可分为不下人的浅井和需要下人的深井。

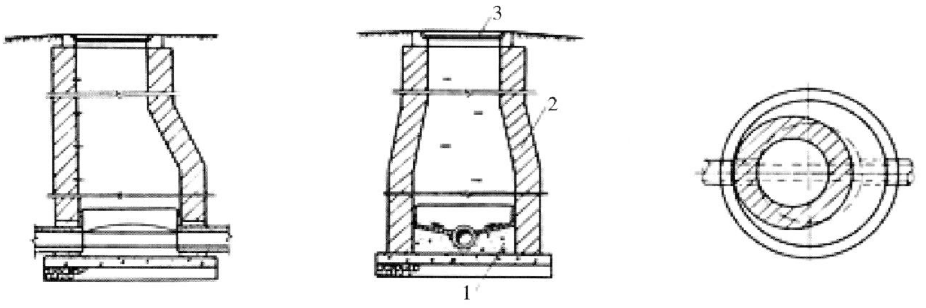

1—井底；2—井身；3—井盖

图 1.1-4　检查井

井底材料一般采用低强度等级混凝土，基础采用碎石、卵石、碎砖夯实或低强度等级混凝土。为使水流流过检查井时阻力较小，井底宜设半圆形或弧形流槽，流槽高按设计要求，沟肩宽度一般不应小于 20cm，以便养护人员下井时立足。

井身材料可采用砖、石、混凝土或钢筋混凝土，我国曾大多采用砖砌，用水泥砂浆抹面，现大规模推广使用装配式钢筋混凝土检查井。在大直径管道的连接或交汇处，检查井可做成方形、矩形或其他不同的形状。

检查井井盖和盖座采用铸铁或钢筋混凝土，在车行道上一般采用铸铁井盖，如图 1.1-5 和图 1.1-6 所示。

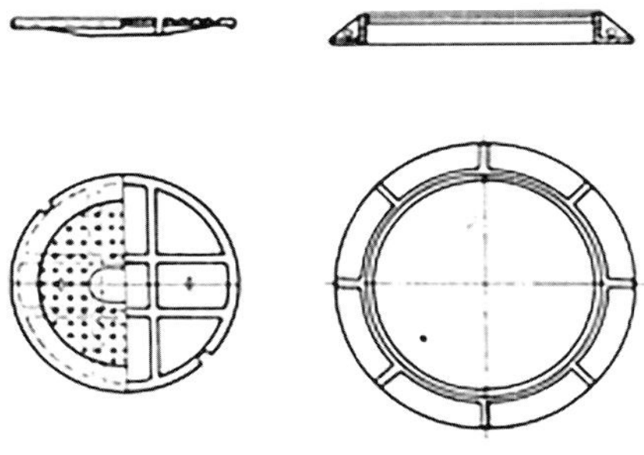

（a）井盖　（b）盖座

图 1.1-5　铸铁井盖及盖座

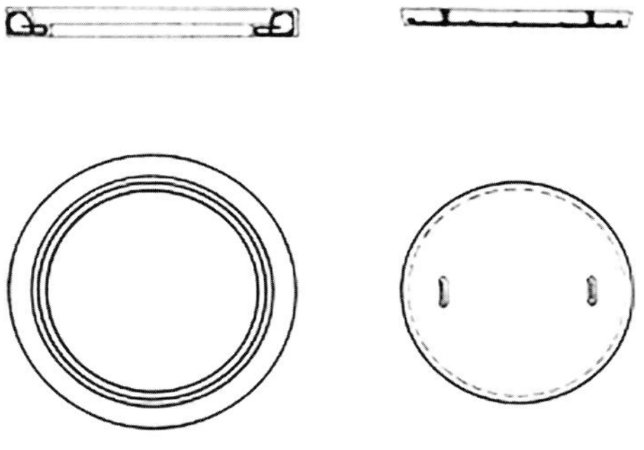

（a）井盖　（b）盖座

图 1.1-6　钢筋混凝土井盖及盖座

3）跌水井：当检查井内衔接的上下游管底标高落差大于 1m 时，为消减水流速度，防止冲刷，在检查井内应有消能措施，这种检查井称为跌水井，如图 1.1-7 和图 1.1-8 所示。

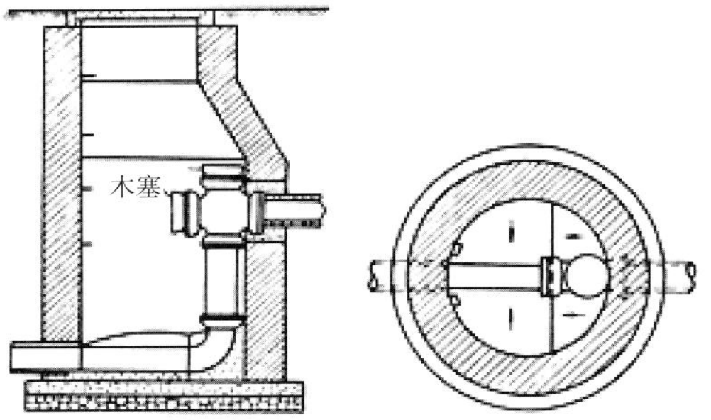

图 1.1-7　竖管式跌水井

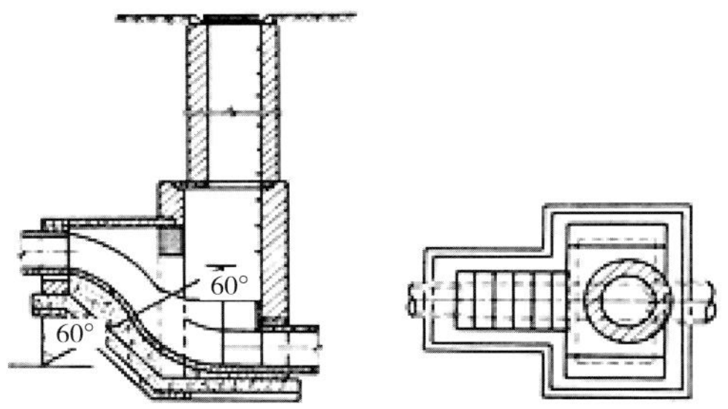

图 1.1-8　溢流堰式跌水井

4）水封井：当生产污水能产生引起爆炸或火灾的气体时，其废水管道系统必须设置水封井，以便隔绝易爆、易燃气体进入排水管渠，使排水管渠在进入可能遇火的场所时不致引起爆炸或火灾，这样的检查井称为水封井。

5）溢流井：在截流式合流制排水系统中，为了避免晴天时的污水和初期降水的混合水对水体造成污染，在合流制管渠的下游设置截流管和溢流井，如图 1.1-9 所示。

6）防潮门：沿海城市的排水管渠为防止涨潮时潮水倒灌，在排水管渠出水口上游的适当位置设置装有防潮门（或平板闸门）的检查井，如图 1.1-10 所示。

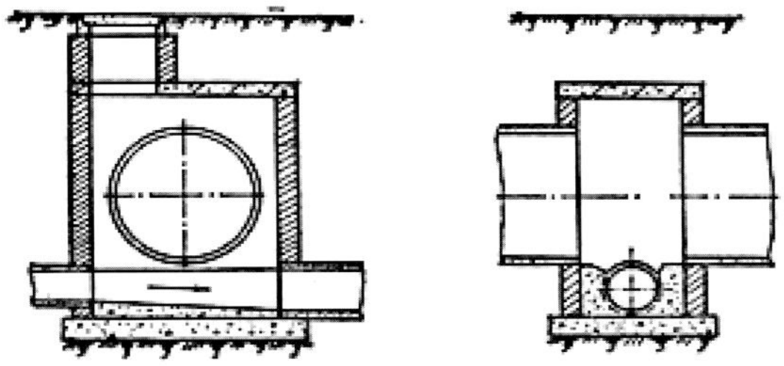
图 1.1-9　溢流井

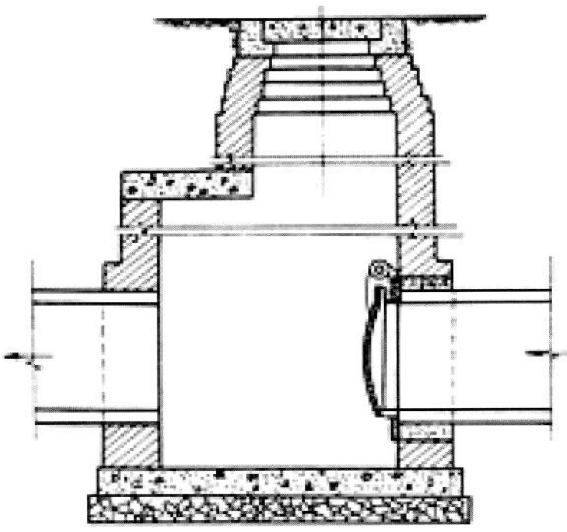
图 1.1-10　装有防潮门的检查井

7）出水口：排水管渠的出水口一般设在岸边，出水口与水体岸边连接处一般做成护坡或挡土墙，以保护河岸及固定出水管渠与出水口。如果排水管渠出口的高程与受纳水体的水面高差很大时，应考虑设置单级或多级阶梯跌水，出水口的形式见图 1.1-11 和图 1.1-12。

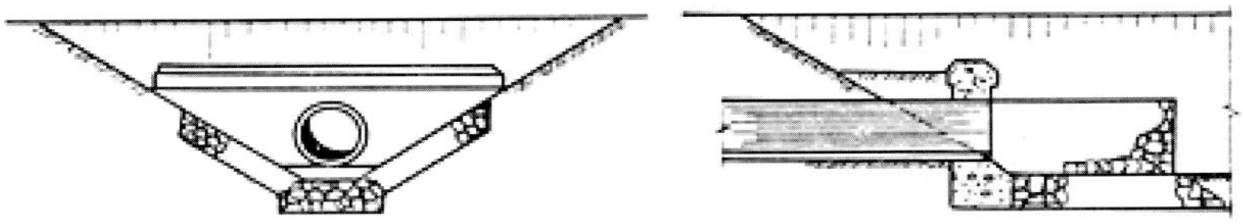
图 1.1-11　一字式出水口

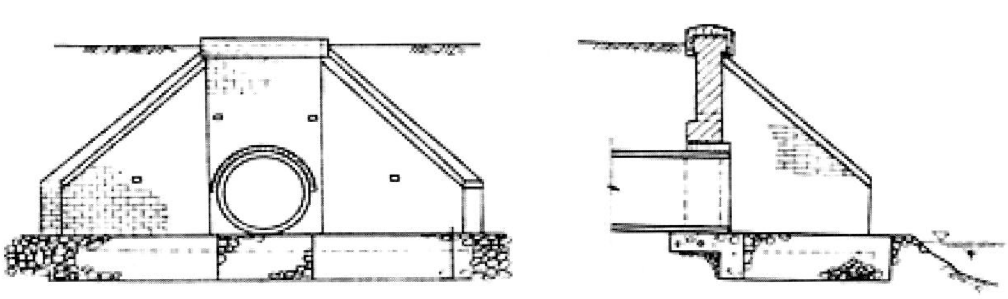
图 1.1-12　八字式出水口

1.1.2　城镇排水管材应用现状及发展趋势

城镇排水管材主要有金属管和非金属管两大类。金属管有铸铁管和钢管。当排水管道承受较大内外压、对渗漏有较高要求（如穿越铁路、河道的倒虹管或靠近给水管道的房屋基础、管道位于砂层）、排水泵站的进出水管等情况时一般采用金属管。非金属管分为水泥制品管和塑料管（包括钢塑复合管）两大类。

1. 水泥制品管

（1）钢筋混凝土压力管

水泥制品的压力管有预应力钢筋混凝土管和自应力钢筋混凝土管两种。

预应力钢筋混凝土管是在管身预先施加纵向与环向应力制成的双向预应力钢筋混凝土管，具有良好的抗裂性能，其耐土壤电流侵蚀的性能远较金属管好。

自应力钢筋混凝土管是借膨胀水泥在养护过程中发生膨胀，张拉钢筋，而混凝土则因钢筋所给予的张拉反作用力而产生压应力，也能承受管内水压，在使用上具有与预应力钢筋混凝土管相同的优点。

预应力钢筋混凝土管和自应力钢筋混凝土管主要用于压力输水管道（图 1.1-13），管道连接采用承插接口，用圆形截面橡胶圈密封，可以抵抗一定量的沉陷、错口和弯折。

图 1.1-13　预应力钢筋混凝土输水管

（2）水泥制品无压排水管

水泥制品无压排水管分混凝土管、轻型钢筋混凝土管、重型钢筋混凝土管三种。管口形状通常有承插式、企口式和平口式。混凝土管的最大管径一般为 450mm，长度多为 1m，适用于管径较小的无压管。轻型钢筋混凝土管、重型钢筋混凝土管长度多为 2m，由于管壁厚度不同，承受的荷载也有很大差异。钢筋混凝土管接口形状见图 1.1-14，钢筋混凝土管实物见图 1.1-15 ~ 图 1.1-17。

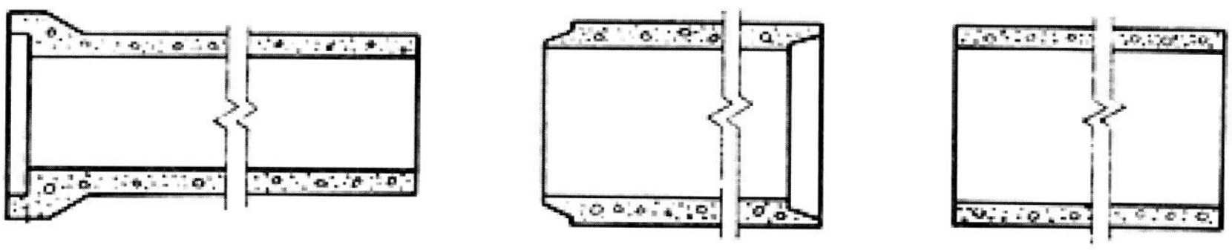

（a）承插式　（b）企口式　（c）平口式

图 1.1-14　钢筋混凝土管接口形状

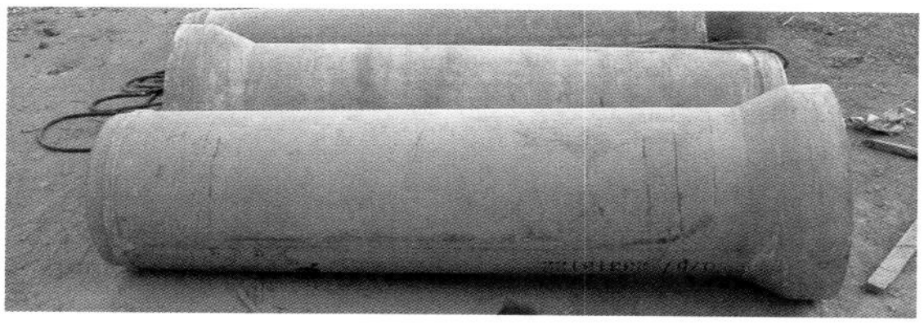

图 1.1-15　钢筋混凝土承插管

图 1.1-16　钢筋混凝土平口管

混凝土管适用于管径较小的无压管。当管道埋深较大或铺设在土质条件不良的地段，为抵抗外压时通常考虑采用钢筋混凝土管。混凝土管和钢筋混凝土管便于就地取材，制造方便，而且可根据抗压的不同要求，制成无压管、低压管等，所以在排水管道系统中得到普遍应用。混凝土管和钢筋混凝土管除用作一般自流排水管道外，钢筋混凝土管和预应力钢筋混凝土管也可用作泵站的压力管和倒虹管。它们的主要缺点是耐酸碱腐蚀及抗渗性差，管节短、接头多、施工复杂。在地震烈度大于8度的地区及饱和松砂、淤泥土质、充填土、杂填土的地区不宜敷设。

图 1.1-17　钢筋混凝土企口管

（3）排水管道接口

排水管道的不透水性和耐久性，在很大程度上取决于敷设管道时接口的质量。管道接口应有足够的强度、不透水性。根据接口的弹性，接口一般分为柔性接口和刚性接口。

1）柔性接口：允许管道接口有一定的弯曲和变形，具有一定的抵抗地基变形和不均匀沉降性能。用水泥砂浆封缝或用套环连接防止不了污水外溢，随着社会的发展，这两种方法将逐步被淘汰。未来发展趋势是在排水管道上使用柔性接口连接。钢筋混凝土承插管开槽法施工柔性接口见图 1.1-18，钢筋混凝土企口管开槽法施工柔性接口见图 1.1-19，钢筋混凝土管顶管法施工柔性接口见图 1.1-20。

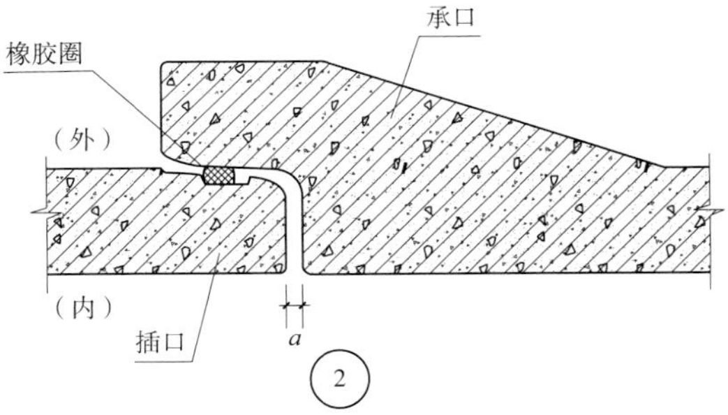

图 1.1-18　钢筋混凝土承插管开槽法施工柔性接口

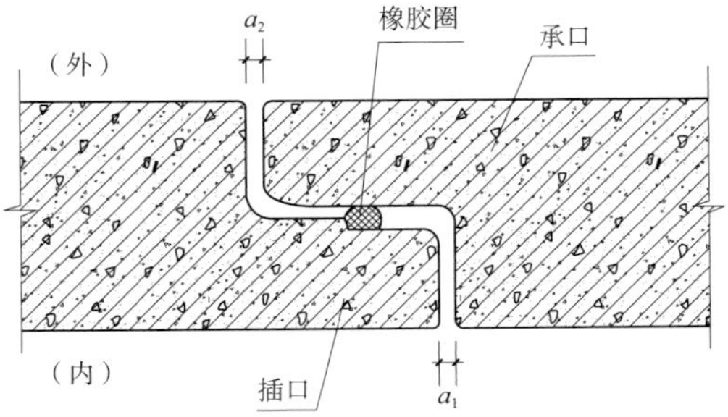

图 1.1-19　钢筋混凝土企口管开槽法施工柔性接口

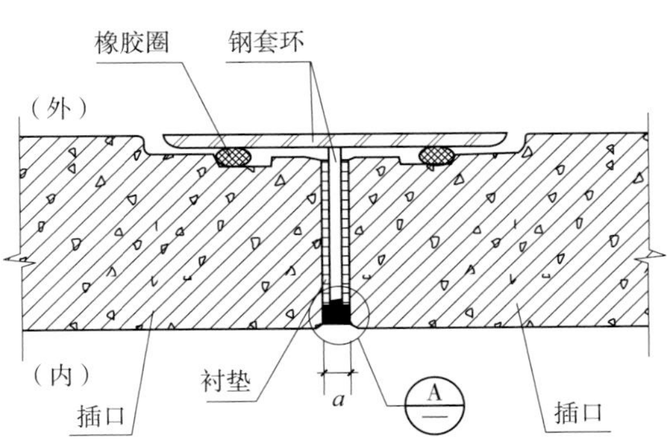

图 1.1-20　钢筋混凝土管顶管法施工柔性接口

2）刚性接口：不允许管道接口有轴向变形，抗震性差。常用的管道刚性接口有水泥砂浆抹带接口、钢丝网水泥砂浆抹带接口，这两种接口适用于水泥制品管道。水泥砂浆抹带接口是在管道的接口处用 1：2.5 ～ 1：3 的水泥砂浆抹成截面为半圆形或梯形的砂浆带，带宽 120 ～ 150mm。这种接口质脆、强度低，为了增加接口强度，在砂浆带内放入一层 20 号 10mm × 10mm 钢丝网，即成为钢丝网水泥砂浆抹带接口，适用于小口径的平口或企口管道，见图 1.1-21。承插式钢筋混凝土管一般为刚性接口，接口填料为水泥砂浆，适用于小口径雨水管道，见图 1.1-22。

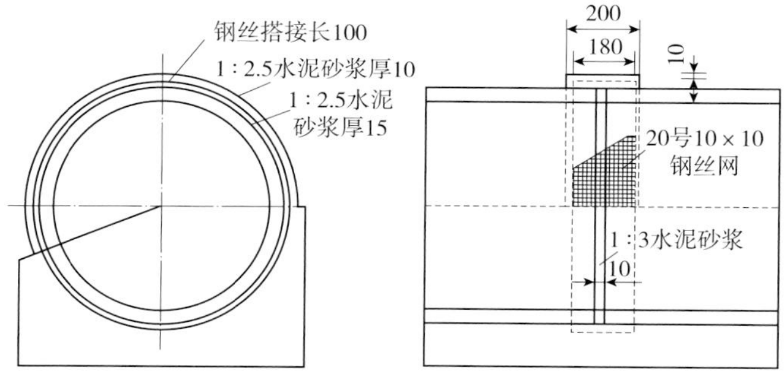

图 1.1-21　钢丝网水泥砂浆抹带接口

（4）排水管道基础

排水管道基础断面分为地基、基础和管座三部分，如图 1.1-23 所示。排水管道的基础通常有砂土基础和混凝土带形基础。

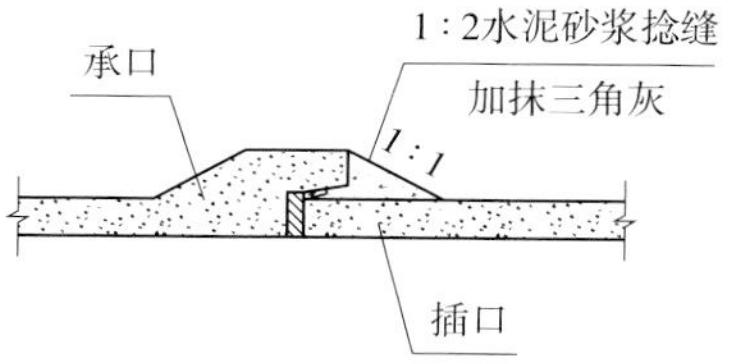

图 1.1-22　钢筋混凝土承插管开槽法施工刚性接口

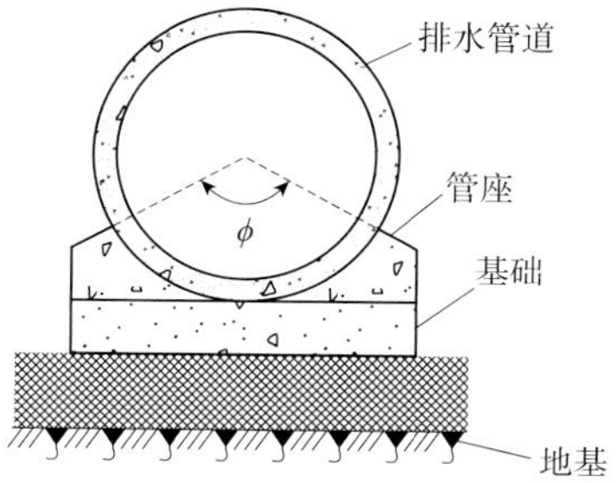

图 1.1-23　排水管道基础断面

1）砂土基础：包括弧形素土基础和砂垫层基础。弧形素土基础是在原土上挖一个与管外壁相符的弧形槽（约 90° 弧形），管道落在弧形管槽里，适用于无地下水、管径小于 600mm 的水泥制品和陶土管道。砂垫层基础是在槽底铺设一层 10 ～ 15cm 的粗砂，适用于管径小于 600mm、岩石或多石土壤地段。

2）混凝土带形基础：绝大部分的水泥制品排水管道基础为混凝土带形基础，混凝土的强度等级一般为 C8 ~ C10。管道设置基础和管座的目的，是保护管道不致被压坏。管座包的中心角越大，管道的受力状态越好。通常管座包角分为 90°、135°、180° 和 360°（全包）四种，见图 1.1–24。当有地下水时，常在槽底先铺一层 10 ~ 15cm 的卵石或碎石垫层，然后才在上面浇注混凝土基础。

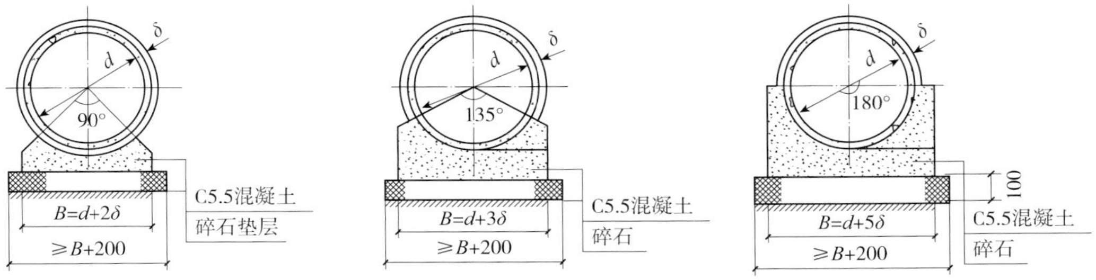

（a）Ⅰ型基础（90°）　（b）Ⅱ型基础（135°）　（c）Ⅲ型基础（180°）

图 1.1–24　混凝土带形基础

（5）大型排水管渠

钢筋混凝土排水管道的预制管径一般为 2m 左右，管径过大时，由于管道运输的限制，通常就在现场建造大型排水管渠。管渠的断面形状有圆形、矩形、半椭圆形等，通常用砖、石、混凝土块、钢筋混凝土块、现浇钢筋混凝土结构等建造。大型管渠的形状见图 1.1–25 ~ 图 1.1–27。

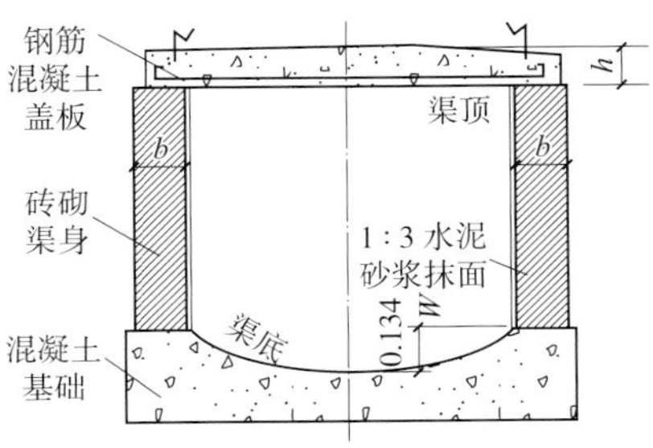

图 1.1–25　矩形大型管渠

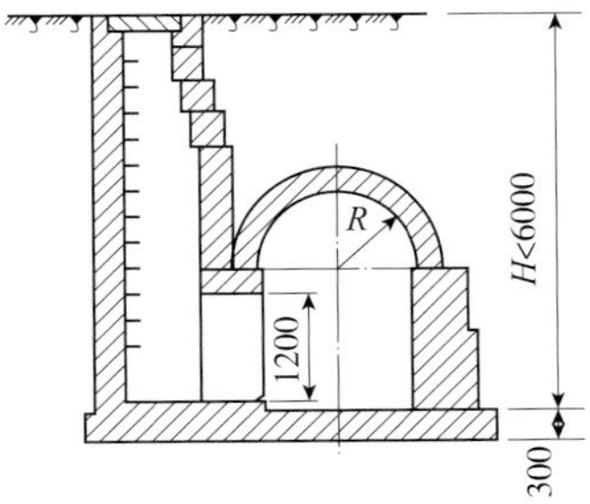

图 1.1–26　石砌拱形渠道

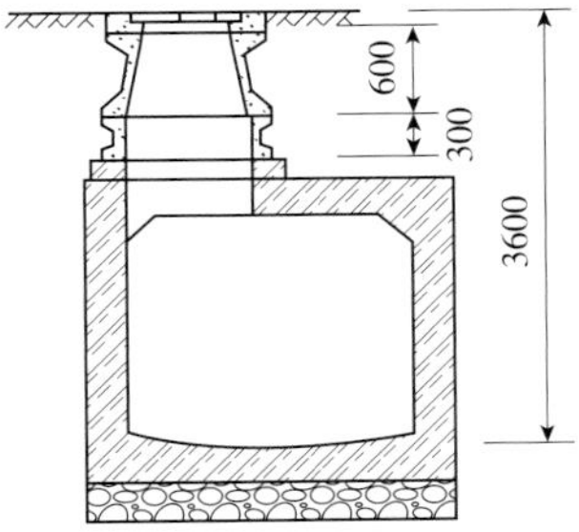

图 1.1–27　矩形钢筋混凝土渠道

2. 塑料管

近十几年来，随着塑料管的原料合成生产、管材管件制造技术、设计理论和施工技术等方面的发展和完善，使塑料管在市政管道工程中占据了相当重要的地位。与传统管材相比，在下列方面，塑料管具有独特优势。

（1）刚度和强度

在大众印象中，塑料材质的埋地排水管在刚度上无法与混凝土材料相媲美。但是在实际应用中并非如此。对塑料管进行正确设计、施工之后，塑料排水管能够和周围的土壤一起承担荷载。尽管塑料管达不到混凝土的刚度，依然可以达到地下管道的性能要求。

（2）水力特性

塑料管的水力特性非常好，由于塑料管的内壁极为光滑，因此在液体流动时，其阻力明显要小于钢筋混凝土材质的管道。经过实践数据表明，同样坡度情况下，直径较小的塑料埋地管更能够满足设计中对流量的要求。相同的管材直径，使用塑料埋地管能够减少坡度所带来的影响，对整个工程的施工而言，极大减少了工作量，也可以减少对提升泵的使用，降低系统在长期运转过程中所产生的成本。

（3）使用寿命、耐腐蚀效果

使用寿命长、耐腐蚀性能好是塑料管一个极为突出的优势，塑料管的平均耐老化性可以达到 60 ~ 100 年，其经济性可想而知。长年埋于地下的管道，需要经常接触到带有腐蚀性的污水，以及雨水渗透所带来的腐蚀性物质，例如强酸性物质、强碱性物质，以及其他化学物质。这些强腐蚀性的物质，都会对一般管道造成影响，甚至会缩短其寿命。但塑料材质在这方面做得极其出色，相比金属材质的耐腐性要强，甚至比混凝土管、铸铁管都要强，也有极好的抗磨性。

（4）铺设性能

铺设安装在整个施工过程中都是至关重要的一部分，显然，塑料管在这方面的优势极为显著。重量轻、接头少、长度长（一般一根可以达到 6m、12m，甚至更长）；塑料管对管沟的要求低，有些其他管道还需要在特殊的环境下才能保持正常运作。塑料管对管道连接便捷，不需要进行养护，不挑剔环境，就算是在城市人流地段、地质条件极为恶劣的地区，都能够应付自如。

（5）经济性

塑料管的优势逐渐被大家熟知，很多用户担心其价格会太过高昂，而加大预算。但从实践证明中可知，工程如不发生意外，在正确的设计状态下施工，塑料管的埋地工程预算相比传统管道要低很多。通过统计显示，双壁波纹管造价与混凝土造价接近，相比其他管道要降低 35% ~ 45%；在施工周期中，塑料管相比其他管道的施工工期缩短 1/3，经济效益显而易见。

塑料管的主要管材有如下几种：

（1）HDPE 缠绕结构壁管

HDPE 缠绕结构壁管是一种内外壁光滑、中空呈工字形的结构壁管材。该管材抗外压能力强，柔韧性较好，管口齐平，采用热熔带连接，其优点是管径大，其管道直径可达3000mm，耐腐蚀，不结垢，因此在排水管、排污管等城市管道建设领域应用具有显著优势，见图 1.1–28。

（2）双壁波纹管

双壁波纹管分为硬聚氯乙烯（PVC–U）和聚乙烯（PE）管两种，内壁光滑平整、外壁呈梯形或弧形波纹状，内外壁间有夹壁中空层，环刚强度高，可适应土壤的不均匀沉降性。管口形式为承插式，采用橡胶圈连接，但一般只能生产直径 700mm 以下的管材。缠绕结构壁管和双壁波纹管是目前各地建设主管部门推广使用的塑料排水管材，见图 1.1–28、图 1.1–29。

图 1.1–28　缠绕结构壁管

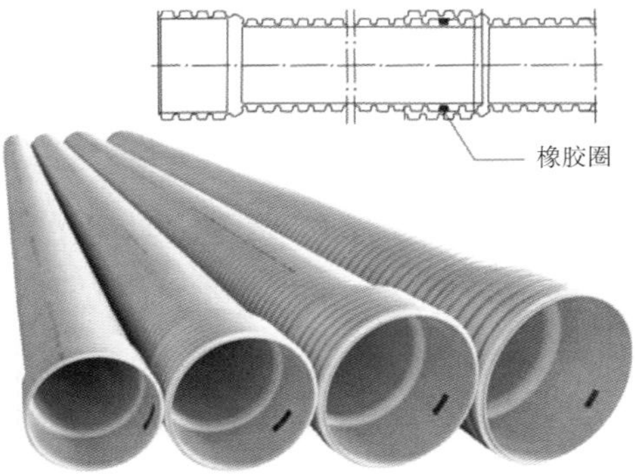

图 1.1–29　双壁波纹管

（3）玻璃钢夹砂管

玻璃钢夹砂管是采用短玻璃纤维离心或长玻璃纤维缠绕、中间夹砂工艺制作，管壁略厚，环向刚度较大，可用作承受内、外压的埋地管道，管口形式为承插式，通常采用双橡胶圈连接。玻璃钢夹砂管具有强度高、重量轻、耐腐蚀等特点，可用于化工等工业管道，尤其适用于做大口径城镇给水排水管道，见图 1.1–30。

除上述的几种主要管材外，塑料管还有 UPVC 径向加筋管、UPVC 螺旋缠绕管和模压聚丙烯管等新型管材，在此不再赘述。

塑料管管沟基础应采用中粗砂或细碎石的土弧基础，地基承载能力特征值不应小于 60kPa。在地下水位较高、流动性较大的场地内，当遇到管道周围土体可能发生细颗粒土流失的情况时，

图 1.1–30　玻璃钢夹砂管

则需沿沟槽底部和两侧边坡上铺设土工布加以保护，土工布密度不宜小于250g/m^2。在同一敷设区段内，若遇地基刚度相差较大时，应采用换填垫层或其他有效措施减少管道的差异沉降，垫层厚度应视场地条件确定，但最小厚度不应小于0.3m。如遇超挖或发生扰动，可换填天然级配砂石料或最大粒径小于40mm的碎石，并整平夯实，其压实度应达到基础层压实度要求，不得采用杂土回填。如槽底遇有尖硬物体，必须清除，并用砂石回填处理。管道系统中承插式接口、机械连接等部位的凹槽，宜在管道铺设时随铺随挖，凹槽的长度、宽度和深度可按管道接头尺寸确定，在管道连接完成后，应立即用中粗砂回填密实。

对一般土质的管道基础处理，应在管底以下原状土地基上铺垫150mm中粗砂基础层；对软土地基，当地基承载能力小于设计要求或由于施工降水、超挖等原因，地基原状土被扰动而影响地基承载能力时，应按设计要求对地基进行加固处理，在达到规定的地基承载能力后，再铺垫150mm中粗砂基础层；当沟槽底为岩石或坚硬物体时，铺垫中粗砂基础层的厚度不应小于150mm。

塑料排水管道常用连接方式可按表1.1-1选用。当在场地土层变化较大、场地类别为IV类及地震设防烈度为8度及8度以上的地区敷设塑料排水管道时，宜采用柔性连接。

塑料排水管道常用连接方式　　表1.1-1

管道类型	柔性连接			刚性连接				
	承插式弹性密封圈	双承口弹性密封圈	卡箍	胶粘剂	热熔对接	承插式电熔	电热熔带	热熔挤出焊接
硬聚氯乙烯管	√			√				
硬聚氯乙烯双壁波纹管	√							
硬聚氯乙烯加筋管	√							
聚乙烯管	√				√			
聚乙烯双壁波纹管	√	⊿	⊿					
聚乙烯缠绕结构壁管（A型）							⊿	
聚乙烯缠绕结构壁管（B型）						√		
钢塑复合缠绕管			⊿				⊿	√
双平壁钢塑缠绕管		√	⊿				√①	
聚乙烯塑钢缠绕管			⊿				√②	
钢带增强聚乙烯螺旋波纹管	⊿③		⊿				√	⊿

①内衬贴片后可采用电热熔带连接；
②内壁焊接后可采用电热熔带连接；
③加工成承插口后可采用承插式弹性密封圈。
注：表中“√”表示优先采用；“⊿”表示可采用。

3. 球墨铸铁管

1947 年英国 H.Morrogh 发现，在过共晶灰口铸铁中附加铈，使其含量在 0.02wt% 以上时，石墨呈球状。1948 年美国 A.P.Ganganebin 等人研究指出，在铸铁中添加镁，随后用硅铁孕育，当残余镁量大于 0.04wt% 时，得到球状石墨。从此以后，球墨铸铁开始了大规模工业生产。有关球墨铸铁管的使用历史可以追溯到 1668 年巴黎郊区从塞纳河至凡尔赛全长约 21.14km 的输水管线，经过 300 年，除部分管道和接头维修更换外，主体仍在使用中。

排水球墨铸铁管在国内市政排水行业中已应用 20 余年，如武汉排涝工程、南京雨污水分流工程、福州水系治理工程、常州污水收集管道工程等均大量采用，取得良好的工程效益。从管材耐腐蚀性、耐久性、耐候性、严密性及工程全生命周期成本等因素综合考虑，很多城市采用排水球墨铸铁管替代传统排水管材。

排水球墨铸铁管（图 1.1–31）具有机械性能优异、耐腐蚀性能优异、接口安全性优异、配套设计方案齐全、安装维修简单便捷、综合成本较低等特点。排水球墨铸铁管采用承插式柔性连接（图 1.1–32），接口安全性能优异，可最大程度减少管网漏损，同时可充分释放地基不均匀沉降引起的附加应力。

图 1.1–31　排水球墨铸铁管

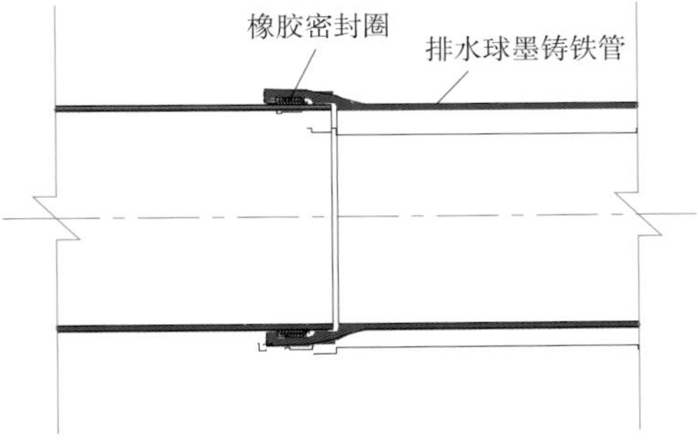

图 1.1–32　排水球墨铸铁管之间的连接图

接口的类型见表 1.1–2，各类接口示意图见图 1.1–33 ~ 图 1.1–37。

接口的类型　　表 1.1–2

接口类型		对应图号
柔性接口	滑入式柔性接口	图 1.1–33
	机械式柔性接口	图 1.1–34
自锚接口	外自锚接口	图 1.1–35
	内自锚接口	图 1.1–36
法兰接口		图 1.1–37

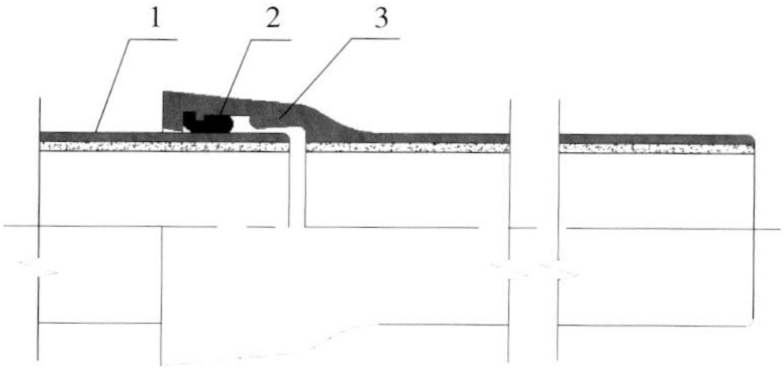

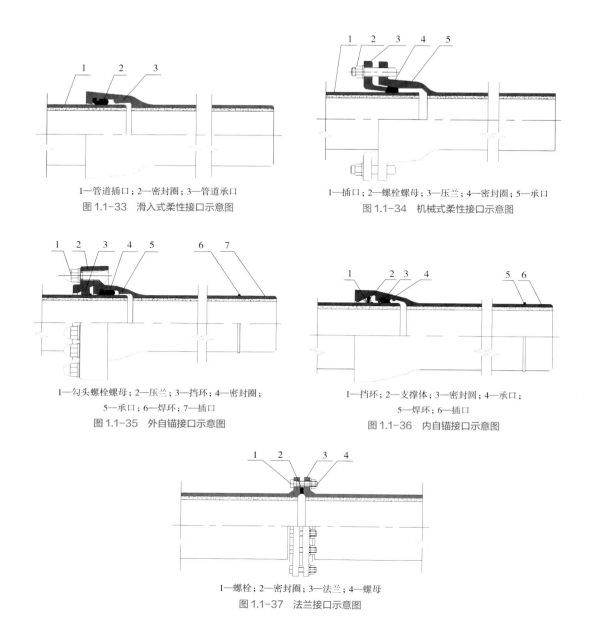

1—管道插口；2—密封圈；3—管道承口

图 1.1-33 滑入式柔性接口示意图

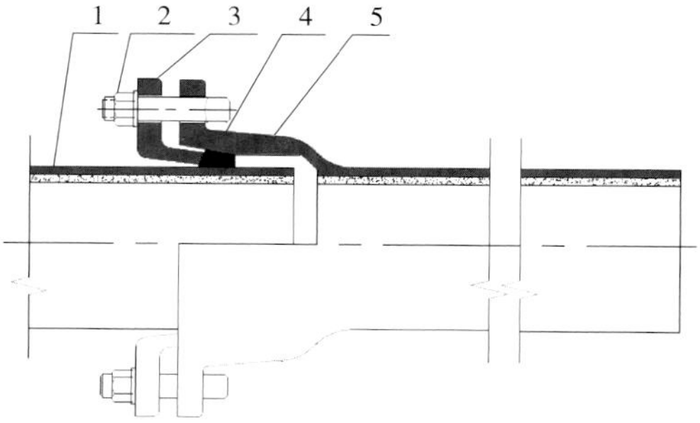

1—插口；2—螺栓螺母；3—压兰；4—密封圈；5—承口

图 1.1-34 机械式柔性接口示意图

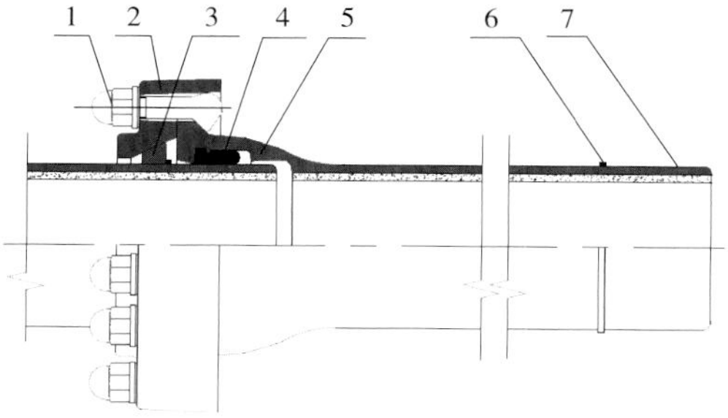

1—勾头螺栓螺母；2—压兰；3—挡环；4—密封圈；5—承口；6—焊环；7—插口

图 1.1-35 外自锚接口示意图

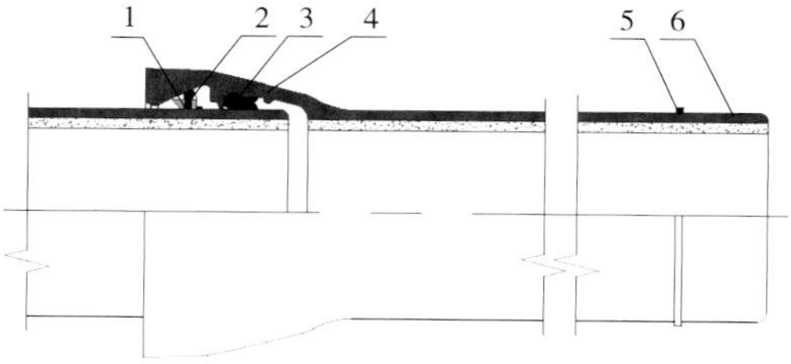

1—挡环；2—支撑体；3—密封圆；4—承口；5—焊环；6—插口

图 1.1-36 内自锚接口示意图

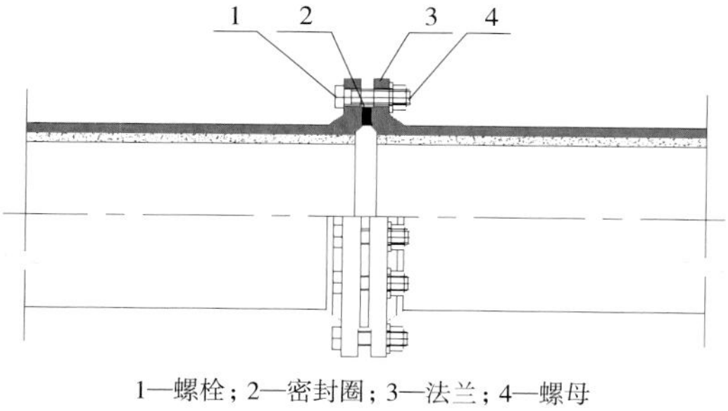

1—螺栓；2—密封圈；3—法兰；4—螺母

图 1.1-37 法兰接口示意图

1.1.3 城镇排水管道工程施工技术现状及发展趋势

排水管道施工技术就施工方式通常可分为两大类，即开槽施工和不开槽施工。不开槽施工包括定向钻、顶管、盾构和小型隧道等技术，主要用于不具备开槽施工条件的工程，如地面有不便拆除的建筑物、繁华街市、交通要道等场所。其优点是免除了因拆迁、断道给人们带来的经济损失和减少了因施工而造成的环境影响。而常规的开槽施工方法，虽然具有施工技术与设备简单，造价较低等优点，但是因为地面建（构）筑物拆迁或因施工造成交通中断、影响环境等弊病，使其在城市区域内施工的竞争中黯然失色。于是，人们对传统的开槽施工方法进行了许多改进。主要是通过提高施工速度来达到克服其诸多弊端的目的，从而使其优点更为突出。以窄槽、装配化为特色的排水管道快速施工技术愈来愈受到人们的青睐。

1. 排水管道的开槽施工技术

排水管道开槽施工是传统的施工方法，主要施工过程包括三个阶段：施工准备阶段、施工阶段和竣工验收阶段。施工准备阶段包括工程交底、现场核查、施工测量和施工组织设计；施工阶段包括沟槽开挖、管道地基加固、下管和管道安装；竣工验收阶段包括闭水试验和沟槽回填。排水管道开槽施工流程见图 1.1-38。

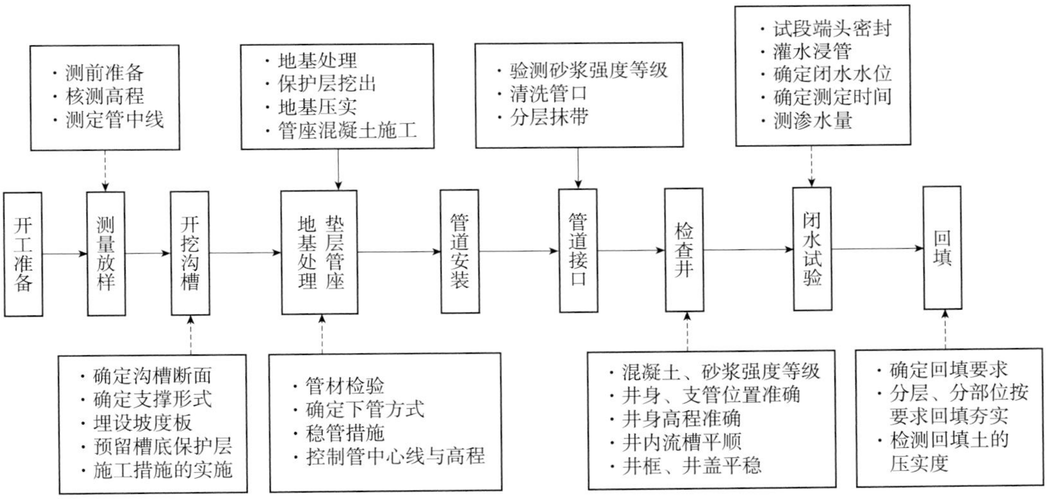

图 1.1-38 排水管道开槽施工流程

（1）沟槽开挖施工工艺流程，如图 1.1-39 所示。

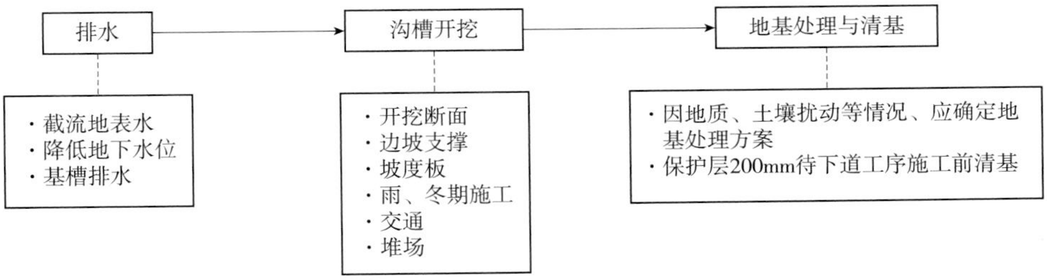

图 1.1-39 沟槽开挖施工工艺流程

（2）地基处理和排水管道基础施工流程，如图 1.1-40 所示。

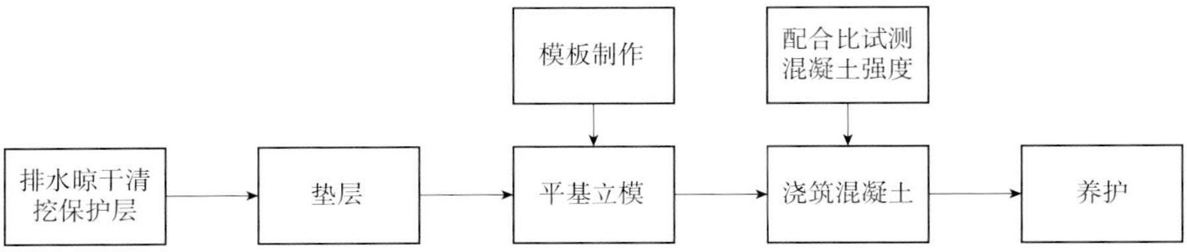

图 1.1-40　地基处理和排水管道基础施工流程

（3）排水管道安装施工流程，如图 1.1-41 所示。

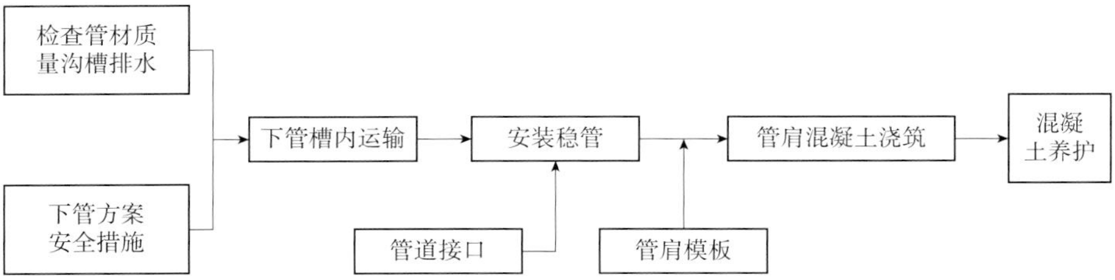

图 1.1-41　排水管道安装施工流程

（4）排水管道刚性接口施工工艺流程，如图 1.1-42 所示。

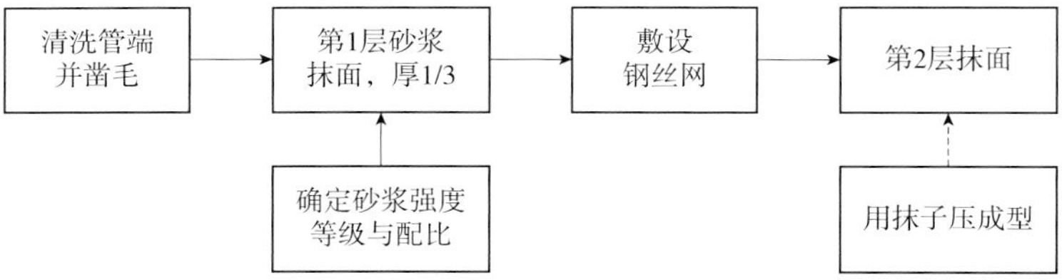

图 1.1-42　排水管道刚性接口施工工艺流程

（5）排水管道闭水试验工艺流程，如图 1.1-43 所示。

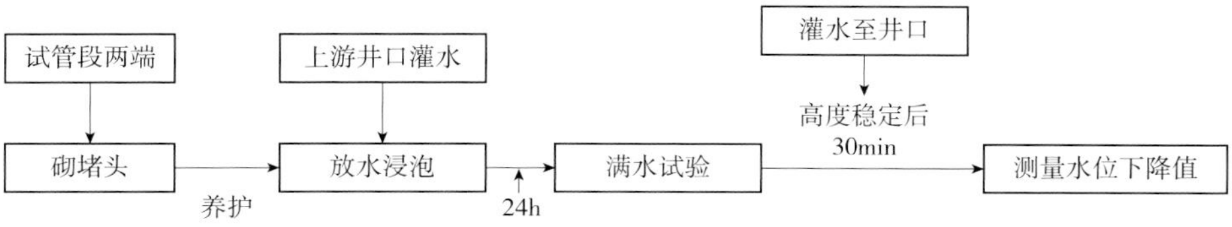

图 1.1-43　排水管道闭水试验工艺流程

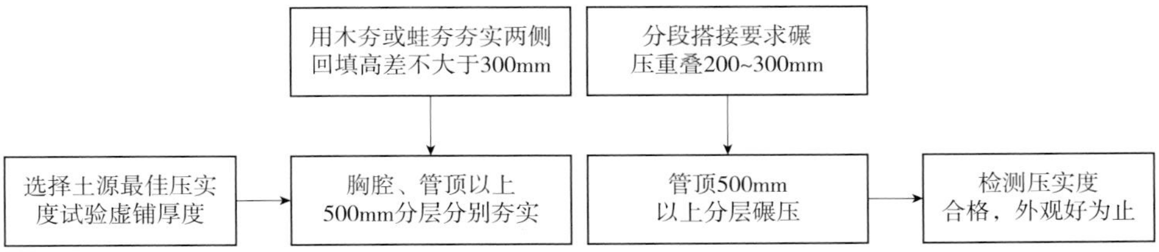

图 1.1-44　排水沟槽回填土施工流程

（6）排水沟槽回填土施工流程，如图 1.1-44 所示。

2. 排水管道的不开槽施工技术

排水管道工程位于与高速公路、公路主干道、铁路、河流、地下高压煤气、自来水管网、地下电力、通信电缆线网、地面建筑物群交叉，管线标高难调整，又不允许进行开槽埋管施工时，需要采用不开槽施工法，排水管道的不开槽施工法主要有顶管施工技术、螺旋顶管技术、水平定向钻技术、顶拉管技术和盾构技术。

（1）顶管施工技术

顶管施工是继盾构施工之后而发展起来的一种地下管道施工方法，它不需要开挖面层，并且能够穿越公路、铁道、河川、地面建筑物、地下构筑物以及各种地下管线等。顶管施工借助于主顶油缸及管道间中继间等的推力，把工具管或掘进机从工作井内穿过土层一直推到接收井内吊起。与此同时，也就把紧随工具管或掘进机后的管道埋设在两井之间，以期实现非开挖敷设地下管道的施工方法。顶管施工原理图见图 1.1-45。

图 1.1-45　顶管施工原理图

排水管道顶管施工时，首先应从整个排水系统着眼，结合施工区具体施工条件，其原则应从管道下游开始，逐段顶进，直至设计长度。顶管施工流程图见图 1.1-46。

（2）螺旋顶管技术

该技术适用于软土地区管径 DN200 ~ DN800 的中小型口径的短距离的给排水管道顶管施工，并且只能用于直线段顶管，无法进行曲线顶进。可穿越黏性土、粉性土及砂土等土层，但应尽量避开渗透系数大、上面又无不透水层砾石和粗砂层。不适用于坚硬的岩层及弱风化岩层。

螺旋顶管是利用螺旋钻进行施工的一种方法。施工时，先准备顶进坑，将螺旋钻机水平安装在坑内，再利用螺旋杆传输钻压和扭矩，推进钻杆机头前进。螺旋钻法顶管原理图见图 1.1-47，施工时按下列施工步骤进行：

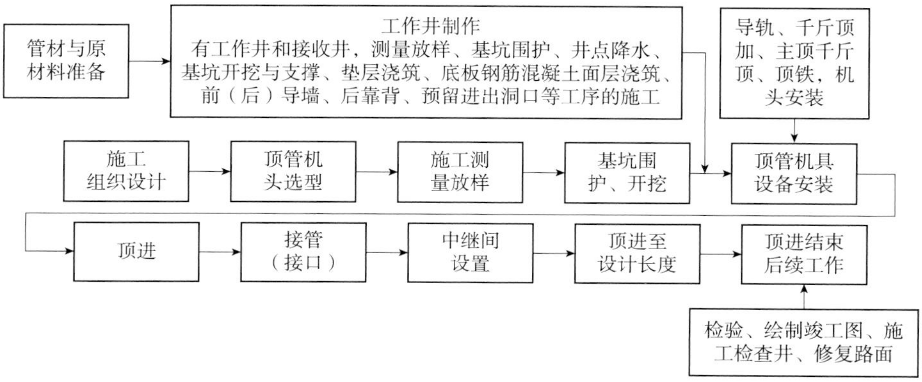

图 1.1-46　顶管施工流程图

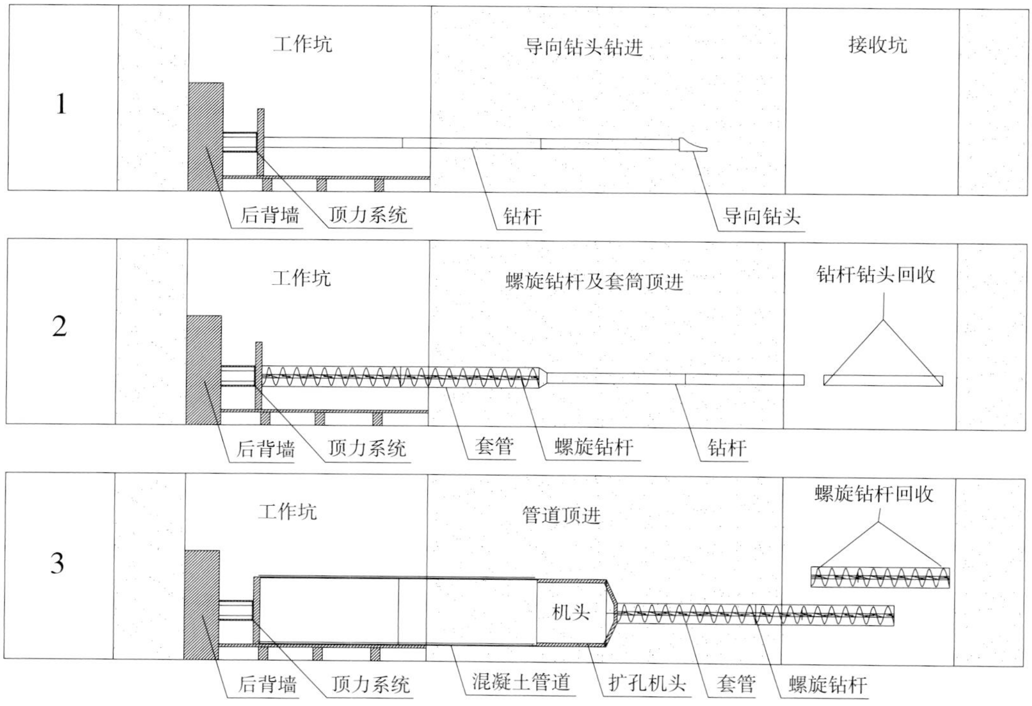

图 1.1-47　螺旋钻法顶管原理图

1）首先将直径较小的钻杆和导向钻头逐节从顶进坑顶到接收坑。

2）然后将直径略大的螺旋钻杆、套管和钻杆连接，并将螺旋钻杆和套管逐节顶进至接收坑。

3）在顶进坑内将扩孔机头与螺旋杆连接。

4）顶进扩孔机头，同时前方的泥土通过机头刀盘的旋转切削及压力水作用切碎，由螺旋杆将其输送到接收坑内，运出地面。

5）边顶进，边安装管节，边出土，螺旋杆在接收坑内逐节拆除。

6）最后取出扩孔机头。

（3）水平定向钻技术

在管道工程中，水平定向钻属于非开挖技术的新工艺。管道工程在遇到河道、铁路、公路、旱沟、洼地等地形障碍以及地下管网等构筑物障碍而无法径直穿过时，要采取倒虹管、顶管或盾构等施工方法进行穿越。水平定向钻即是属于不开槽的管道穿越工程新技术。

水平定向钻起源于20世纪70年代的美国，至今已有50多年的历史。水平定向钻技术一经提出，立刻得到世界各国工程界的强烈关注，普遍认识到这是一项开拓了地下管线施工广阔前景的技术革命。近年来水平定向钻在我国的石油化工、市政公用工程等行业也有了广泛应用和长足进步。在给水、排水、天然气、输油、电力和通信管线工程中都有了成功的工程案例。

水平定向钻的原理并不复杂，首先根据穿越工程的实际情况设计出定向钻所需的线路参数，如穿越入土角、出土角、穿越管线的曲率半径（$1200D \sim 1500D$），水平长度、管线埋设高程等；安装好专用的钻机经试钻正常后，实施第一步：钻导向孔；第二步是按照穿越管线的直径、施工设备的状况和工区的地质条件，对导向孔扩孔，扩孔可以采取一次或多次完成；第三步也是最关键的一步，利用扩孔钻具上安装回拖专用的万向节，将已经预制好的穿越管线从导向孔中拖拉到钻孔起始点。钻孔过程可以在预先挖好的工作坑（也称发射坑）和接受坑之间进行。也可以在安装钻机的场地上以小角度直接从地表钻进。水平定向钻进施工方法如图1.1-48所示。

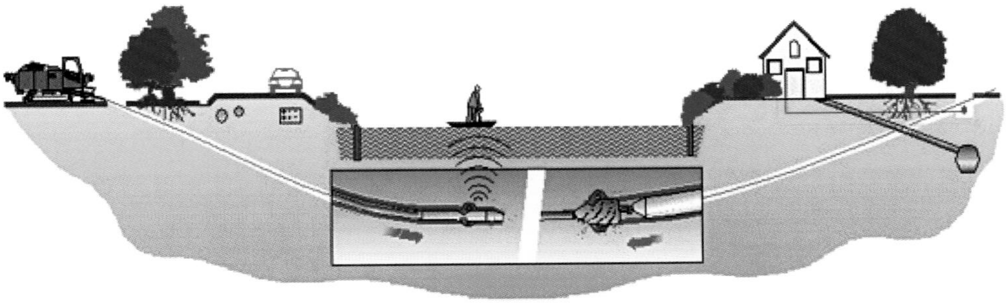

图1.1-48 水平定向钻进施工方法

（4）顶拉管技术

先导式顶拉管施工技术（简称顶拉管技术）配合自密封承插接口短管见图1.1-49。

将传统的管道回拖改为拉顶工艺，在末端井下安装管节，利用钻杆穿过管道中心，在管道尾端拉顶管道；掘进头负责掘进扭矩和迎面阻力，设备余力通过机头后分动装置和传力杆传到管尾，实现顶进目的；掘进头与管并不锁死而达到泥水平衡顶管中继间功能，管材只承受顶进摩擦阻力（图1.1-50）。

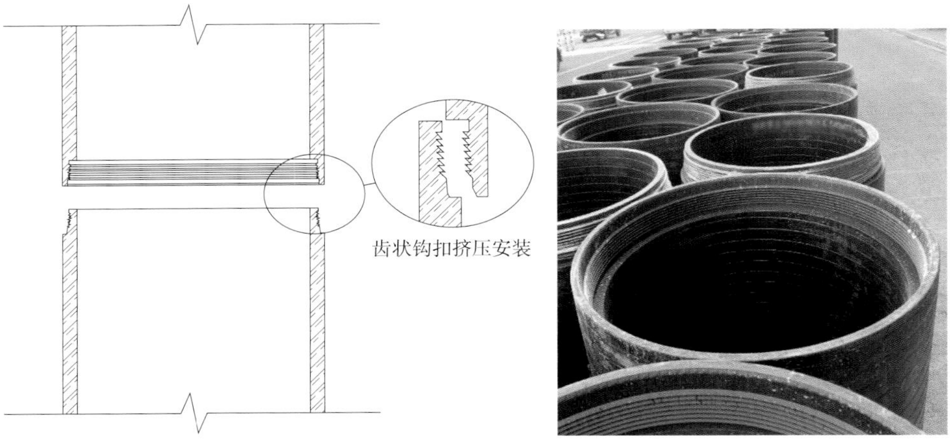

图 1.1-49　顶拉管技术配合自密封承插接口短管

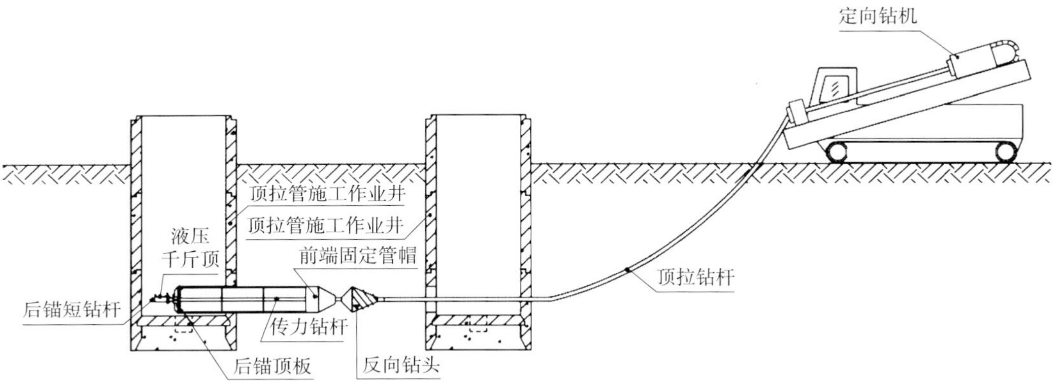

图 1.1-50　顶拉管技术原理图

先导式顶拉管施工技术适用于穿越黏性土、粉性土及砂土等土层的 DN300 ~ DN600 小型口径的塑料给排水管道顶管施工。关键步序为钻孔导向、分级扩孔、顶拉敷设。

1）钻孔导向：对于现场地下存在无法用物探仪探测的石砌箱涵、基础等物体障碍，采用多次横向导向钻孔，钻杆中心与管道中心以钻孔最终扩孔半径为距离对地下障碍物进行探测，DN300 ~ DN500 的管道以中心和上、下、左、右 5 个点进行横向导向钻孔探测，DN500 ~ DN800 的管道以中心和上、下、左、右、上左、上右、下左、下右共 9 个点进行横向导向钻孔探测（图 1.1-51），确认是否存在管道钻进扩孔阻碍，通过将污水检查井位置移动到障碍物位置或是在障碍物位置设置一个新的污水检查井，在施工井施工过程中对障碍物进行清理，解决顶进的清障难题。

2）分级扩孔（图 1.1-52）：钻孔工艺根据土质情况采用分级反拉旋转扩孔成孔方法钻孔。钻孔导向完成后，在最末端顶拉管施工作业井中，拆下导向钻头和探棒，安装扩孔钻

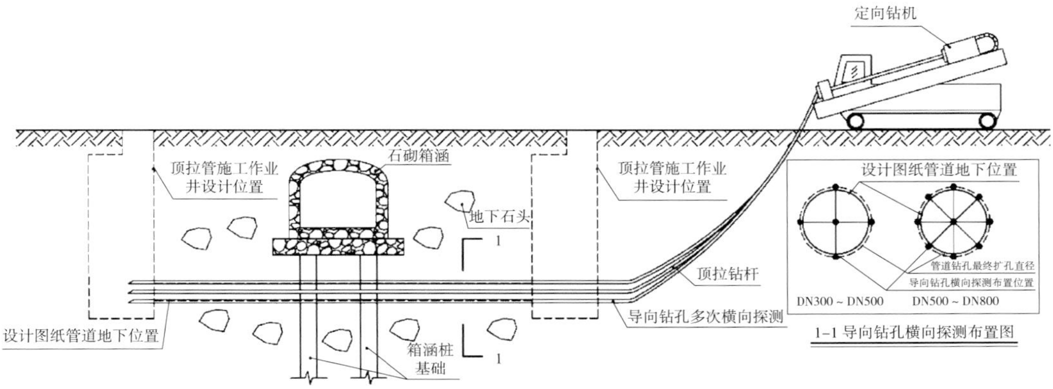

图 1.1-51 横向导向钻孔探测示意图

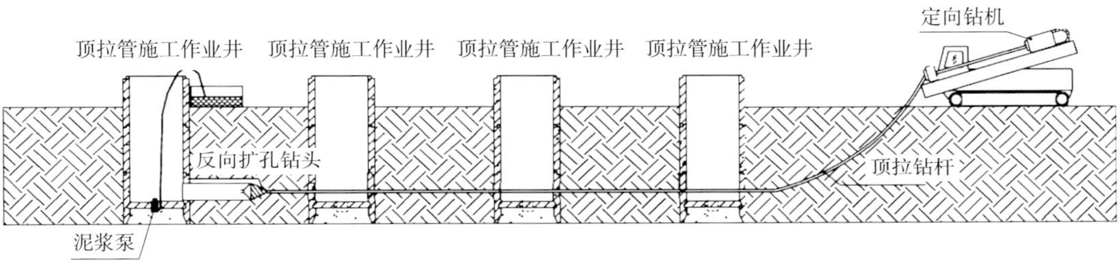

图 1.1-52 分级扩孔示意图

头，替换原来的导向钻头，试泥浆，确定扩孔器没有堵塞的水眼后开始扩孔。上钻头和钻杆必须确保连接到位牢固才可回扩，以防止回扩过程中发生脱扣事故。

回扩过程中必须根据不同的地层地质情况以及现场出浆状况确定回扩速度和泥浆压力，确保成孔质量。

3）顶拉敷设（图 1.1-53）：确认在成孔完成后，孔内干净，没有不可逾越的障碍后，在最后一个作业井中进行自锁承插管的安装，通过特制的连接短钻杆、后锚顶板及锚环，利用定向钻机方向扩孔，开始对管道顶拉施工。施工时应配备真空泥浆车配合，环境不允许时，配备泥浆箱临时存放处理。顶拉管节一般采用 HDPE 复合实壁管，高柔性材质，防渗漏效果好，管子和土体之间完全靠泥浆来减阻减摩，所以按经验值，环空不能少于

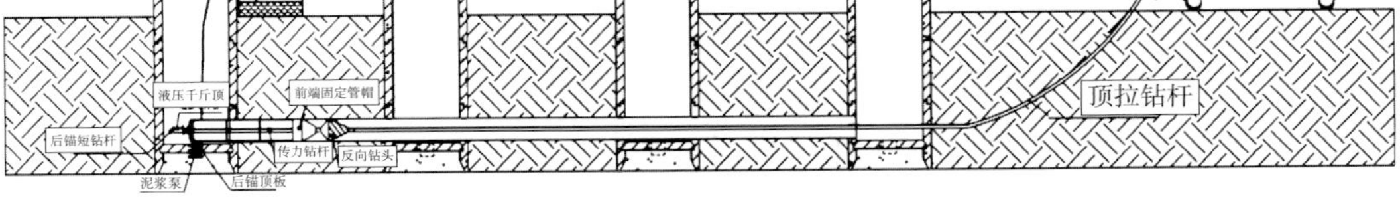

图 1.1-53 顶拉敷设示意图

40mm，40mm 环空下顶管时轨迹局部自动纠偏功能，因为塑料管在传力杆锁紧的情况下产生预应力，顶进管道会成为相对刚性管材。40mm 环空在机头掘进时，泥浆同时也会挤压相对密实，且又有润滑减阻的功效。

（5）盾构法施工技术

1866 年，莫尔顿申请“盾构”专利，第一次使用了“盾构”（shield）这一术语。1869 年，英国工程师格瑞海德用圆形盾构再次在泰晤士河底修建了一条隧道，隧道基本上是在不透水的黏土层中掘进，第一次采用了铸铁的衬砌管片。格瑞海德的圆形盾构成为后来大多数盾构的模型。

盾构法施工隧道的基本原理是用一件有形的钢质组件沿隧道设计轴线开挖土体并向前推进，这个钢壳在隧道衬砌建成前，主要作用是防护开挖土体、保证作业和机械设备的安全，这个钢壳简称盾构。盾构的另一作用是承受来自地层的压力，防止地下水或流沙的入侵。盾构施工的基本要素见图 1.1-54。

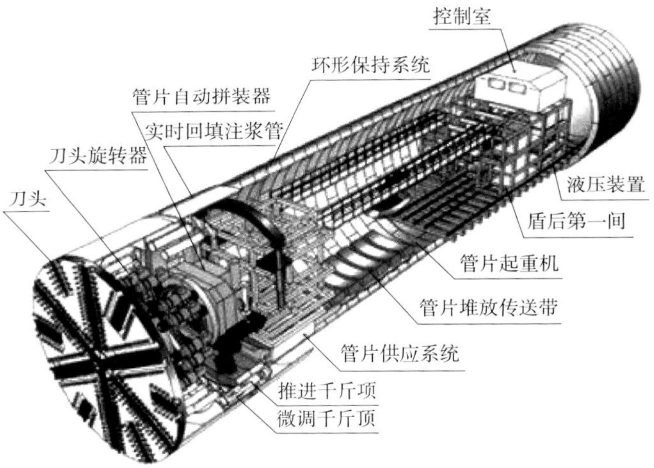

图 1.1-54　盾构施工的基本要素

3. 管道非开挖修复技术

传统的管道修复方法只有开挖，进行部分更换或重新安装。由于城市建设的发展，致使部分管线位于建筑物下方，交通干道拓宽，部分管道已完全被压在道路下方，管道采用开挖的方式进行更新改造相当困难。城市道路改扩建工程常伴有各种市政管道和设施建设，地下管线纵横交错，采用传统的“大开挖”作业方式，不仅造成了“拉链路”，而且对周围环境和人们的日常生活产生极大的干扰，并为恢复地表建筑付出高昂的代价，因此，对处于其他市政管网及道路和建筑物下方的部分管道，采用“大开挖”方法进行管道施工和管道修复将面临不可克服的困难。

非开挖管道修复技术首先兴起于石油、天然气行业，主要用于油、气管道的更新修复，以后逐步应用于给排水管道的翻新改造中，并随着HDPE管等新型管材的应用而被迅速推广。随着科技的进步，国外的非开挖管道修复技术保持了迅猛的发展势头，国内的非开挖管道修复技术由于巨大市场需求也得到了长足进步，甚至部分技术引领世界非开挖技术的发展。

城镇排水管道非开挖修复技术按修复目的可分为结构型非开挖修复技术和功能型非开挖修复技术两类：

（1）结构型非开挖修复技术是指因管道的破裂、渗漏、腐蚀等因素致使管道自身丧失了原有的强度、刚度及稳定性时，恢复管体结构特性。

（2）功能型非开挖修复技术是指因管道的破裂、错位、脱节、渗漏、腐蚀以及存在淤积、障碍物、树根等原因致管道排水能力降低或污水浓度降低而采取的恢复管道功能的修复。

城镇排水管道非开挖修复技术按修复范围可分为辅助修复、局部修复和整体修复三个大类：

（1）辅助修复主要针对排水管道外部或管道塌陷部位进行处理，保证修复管道的稳定和防止道路路面的沉降，多为各种非开挖修复的前期处理工艺，通常作为一种辅助修复方法与其他修复技术配合使用。

（2）局部修复是对拟修复管道内的局部破损、接口错位、局部腐蚀等缺陷进行修复的方法。如果管道本身质量较好，仅出现少量局部缺陷，采用局部修复比较经济；此外，部分破损严重管道在进行整体修复前也需要对破坏严重节点预先进行局部修复。

（3）整体修复是对两个检查井之间的管道整段加固修复，适用于管道内部严重腐蚀、接口渗漏点较多，或管道的结构遭到多处损坏的管道。采用整体修复后的管道，管道结构性修复更新后的工作年限不得低于50年；利用原有管道结构进行半结构性修复的管道，其设计使用年限应按原有管道结构的剩余设计使用期限确定，对于混凝土管道，半结构性修复后的最长设计使用年限不宜超过30年。

根据《城镇排水管道非开挖修复工程施工及验收规程》T/CECS 717—2020，我国目前已经形成包括土体有机材料加固技术、翻转式原位固化修复技术、拉入式紫外光原位固化修复技术、水泥基材料喷筑修复技术、聚氨酯等高分子喷涂技术、机械制螺旋管内衬修复技术、管道垫衬法修复技术、热塑成型修复技术、管片内衬修复技术、碎（裂）管修复技术、短管穿插修复技术，不锈钢双胀环修复技术、不锈钢发泡筒修复技术、点状原位固化修复技术等一批先进适用共计14项修复技术和管道预处理技术。

目前，国内外主要使用的非开挖管道修复技术的适用范围和使用条件见表1.1-3。

表 1.1-3

主要非开挖管道修复技术的适用范围和使用条件

修复形式	修复工艺	材料	材料力学性能	材料承载性能	适应缺陷类型	适用管径及管材	工艺优缺点	应用程度
管道止水加固技术	注浆法	水泥基类、硅化浆液或高聚物材料	水泥基类、硅化浆液注浆符合现行行业标准《高压喷射注浆施工技术规范》HG/T 20691 和《注浆技术规程》YS/T 5211 的有关规定； 非水反应高聚物材料生成的聚合物抗压强度和拉伸强度均大于 0.3MPa	—	水泥基类液浆适用于软土地基处理； 有地下水流动的软基不应采用单液水泥浆； 双液硅化法适用于加固粗砂、中砂、细砂； 单液硅化法适用于加固粉砂； 高聚物材料适用于填充加固各类土体及结构本体与土体脱空； 修复管道渗漏、管道沉降等	适用各种管径及管材	化学浆液的可灌性好、渗透力强，对微小的裂隙也能够较好的均匀充填； 充填密实，防水性好，浆材固结后强度高； 化学浆液的胶凝时间可根据需要进行调节； 根据含水量和用途不同，可以选择不同类型的注浆材料	应用广泛
整体修复技术	紫外光原位固化法	浸透树脂的玻璃纤维布制成的增强软管	弯曲弹性模量：约 6400 ~ 18000MPa； 壁厚：壁厚薄，断面损失小	纤维增强的内衬管为主要受力结构	各种缺陷：管道错口会导致内衬管表面轻微不平整	管径：DN200 ~ DN1600； 管材：各种管道； 可修复矩形管涵	紫外光固化，固化过程可视，安装简单，施工效率高	应用成熟，国内近年来普遍应用，尤其四川、北京、安徽、广东、福建应用较多
	翻转式原位固化法	以无纺布为载体的树脂制成的软管	弯曲弹性模量：约 2000 ~ 3000MPa； 壁厚：壁厚较薄，断面损失较小	无纺布为载体的树脂为主要受力结构	各种缺陷：管道错口会导致内衬管表面轻微不平整	管径：DN200 ~ DN1800； 管材：各种管道； 可修复矩形管涵	热水固化，内部不可视，施工操作技术要求高，施工人员经验比较重要	应用成熟，沿海江浙地区应用较多
	热塑成型法	特种高分子材料	弯曲弹性模量：约 2500MPa； 壁厚：壁厚较薄，断面损失较小	热塑成型的内衬管为主要受力结构	各种缺陷，尤其适用存在轻微错口、变径、起伏的管道	管径：DN200 ~ DN1000； 管材：各种管材	材料物理变化，施工前后性能稳定，施工效率高	应用成熟，优点突出，是比较具有竞争力的一种技术
	水泥基材料喷筑法	纤维增强特种砂浆	抗压强度：约 60MPa； 壁厚：壁厚厚，断面损失大	纤维增强砂浆结构层为主要受力结构	各种缺陷	管径：DN300 以上；管材：混凝土类管、陶土管； 可修复矩形管涵	可喷涂较大厚度，满足大管径结构性修复要求，一次喷涂厚度有限，较厚设计时需要多次喷涂	应用成熟

续表

修复形式	修复工艺	材料	材料力学性能	材料承载性能	适应缺陷类型	适用管径及管材	工艺优缺点	应用程度
整体修复技术	机械制螺旋缠绕法	硬聚氯乙烯（PVC-U）型材	拉伸弹性模量大于2000MPa，弯曲强度大于58MPa，抗拉强度大于35MPa	内衬结构层为主要受力结构	各种缺陷	各类断面形式、各种材质的排水管（渠）的修复	可带水作业，与原管道可复合受力，施工效率高	应用成熟
	垫衬法	高分子材料，灌浆料	灌浆料弹性模量大于或等于30GPa，断面损失大	灌浆材料为主要受力结构	各种缺陷：管道错口会导致内衬管表面轻微不平整	管径：DN ≥ 300；管材：各种管道；可修复矩形管涵	灌浆可自流灌浆或压力灌浆，施工效率高，施工技术人员经培训即可满足要求	应用成熟，近年在广东、湖北、江西、湖南、甘肃等地均有应用
	高分子材料喷涂法	聚氨酯、聚脲等高分子材料	弯曲模量大于2000MPa，弯曲强度大于90MPa，抗拉强度大于30MPa，与基体粘结强度大于1MPa	喷涂结构层为辅助受力结构	各种缺陷	无机材料管道、渠箱等构筑物	可对管道、渠箱结构进行功能性修复侯结构性修复，结构性修复时需要喷涂多次	应用成熟
	短管穿插法	聚乙烯（PE）管	弯曲模量大于900MPa，屈服强度大于22MPa，环刚度大于8kPa	内衬结构层为辅助受力结构	塑料管各种缺陷	可用于管道老化、内壁腐蚀脱落的DN200 ~ DN600排水管道置换PE管的工程	短管一般比原管道直径缩小一级，断面损失较大；可作为设施抢险抢修应急方法	在北京地区应用较多
	碎（裂）管法	聚乙烯（PE）管	弯曲弹性模量应不小于600MPa	拉入的内衬管为主要受力结构	各种缺陷	HDPE波纹管、混凝土管道、陶土管、PE管道	整体修复，需要工作坑	应用成熟，小口径管道应用较大
局部修复技术	点状原位固化法	玻璃纤维、树脂	弯曲弹性模量大于6400MPa；壁厚薄，断面损失小	纤维增强树脂结构层为主要受力结构	各种缺陷	管径：DN300 ~ DN1000；管材：各种管材	使用快，较大渗漏需要先堵水	应用成熟，小口径管道应用较多
	双胀环修复法	304或306不锈钢、橡胶圈	壁厚薄，断面损失较小	不锈钢条为主要受力结构	不适应变形、承载力不够时的修复	管径：DN800及以上	设备简单，无需用电，安装方便快捷；管道渗漏时必须注浆	应用成熟，大口径管道应用较多
	不锈钢快速锁法	304或306不锈钢、橡胶圈	壁厚薄，断面损失较小	不锈钢为主要受力结构	不适应于错口缺陷的修复	管径：DN600 ~ DN1800；管材：各种管材	设备简单，无需用电，安装方便快捷	应用成熟，大口径管道应用较多

4. 共同沟（综合管廊）技术的发展

共同沟（Utility Tunnel）是指设置于道路下，将两种或两种以上的城市地下管线集中埋设于同一人工空间中所形成的一种现代集约化城市基础设施，它包括相应构造物及其附属设备。共同沟，是沿用日本的称谓，我国又将其称为“总管道”“市政管廊”“综合管道”“综合管沟”或“综合管库”。

共同沟一般可分为干线（干管）共同沟，支线（供给管或配给管）共同沟，电线、电缆专用共同沟和干、支线混合共同沟 4 种。

采用共同沟技术进行管线的铺设目前已成为城市建设和城市发展的趋势和潮流，在世界各国的应用越来越广泛，见图 1.1-55。

图 1.1-55　共同沟示意图

1.2　我国城镇排水管道现状、问题及发展

1.2.1　城镇排水管道的现状

国外发达国家城市排水系统规划建设较早，现已发展较为成熟。如德国、日本、美国等发达国家，其城市排水管网建设现已较为完善，并取得良好的效果。据统计，2002 年德国城市污水纳管率平均已达 93.2%，城市排水管道长度总计达到 44.6 万 km，人均长度为 5.44m，城市排水管网密度平均在 10km/km^2 以上；日本城市排水管道长度在 2004 年已达到 35 万 km，排水管道密度一般在 20 ~ 30km/km^2，排水管道密度高的地区可达 50km/km^2；美国城市排水管道长度在 2002 年大约为 150 万 km，人均长度为 4m 以上，城

市排水管网密度平均在 15km/km^2 以上。通常城市排水管网密度（城市区域内的排水管道散布的疏密水平，为城市排水管道总长与建成区面积的比值）指标越高，反映一个城市的排水管网普及率越高、效劳面积越大。这说明德国、日本、美国等发达国家城市建设已经具有一套完善的排水管道系统。

与欧美及日本等工业发达国家相比，我国城市排水管网建设存在较大差距，但改革开放以来我国城市排水系统取得了较大的发展。特别是沿海经济发展较快的地区，面临经济发展对城市基础设施的需求、水环境污染造成的水质型缺水和城市居民生活质量下降等压力，对排水系统重要性的认识不断提高，新建改建了许多排水管网。但由于历史欠账太多，总体水平仍然非常落后。图 1.2-1 为 2014—2019 年我国城市排水管道长度及增速，从全国来看，我国城市排水管道长度总量在过去的 20 年里逐年增长，尤其是近 10 年我国加快排水管网的建设发展，2014—2019 年全国新增排水管道 22.6 万 km，2011—2019 年排水管道长度占比超过 46%，详见表 1.2-1。城市排水管道密度呈现同样增长趋势。截至 2019 年底，我国城市排水管道长度总量达到 73.7 万 km。按照 2019 年我国城镇常住人口 84843 万人、城镇化率 60.6% 计算，城镇人均排水管长度仅为 0.87m。与发达国家相比，我国城市排水管网不论是总量还是人均占有量、管网密度均落后，且差距悬殊。

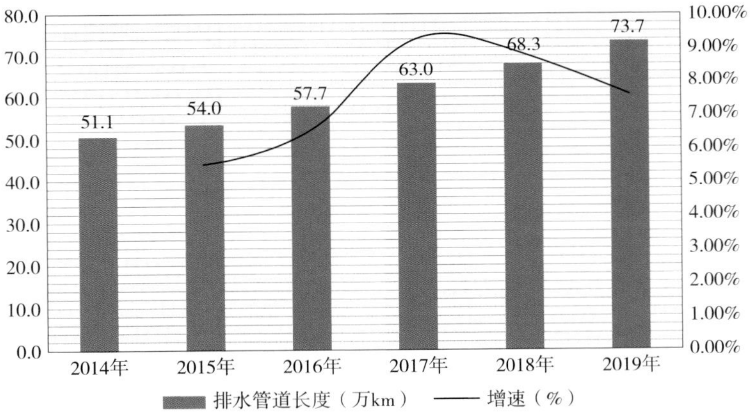

图 1.2-1　2014—2019 年我国城市排水管道长度及增速

我国排水管道各年代所占总排水管道建设总占比　　表 1.2-1

年代	管道长度（km）	占比（%）
20 世纪 70 年代及以前	21860	3.15
20 世纪 80 年代	35927	5.18
20 世纪 90 年代	83971	12.12
2001—2010 年	228242	32.94
2011—2019 年	323000	46.61

2021年6月6日，国家发展改革委、住房城乡建设部以发改环资〔2021〕827号印发《“十四五”城镇污水处理及资源化利用发展规划》(以下简称《规划》)。根据《规划》，新增污水集中处理设施同步配套建设服务片区内污水收集管网，确保污水有效收集。加快建设城中村、老旧城区、建制镇、城乡接合部和易地扶贫搬迁安置区生活污水收集管网，填补污水收集管网空白区。新建居住社区应同步规划、建设污水收集管网，推动支线管网和出户管的连接建设。开展老旧破损和易造成积水内涝问题的污水管网、雨污合流制管网诊断修复更新，循序推进管网错接、混接、漏接改造，提升污水收集效能。大力实施长江干流沿线城市、县城污水管网改造更新，地级及以上城市基本解决市政污水管网混错接问题，基本消除生活污水直排。因地制宜实施雨污分流改造，暂不具备改造条件的，采取措施减少雨季溢流污染。“十四五”期间，新增和改造污水收集管网8万km。

1.2.2 城镇排水管道引发的道路塌陷问题

近20年来，中国城镇排水管道建设飞速发展，目前里程达到约120万km，但是城市内涝、道路塌陷、窨井“吃人”、污水入厂浓度不达标等现象时有发生，毋庸讳言，这些现象与我们的排水管道都有关联，直面问题，剖析原因，是我们的历史责任和担当。

我国涉水管网众多，分布广泛，存在建设标准不一、建设主体较多、施工质量差异较大、维护管理力度不同等特点。尤其是我国建设初期的排水管道存在建设标准较低、施工质量差、结构强度不足、管网老化等诸多问题，导致部分管（渠）渗漏、破裂，进而雨水冲刷掏空土层，引发道路塌陷（图1.2-2）。

道路塌陷主要成因如下：

（1）早期建设标准偏低，质量难以保证。我国城镇早期给排水管道的建设标准普遍偏低，相当部分采用了素混凝土排水管，这些管材结构强度偏小，非常容易破裂、粉碎，造成雨水冲刷带走周边泥沙，造成地下空洞，导致道路塌陷。另外我国城镇早期建设时供水管材采用了大量灰口铸铁管，该管材除接口漏水、管身砂眼漏水外，最大的隐患是管身纵向开裂爆管，从而引起道路塌陷。我国城镇排水管网除部分由水务局等政府部门建设外，尚有大量由村集体、工业区等自行建设，这部分管网存在缺乏报建归档资料、建设标准低、设计不规范、施工质量差、维护不到位等问题，导致部分管网老化、破裂，雨水掏空土层，形成地下空洞，存在产生路面坍塌的隐患。

（2）塑料管材事故多发，工业废水腐蚀管道。根据近几年排水管道维、抢修统计数据，近期推广应用的埋地塑料管（或复合管）的事故频率（每年每百公里管道发生事故的次数）远大于钢筋混凝土排水管。主要原因有二：一是排水塑料管（或复合管）管材

（a）实例 1

（b）实例 2

（c）实例 3

（d）实例 4

图 1.2-2　道路塌陷

市场较混乱，产品质量良莠不齐；二是施工不规范。部分偷排工业废水未达到《污水排入城镇下水道水质标准》GB/T 31962—2015 的相关要求，造成市政管道内部腐蚀严重，钢筋外露，管壁变薄，进而破裂、渗漏，形成产生路面坍塌隐患。

（3）管道基础沉降，排水检查井坍塌。我国城镇地质条件复杂，不良地质条件下管道基础建设要求较高，由于部分不良地质区域的管道基础与管道接口等施工质量欠佳，或基底压实不足，回填材料和回填质量达不到设计要求，导致管道发生不均匀沉降、变形和拉裂，进而引发道路塌陷。部分工程存在跌水井未按标准图建设，或压力释放井无消能、加固措施，长期冲刷导致井壁破损，引发井筒周边道路塌陷。

（4）管网老化引起的渗漏、破损。国内大城市地下供排水管线建成时间较早，管线密集，部分管道的使用时间较长，管材自然老化导致强度有所下降，更容易在外力作用下发生破损而造成渗漏，在发生路面塌陷的案例中，不乏类似情况。

目前，我国城镇排水管道主要使用混凝土管、塑料管、玻璃夹砂管、金属管（钢管）等管材。根据《城乡排水工程项目规范》GB 55027—2022 城乡给水排水设施中主要构筑物的主体结构和地下干管，其结构设计使用年限不应低于 50 年。根据广东省建筑设计研究院的研究成果，我国城镇混凝土成品管及钢筋混凝土成品管、玻璃纤维增强塑料夹砂管、UPVC 管、HDPE 管、钢管、球磨铸铁管的最佳建议使用期限分别为 30 年、20 年、20 年、20 年、30 年、50 年。超过使用期限后，管网老化出现缺陷概率将增大，需要加强日常养护管理，必要时应进行更新改造，保障老旧管网的正常运行。

1.2.3 城镇排水管道引发城镇内涝问题

从近几年我国出现内涝事件来看，我国的内涝灾害呈现出“地域性广，危害性大”等特点。城市内涝频发，不仅对城市居民生命财产安全产生造成威胁，也严重影响到了城市经济的正常发展。为了减少内涝灾害发生的频率，确保人民生命财产安全，有必要对内涝产生的根源进行分析研究。

显然，内涝形成的直接原因便是我国落后的排水管道建设。“管道不管、管道不通”现象非常突出，见图 1.2-3 ～图 1.2-4。

图 1.2-3　雨水管道堵塞

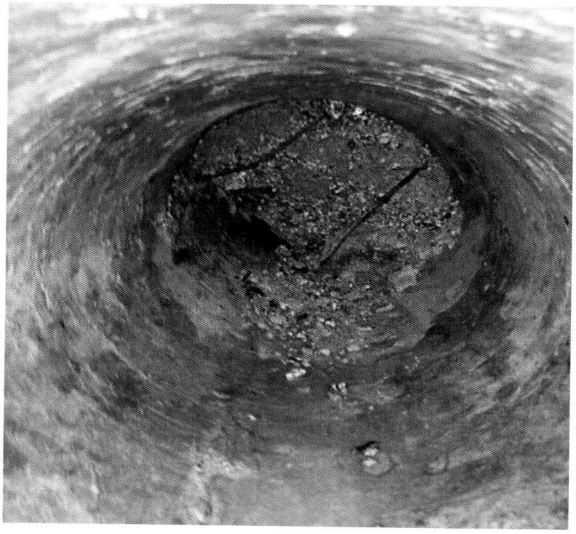

图 1.2-4　雨水管道堵塞导致雨水从检查井喷涌

在加强扩建排水管网规模的同时，积极检查和维修既有的排水管道，保证既有排水管道充分发挥其应有的作用，做到“未雨绸缪”，同时也应认真分析内涝形成的综合原因，积极开展各方面的工作，做到“防洪、排水、排涝”三者的结合，使城市居民免受“内涝”之苦。

案例一：2010 年 5 月 7 日凌晨，广州遭遇一场 50 年一遇的大雨，城市主干道水浸一度深达 3m。5 月 9 日，广州又一场大雨。虽然水务部门已 24 小时待命，但暴雨再度成灾，一个又一个的地下停车场遭受灭顶之灾。一场大雨就把广州20年的城建系统打得“原形毕露”，见图1.2-5。

案例二： 2012年7月21日，北京经历了61年来最大强降雨，北京全市出现主要积水道路63处，积水30cm以上路段30处。这场特大暴雨过程中，北京市16000km^{2}面积受灾，14000km^{2}面积成灾，全市受灾人口190万人，其中房山区80万人。全市道路、桥梁、水利工程多处受损，民房多处倒塌，几百辆汽车损失严重。据初步统计，全市经济损失近百亿元。最让人痛心的是，这次暴雨造成79人死亡。京港澳高速的积水达到了6m深，洪水中的一辆被淹的大巴车像孤岛一样，图1.2-6为暴雨导致公交车车顶被淹没。

图1.2-5　暴雨中无奈的车主

图1.2-6　暴雨导致公交车车顶被淹没

案例三： 2013年9月13日，受雷暴云团影响，瞬间暴雨侵城。在狂风暴雨的凶猛袭击之下，上海部分地区降水量超过100mm，气象台在16时44分升级预警级别，发出了罕见的暴雨“红色”预警。

正逢交通高峰时段的这场暴雨，给地面交通带来严重影响，几乎已经瘫痪。浦东主干道世纪大道路段积水没过了车轮，不时有小车抛锚。市区各个高架道路上车流缓慢，出现拥堵。

与此同时，上海地铁多条线路也因暴雨影响正常运营。正值下班晚高峰时候，造成车站内乘客大量积压。图1.2-7为当地居民奋力“过河”的情景。

图1.2-7　当地居民奋力“过河”的情景

案例四： 2019年4月11日晚，受冷暖气流交汇影响，深圳市出现冰雹、大风、雷暴和强降雨等强对流天气。短时极端强降水导致深圳全市多个区域突发洪水，造成部分区域受灾，福田区、罗湖区多处暗渠、暗涵出现人员遭遇洪水淹溺死亡或失联。

该次强降雨主要集中在福田、罗湖、宝安、光明等区。全市平均雨量达 40.6mm，各区中平均雨量最大为罗湖区（达 65.0mm），其中 10min 最大雨量也为罗湖区（达 39.2mm），福田区达 39.7mm，短时降水极端性很强，几乎一半以上的降雨都集中在短短的十分钟内，达到 50 年或 100 年一遇；最大半小时雨量达 73.4mm，为有深圳气象记录以来 4 月份最大半小时降雨强度。

罗湖区桂园街道宝安南路笔架山河暗渠整治西湖宾馆段排水沟清淤作业项目，现场作业人员 25 人中，7 人准备撤离时被突如其来的洪水冲走，经救援，4 人获救无生命危险，2 人死亡，1 人失联。福田区香蜜湖街道香蜜公园北侧暗渠清淤作业项目，现场作业 10 余名作业人员接预警通知后撤离，4 名工人被洪水冲走，经救援，1 人获救无生命危险，3 人死亡。罗湖区黄贝街道爱国路与沿河路中间绿化带地下暗涵进行清淤工作测量勘察的 5 名工作人员，在准备撤离时被洪水冲走，造成 5 人死亡。图 1.2-8 为搜救人员在现场执行搜救任务的情景。

截至 2019 年 4 月 14 日，深圳各受灾点失联人员已全部核清，共有 11 人死亡。其中，福田区香蜜湖街道受灾点 3 人死亡，罗湖区黄贝街道受灾点 5 人死亡，罗湖区桂园街道受灾点 3 人死亡。

案例五：2020 年 5 月 21 日夜间至 22 日清晨，广州普降暴雨到大暴雨，局部特大暴雨。这次暴雨具有强度大、范围广、面雨量大的特点。气象专家判断，此次暴雨过程的小时雨无论强度还是范围均超历史纪录。全市小时降雨强度超过 80mm 的有 42 个站次破历史纪录。持续强降水导致广州市内出现多处水浸，车辆被淹等现象。广州地铁 13 号线雨水倒灌被逼停运。黄埔南岗一带公路被水淹，有些地方水深 1.7m（图 1.2-9）。黄埔区鸣泉山庄发生浅

图 1.2-8　搜救人员在现场执行搜救任务的情景

图 1.2-9　广州黄埔区积水深度 1.7m

表层小型山体滑坡及伴生泥石流，致房屋倒塌 4 间，受困人员 9 人，其中，7 人安全撤离，2 人遇难。黄埔区开源大道隧道有车辆被困，4 人逃生、2 人溺亡。

1.2.4　城镇排水管道引发地下水入渗入流，污水处理厂超负荷运行问题

目前，根据我国城市每年发布的环境公报可以看出，各地污水处理率基本都在 90% 以上，污水收集处理率和欧美国家接近，但是城市水体水质差距较大。原因是大量地下水或其他客水排入污水处理厂，虚高了城市污水处理率。截至 2019 年底，我国城市排水管道总长度达到 74.4×10^4km，其中 37.0×10^4km 的排水管网使用时间在 10 年以上。由于污水腐蚀、侵蚀、冲刷、沉积及地面荷载等影响，污水管道破损严重的问题在我国城市普遍存在。敷设在地下水位以下的排水管道，地下水进入污水管网，挤占了污水管网的输送容量，降低了污水处理厂的进水浓度，我国 4000 多座污水处理厂中约有 1000 座进水 COD 浓度在 150mg/L 以下，污水处理厂设计进水 COD 浓度是 350mg/L，两者相比说明污水处理厂处理的并不全是污水，污水系统存在入渗入流现象（图 1.2-10）。地下管道渗漏问题突出，造成水资源浪费、环境污染和污水处理厂超负荷运行。

图 1.2-11 是某地级市 258 个居住小区出口污水 COD 浓度排放情况。正常情况下我国居住小区出口污水 COD 浓度不应该低于 400mg/L（或者 BOD 浓度不应该低于 200mg/L），但是这 258 个小区出口污水 COD 浓度大于 260mg/L 的仅占 11.9%。地下水入渗、源头河水倒灌就已经将污染物稀释了一倍甚至以上。

图 1.2-10　地下水涌入污水渠箱

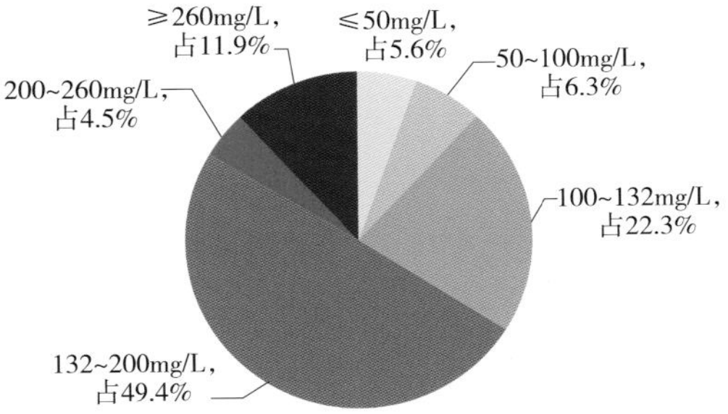

图 1.2-11　某地级市 258 个居住小区出口污水 COD 浓度排放情况

1.2.5　城镇排水管道的发展趋势

由于我国近年来加大对城镇基础设施建设投入，市政工程管网建设得到前所未有的重视。归纳起来，市政排水管道呈现以下态势：

（1）“污水资源化”对城市排水管网提出了更高的要求。国家投入巨资对城市污水进行综合治理，如果排水管道使用寿命短，渗漏严重，造成地下水和环境的污染，不但是国家资源浪费，而且将祸及子孙后代。过去对排水管网重视不够，所采用的管道（如混凝土管、陶制管等）95% 以上是用传统材料制作，管道施工工艺和施工质量比供水管低得多，管道破损和接头渗漏情况尤为严重。地下水源 90% 以上受到生活污水管道渗漏出的污水所污染，因而开发和优先使用无渗漏、使用寿命长的排水管道已成当务之急。

（2）市政排水管道更新改造也是很有潜力的市场。过去，由于我国的环保意识不强，对城市排污管道建设投资不重视，排水管网的渗漏对城市环境和城市地下水的污染极为严重。另一方面，由于过去城市排水管网设计的口径普遍较小，相对于日益增多的城市人口和城市不断扩大，显然不能满足排水要求。目前，各级政府已经高度重视，要求对落后的城市排水管道进行更新改造。

（3）雨水收集管网建设及海水淡化利用，对排水管道的需求将不断增加。发达国家在街道、公路、高速公路埋设雨水收集管道，对雨水进行收集处理非常普遍。我国水资源严重缺乏，需要对雨水进行收集处理利用，在沿海缺水城市对海水进行淡化利用的高端要求，亦需要管网建设以有效缓解其严重的缺水问题。

（4）管道接口向柔性接口形式方向发展。用平口管安装成管道，用水泥砂浆封缝或用套环连接不能有效防止污水外溢，随着社会的发展，它必将被淘汰。未来发展趋势是使用柔性结合的承插口式排水管。

（5）管径有向大口径、多品种化方向发展。自离心工艺的最大管径 2000mm 企口管诞生后，目前可生产出管径达到 2800mm 管段。生产 3000mmF 型大口径钢筋混凝土管也成为可能，未来越来越多的直径在 2000mm 以上排水管都将被采用。

（6）管材有向绿色混凝土管发展趋势。在排水管的混凝土中可以应用很多有利于环保的工业废料，从而促进绿色混凝土在排水管材中的应用。

（7）高耐久性方向发展趋势。我国使用排水管时间不长，在其设计寿命的验证方面尚缺少数据，但污水对混凝土管的腐蚀是一个不争的事实。不仅仅是排放有腐蚀介质的管道，普通生活污水管也存在耐腐蚀问题，而耐腐蚀管的生产技术关键是突破以往水泥作为混凝土胶凝材料的观念，通过掺合料来改变混凝土的生成产物从而达到耐腐蚀的目的。这种排水管材将进一步拓宽排水管的应用领域。

根据国家《“十四五”城镇污水处理及资源化利用发展规划》，到 2025 年，基本消除城市建成区生活污水直排口和收集处理设施空白区，全国城市生活污水集中收集率力争达到 70% 以上；城市和县城污水处理能力基本满足经济社会发展需要，县城污水处理率达到 95% 以上；水环境敏感地区污水处理基本达到一级 A 排放标准；全国地级及以上缺水城市再生水利用率达到25%以上，京津冀地区达到35%以上，黄河流域中下游地级及以上缺水城市力争达到30%；城市和县城污泥无害化、资源化利用水平进一步提升，城市污泥无害化处置率达到90%以上；长江经济带、黄河流域、京津冀地区建制镇污水收集处理能力、污泥无害化处置水平明显提升。到2035年，城市生活污水收集管网基本全覆盖，城镇污水处理能力全覆盖，全面实现污泥无害化处置，污水污泥资源化利用水平显著提升，城镇污水得到安全高效处理，全民共享绿色、生态、安全的城镇水生态环境。“十四五”期间，新增和改造污水收集管网8万km。加强管网建设全过程质量管控，管材要耐用适用，管道基础要托底，管道接口要严密，沟槽回填要密实，严密性检查要规范。

1.2.6　城镇排水管道管理养护现状

城镇排水系统工程与城镇给水系统工程一样，都是城市居民的生命线工程，是服务区内其他工程设施得以正常使用的重要设施之一，确保其施工质量及使用功能有着非常重要的意义。排水管道直接关系到城市防汛排水安全和水环境，每年都会发生因管道失养造成或加剧道路积水，而沉积在管道内的淤泥雨天随雨水进入河道又会造成对水体的污染。随着城市的发展，城市排水管网的覆盖规模迅速扩张，同时原有的排水管网日趋老化带来的负荷过重和管道堵塞等问题，由此为排水管网的运行管理带来了巨大压力。目前，我国大部分城市排水管网设施基础资料（如：地理空间资料、规划资料、设计图纸、验收文档等）的收集和管理混乱，造成各个城市排水管网的很多资产现状不清。

城市排水设施是保障城市功能正常运转的重要基础设施。城市排水管网主要包括雨水和污水排水管道，担负着收集城市生活污水和工业生产废水、及时排除城区雨水的任务，是城市水污染防治和城市排渍防涝的骨干工程，是保证城市正常运转的重要生命线。只有充分发挥城市排水设施功能，才能保障城市公共服务的质量和城市安全，创造良好的社会、环境、经济效益。近年来，伴随着我国城市化进程的加快，许多城市不断加大基础设施投入，市政管网建设得到了前所未有的重视和发展，城市排水管网也得到了很大改善。但由于受城市建设、经济条件和管理方式的制约，往往忽视了对已建成排水管网的维护管理，许多城市污水管网存在管道老化、堵塞、破损、渗漏等问题，由于维护管理力度不够，没有采用必要的检测手段，没有形成科学、系统的管理机制，使得管网问题得不到及时修复，带病运行，会导致管网系统功能的丧失，甚至会产生部分管网系统的瘫痪，一旦渗漏将污染土质和地下水，甚至会使城区污水漫溢，污染环境，雨水管网排水不畅，则会造成城区道路积水和内涝，直接危及城市公共服务的质量和城市安全。

目前，我国大部分城市的排水管网运行管理水平较低，很多城市仍然沿用传统的、依靠纸图甚至老工人记忆和经验的管理模式。尽管随着计算机技术的普及和发展，不少城市对排水管网数据进行了信息化处理，但通常其信息化和专业化程度都比较低，无法体现排水管网的复杂网络特征。虽然有部分城市采用了基于 GIS 的管理模式，但专业分析功能通常都较弱，系统仅体现了排水管网的地理特征，只实现了基本的地图显示和查询功能，但缺少网络分析、动态模拟和优化分析等专业功能，还未达到为排水管网安全运行提供科学的决策支持。由于缺乏有效的管网状态评估和运行监测手段，不能及时准确地掌握管网运行状况的变化，基于在线数据的全管网系统分析和动态模拟管理模式鲜有应用案例。

市政道路排水管道的管理与养护是一个很现实的问题，只有合理的管理和及时的养护，才能保证排水管网系统的正常运行。因此，加强城市排水管网养护管理十分重要。为了能够延长排水管道的使用寿命，避免管道损坏带来的问题，就需要对其进行定期的检查、养护和修复，保证其正常运行。这对于维持城市正常秩序有着重要意义。

排水管道检测的目的主要是检查排水管道的健康状况。一般可分为传统检测法和仪器检测法。传统检测方法主要是采用目测配合简易工具进行，观察同条管道和检查井的水位和污水水质，判别管道中间可能存在的堵塞、穿孔、断裂或坍塌等，在一些无检测设备的地方，对大口径管道可采用潜水员进入管道检查的方法，但要采取相应的安全预防措施，还应暂停管道的服务，确保个人安全。仪器检测法是采用内窥摄像检测，原理是通过摄像机器人对管道内部进行全线摄像检测，然后通过专业人士对管道状况进行评估，从而确定排水管道的状况。这是目前国际上最科学的了解排水管网的方法。但由于信息、技术和费用等各方面的原因，这种服务还仅限于局部地区。管道内窥摄像检测，通过对排水管网内部全面深入地了解后，由专业的检测工程师对所有的影像资料进行判读，通过专业知识和专业软件对管道现状进行打分汇总，最后进行评估。通过这些数据，就能够科学地全面了解管道的现状，制定下一步养护、维修和改造方案。

目前养护维修和运行管理已逐步向机械化、自动化过渡。已经研制并采用了自动遥测、排水管道电视摄像检查仪。钻杆通沟机、高压射水车、蟹斗捞泥车、真空吸泥车等，已普遍应用。以“抓、冲、吸”的新方法清通排水管道，正逐步代替“竹片、大勺、绞车”的老方式。污水泵站格栅耙渣机、沉淀池机械刮吸泥，以及污水处理厂的检测仪表、控制仪表、工业电视和电子计算机等，也普遍使用。

1.3 排水管道检测技术

排水管道的检测是进行修复和合理养护的前提，目的是了解管道内部状况。根据管道内部状况，可以确认管道是否需要修复和修复应采用何种工法，可以科学地制订养护方案。

1.3.1 我国排水管道检测技术的发展历史

排水管道发生事故的可能性随着服务时间的增长而急剧增加，到了事故高发期，必须尽快采取有效措施，以最大限度地减少事故的发生。实践证明，运用先进技术开展管道状况调查，准确掌握管道状况并根据一定的优选原则对存在严重缺陷的管道及时进行维修就可以避免事故的发生，同时也能大大延长管道寿命。

欧洲早在20世纪50年代，就开始研究和推广排水管道检测技术，20世纪80年代，英国水研究中心（WRC）发行了世界上第一部专业的排水管道CCTV检测评估专用的编码手册，从此以后，排水管道检测技术在欧洲得到迅猛发展。欧洲标准委员会（CEN）在2001年也出版发行了市政排水管网内窥检测专用的视频检查编码系统。

我国长期以来由于没有规范细致的评估依据，直接导致目前管道检测的大量数据无法进行精确分析。若干年后如果进行管道质量对比，主管单位不得不花大量精力重新翻看之前的现场录像进行人工对比。

我国于2012年7月19日发布、并于2012年12月1日实施的行业标准《城镇排水管道检测与评估技术规程》CJJ 181—2012（以下简称CJJ 181规程）自发布以来，不仅对指导和规范排水管道本身的缺陷普查起到了填补国内标准的空白作用，而且积极配合了国务院有关加强城市基础设施和地下管线建设的战略部署，推动了行业的健康发展。这部行业标准的出台，为我国城镇排水管道检测与评估技术的发展和应用作出了不可磨灭的贡献。

1.3.2 排水管道仪器检测技术推广应用现状

排水管道仪器检测技术主要有管道闭路电视（CCTV）检测系统、激光检测、潜望镜检测、声呐检测、电法测漏仪检测、管中雷达检测。图1.3-1为典型缺陷示意图，表1.3-1为管材的主要缺陷和产生原因。

（a）支管暗接

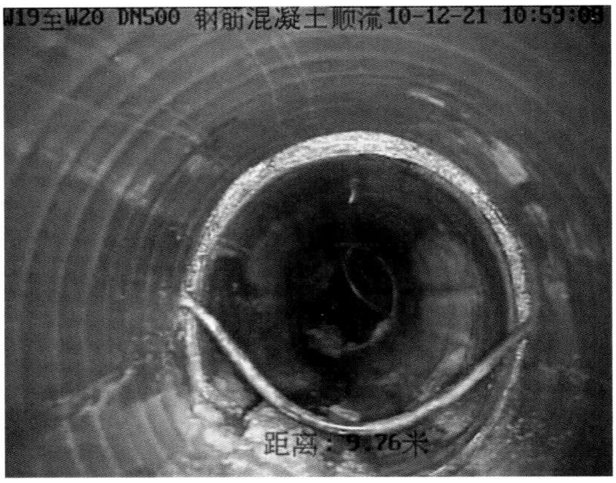

（b）胶圈脱落

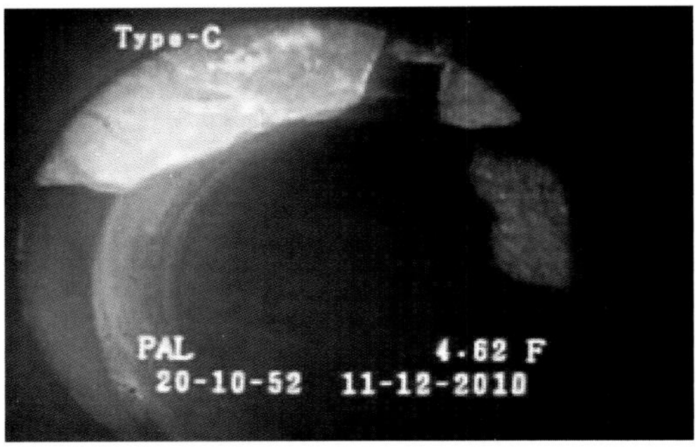

（c）塑料管被块石挤穿并嵌入

（d）塑料管破碎坍塌

图 1.3-1　典型缺陷示意图

管材的主要缺陷和产生原因　　表 1.3-1

管材类型	特点	主要缺陷	产生原因
钢筋混凝土管	强度大、刚度大	破裂、渗漏、错位等	管段埋设过程中或路基、路面压实过程中受到外力的冲击；管段回填材料时未按规范要求而直接造成管道破坏
玻璃钢夹砂管、HDPE 管、UPVC 管等	强度小、塑性大	破裂、渗漏、起伏、变形等	管材塑性大，容易出现变形；受冲击，易出现破裂、产生蛇形起伏

1. 闭路电视检测

闭路电视（CCTV）检测是使用最久的检测技术之一，也是目前应用最普遍的方法。生产制造 CCTV 检测设备的厂商很多，国际上一些知名品牌有 IBAK、Per Aarsleff A/S、Telespec、Pearpoint、TARIS 等；国内有雷迪公司等。

CCTV 检测的基本设备包括摄像头、灯光、电线（线卷）及录影设备、监视器、电源控制设备、承载摄影机的支架、爬行器、长度测量仪等。检测时操作人员在地面远程控制 CCTV 检测车的行走并进行管道内的录像拍摄，由相关的技术人员根据这些录像进行管道内部状况的评价与分析。CCTV 检测在国外排水管道检测中已得到广泛应用，美国排水管道的检测主要采用该方法。CCTV 检测在我国应用的时间不长，但发展非常迅速，近几年国内一些主要城市（如上海、北京、广州等）已经普遍应用这种检测系统，并取得了非常好的效果。图 1.3-2 为 CCTV 检测设备，图 1.3-3 为 CCTV 检测现场作业示意图。

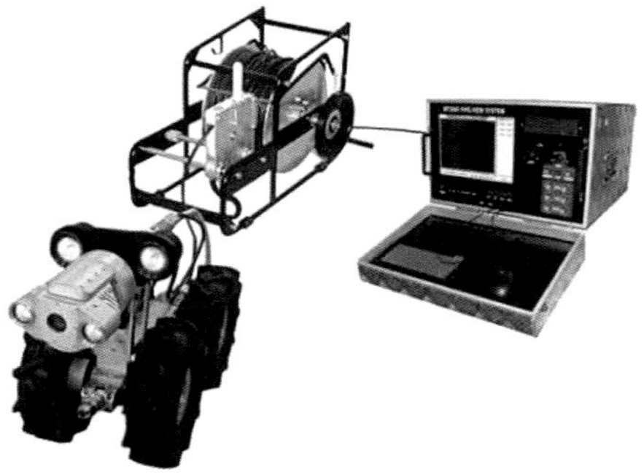

图1.3-2　CCTV检测设备

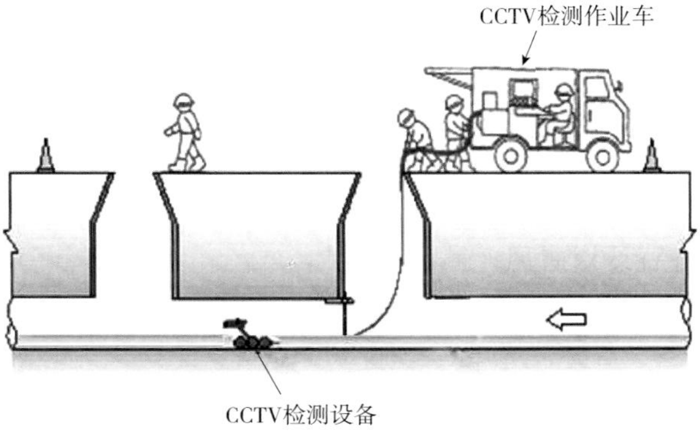

图1.3-3　CCTV 检测现场作业示意图

2. 激光检测

激光检测系统是由数据采集设备和数据处理软件组成。其工作原理是利用激光发射器，在管道中发散出垂直于管道的激光圆环，通过 CCTV 检测采集管道各个距离值的圆环，获得完整管道激光圆环检测的视频数据，再利用激光轮廓检测系统上位机软件，完成对不同距离下各激光圆环的提取，得出结果数据，形成三维模型模拟管道内壁详细情况，从而对检测管道进行分析、评估，为管道数据存储、管道养护、管道修复都提供真实有力的依据。图 1.3-4 为激光检测设备。

图1.3-4　激光检测设备

3. 潜望镜检测

潜望镜为便携式视频检测设备，操作人员将设备的控制盒和电池挎在腰带上，使用摄像头操作杆（一般可延长至 5.5m 以上）将摄像头送至窨井内的管道口，通过控制盒来调节摄像头和照明以获取清晰的录像或图像。数据图像可在随身携带的显示屏上显示，同时可将录像文件存储在存储器上。该设备对窨井的检测效果非常好，也可用于靠近窨井管道的检测。该技术简便、快捷、操作简单，目前在很多城市得到应用。图 1.3-5 是管道潜望镜摄像组件，图 1.3-6 是管道潜望镜检测现场作业示意图。

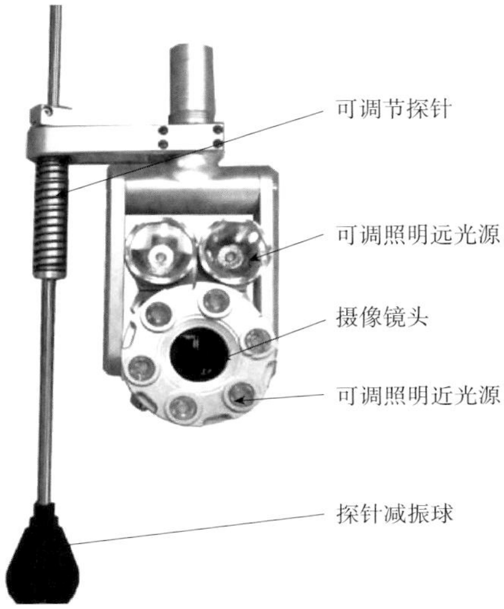

图 1.3-5　管道潜望镜摄像组件

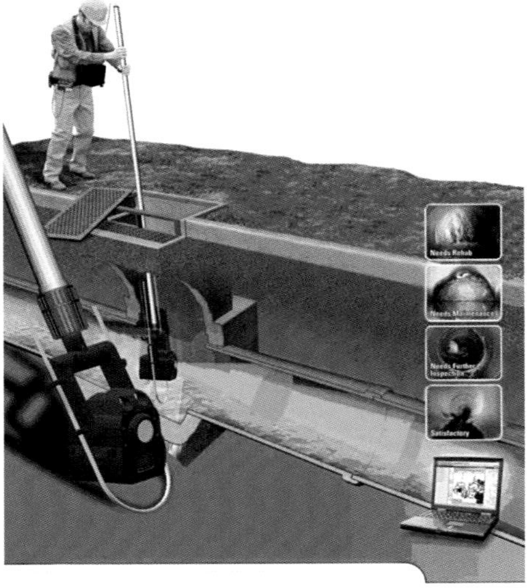

图 1.3-6　管道潜望镜检测现场作业示意图

4. 声呐检测

采用 CCTV 检测需要排干管道中的水，而声呐管道监测仪可以将传感器头浸入水中进行检测。声呐系统对管道内侧进行声呐扫描，声呐探头快速旋转并向外发射声呐信号，然后接收被管壁或管中物体反射的信号，经计算机处理后形成管道的横断面图。一般来说，声呐检测可以提供管线断面的管径、沉积物形状及其变形范围，图 1.3-7 为声呐检测设备。

5. 电法测漏仪检测

电法测漏仪检测采用聚焦电流快速扫描技术，通过实时测量聚焦式电极阵列探头在管道内连续移动时透过漏点的泄漏电流，现场扫描并精确定位所有管道漏点。主要适用于带水非金属（或内有绝缘层）不带压管道检测，运用于新管验收、管道修复后的渗漏验证、

图 1.3-7 声呐检测设备

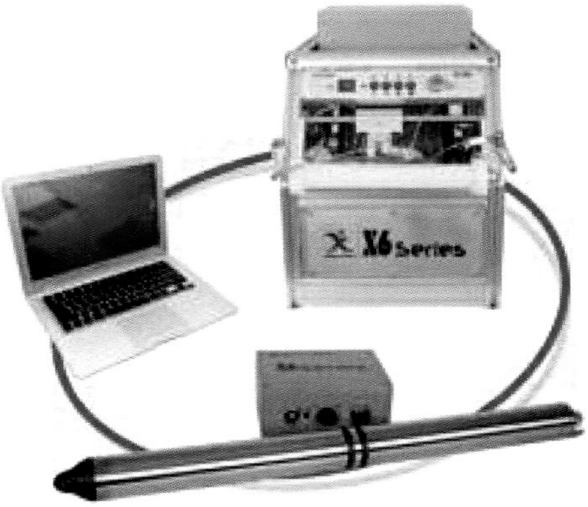

图 1.3-8 电法测漏仪检测设备

管道泄漏点的统计分类、分级评估、检测定位等。图 1.3-8 为电法测漏仪检测设备。

电法测漏仪检测原理：焦式电极阵列探头在管道内连续移动，移动速度为 4m/min，实时测量并显示穿透管壁的泄漏电流，泄漏电流曲线显示管内的聚焦式电极阵列探头与地面的接地棒之间的泄漏电流。

当管壁不存在缺陷时，穿透绝缘性管壁的泄漏电流非常小；当管壁存在结构性、侵蚀性或接头缺陷时，当探头接近缺陷点时，信号电流流出管壁。电流曲线的峰值通常与渗入或渗出漏水的管道缺陷有关，泄漏电流峰值越高，管道缺陷越大，而完好的管壁不会产生泄漏电流。图 1.3-9 为电法测漏仪探测原理。

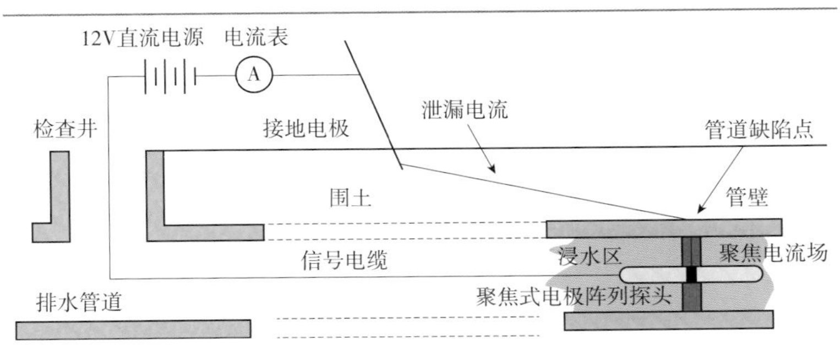

图 1.3-9 电法测漏仪探测原理

6. 管中雷达检测

管中雷达检测是将地质雷达搭载在 CCTV 检测系统的爬行器上，进入管网内部，从管网内部向外探测排水管网外部土体密实度状况的技术。能够很好地发现管网外部土体疏密程度、压实度状况以及土体的含水量状况，与 CCTV 内窥检测结果相结合，形成管网内外

图 1.3-10　管中雷达检测设备

结构性安全的综合评估结果，特别适用于地面坍塌巡检、新建管网验收检测。图 1.3-10 为管中雷达检测设备。

1.4　排水管道评估标准

排水管道（箱涵）状态评估是在前期人工、CCTV 检测及声呐等检测结果的基础上，对管道（箱涵）的功能性与结构性状态进行判断评估，确定管道畅通程度与构造的完好程度，以便为后续管道养护及修复提供指导性意见，提高养护及修复的工作效率。目前，国际上如英国、美国、日本、丹麦等地分别出台了与其相适应的评估体系，在管道的养护及修复中发挥了巨大的作用。

1.4.1　英国标准

为了给排水管道检测、评估提供一个可供比较的客观标准，英国水研究中心（WRC）于 1980 年颁布了《排水管道状况分类手册》，目前该手册已发行了第四版 MSCC4（WRC2004），MSCC4 是目前英国最常用的管道评估方法。该手册将管道内部状况分为结构性缺陷、功能性缺陷、建造性缺陷和特殊原因造成的缺陷。结构性缺陷分为管身裂痕、管身裂缝、脱节、接头位移、管身断裂、管身穿孔、管身坍塌、管身破损、砂浆脱落、管身变形、砖块位移、砖块遗失共 12 项；功能性缺陷分为树根侵入、渗水、结垢、堆积物、堵塞、起伏蛇行共 6 项。通过开发的电视检查编码系统，依赖于 CCTV 检测，由计算机对各破损进行评分，将管道条件等级转换成 1 ～ 5 的数值范围。但分数较高的管段并不一定塌陷的危险性高，必须考虑其他因素，采取划分结构状况级别等方法以更准确地比较故障的危险性。该方法体系的构成直观易理解，但接口脱节和错位所占权重较低，管道评分中没有考虑管道重要性和地区重要性等方面的因素。

1.4.2 美国标准

美国最常用的管道评估方法是全美不动产协会下水道服务公司（NASSCO）建立的管道评估和认证程序（PACP），PACP 法与 MSCC 中的评估方法非常相似，其目标是通过创建一个全面的数据库，对管道修复更新的优先等级进行准确地划分，明确排水管网系统的规划及其更新需求，形成有效的操作规程，确保各修复项目顺利实施。PACP 与 MSCC 类似，也需依赖于 CCTV 检测、大量的电子数据表、计算机软件以及操作经验来对下水道条件评级进行评估，将管道条件等级转换成 1 ~ 5，PACP 法管道条件评估等级定义如表 1.4-1 所示。

PACP 法管道条件评估等级定义 表 1.4-1

评估级别	状况
1	结构条件基本没有问题
2	有破裂的可能性，但风险较小
3	有破裂的可能性，但近期不会出现
4	在可预见的时期内管道即将破裂
5	管道彻底破裂或破裂及其明显

1.4.3 日本标准

针对污水下水道管道缺陷判定基准，日本下水道协会于 1993 年编写了《下水道设施维护管理计算要领——管道设施编》。1994 年，日本下水道事业团技术开发部收集、统计了日本 13 处大都市的下水道管道损坏程度的判定方法，并编写了《下水道管道设施更新手册调查》。2003 年 12 月颁布了《下水道电视摄像调查规范（方案）》，判定方法分为管道破损、腐蚀、裂缝、错位、起伏蜿蜒、灰浆沾着、漏水、支管突出、油脂附着、树根插入等项目，依据管道损坏程度状况分三级比较。该方法简单精练，但只是提供了管道局部状况的描述方法，不能像英国标准那样直接算出分值并就此确定修复的优先等级，对修复的指导性较弱。

1.4.4 丹麦标准

丹麦在管道检测方面起步比较早，对管道状态评估的方法主要是计算修复指数。其标准将缺陷分为结构性、功能性及特殊构造3大类，各有6项缺陷，采用10分制对所要评估的管道进行评定。丹麦标准缺陷种类简明、判读方便，比英国、日本等国家的技术体系更适合中国国情，但是我国应用条件与丹麦相差较远，如高水位、流沙性土壤等，需根据实际情况进一步调整应用。

1.4.5 我国标准

我国管道检测与评估已经处于快速发展阶段，香港、上海、广州等地区对排水管道检测评估工作开始较早。2009年，香港发布了《管道状况评价（电视检测与评估）技术规程》第4版，该规程分别对管道结构性、功能性、建造性和维修缺陷进行细分，并给予相应的代码，方便检测记录和报告编写。上海于2003年即开始对排水管道进行CCTV检测，其评估体系基本采用了丹麦模式，并吸取日本、英国等检测模式的优点，结合上海的实际情况制定。2022年上海市又发布了《排水管道电视和声呐检测评估技术规程》DB31/T 444—2022，该地方标准是国内首部排水管道内窥检测评估技术规程，国内排水管道评估一般均按照该规程执行。规程中对管道缺陷进行了分类和定级并给出了样图，根据检测录像和图片显示的画面再参考该规程中列出的各缺陷图片进行对比，以此对管道缺陷进行定级。2012年，根据广州、上海、香港等地排水管道检测评估技术规程，结合近几年排水管道CCTV等仪器检测经验和实际情况，参考英国、丹麦、日本等有关国外标准，广州市市政集团有限公司主编完成了CJJ 181规程和广东省地方标准《城镇公共排水管道检测与评估技术规程》DB44/T 1025—2012，为我国排水管道检测与评估提供技术标准与依据。2018年山东省发布实施了山东省地方标准《城镇排水管道检测与评估技术规程》DB37/T 5107—2018。2023年12月中国工程建设标准化协会颁布了《室外排水管道检测与评估技术规程》T/CECS 1507—2023，并于2024年5月1日实施。

第 2 章

工作方法

2.1 检测工作的分类

2.1.1 管网摸排

管网摸排采用进入式（CCTV、检测胶囊）、非进入式（QV）等技术设备，对存量管网进行逐段摸底调查检测，查明管网的结构性状况和功能性状况。

2.1.2 管渠修复

管渠修复采用CCTV等进入式技术设备，对已修复缺陷的管段进行检测，查明管段的缺陷修复情况。

2.1.3 管渠竣工验收

管渠竣工验收采用进入式（CCTV、检测胶囊、激光三维扫描、手持检测仪）、非进入式（QV）等技术设备，对新建管渠进行竣工验收前的检测，其中300mm（包含）以上新建管渠采用进入式设备检测，优先考虑CCTV检测和激光三维扫描检测，300mm以下新建管渠宜采用检测胶囊检测，特别困难的区域可以采用QV检测。

2.2 工作流程

工作流程见图2.2-1。

（1）接受任务：根据招标投标、合同等商务文件，拟定项目任务书，项目负责人接收任务书。

（2）资料收集、现场踏勘：根据项目任务书内容，收集项目范围内的地形图、控制点、管网、地质条件等资料，并制作工作底图。根据工作底图内容，对现场进行踏勘，掌握项目范围内的工作环境、管网工况、基本的管网属性信息等。

（3）资源配置：根据项目任务书及现场踏勘结果，拟定项目所需资源清单，根据清单进行资源配备。

（4）技术方案编制：根据项目任务书、踏勘结果、资源配置情况，编制技术方案，确定项目的具体实施方法。

（5）技术培训与交底：根据技术方案，对项目人员进行技术培训与技术交底。

（6）安全培训与交底：根据安全生产管理规定，对项目人员进行安全培训与安全交底。

（7）管渠外业检测：根据技术方案和现状工况，选择适合的检测手段，对排水管渠进行外业检测。

（8）成果编制：根据检测记录（视频等），编制检测成果。检测成果包含检测图、表、技术报告等。

（9）成果质量检查：对检测成果进行质量检查，核定缺陷定级等情况。

（10）检查验收：项目成果提交甲方，进行检查验收。

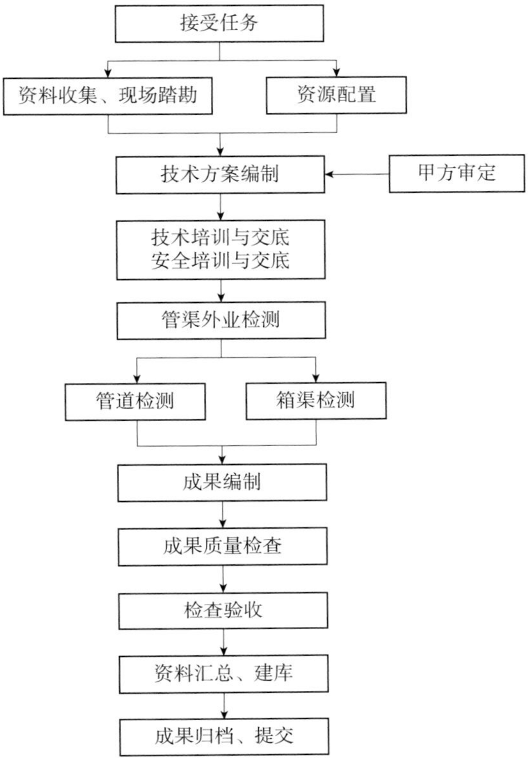

图 2.2–1 工作流程图

（11）资料汇总、建库：将验收合格的成果进行汇总，并建立检测数据库。

（12）成果归档、提交：成果归档，提交。

2.3 检测方法的适用范围

不同工况、不同工作类型下的检测方法的适用范围不同，详见表 2.3–1。

检测方法适用范围表 表 2.3–1

检测方法	适用工作类型	适用工况	适用管径大小	备注
管道闭路电视（CCTV）检测	全部	水深不超过 10cm，泥深不超过 5cm	大于或等于 300mm，小于 1800mm	包含全地形检测机器人
管道潜望镜（QV）检测	管网摸排	水深不超过管径 40%，泥深不超过管径 30%	大于或等于 300mm，小于 1000mm。短距离检测（3m 以内），适用 200 ~ 250mm	—

续表

检测方法	适用工作类型	适用工况	适用管径大小	备注
管道胶囊检测	全部	水深不超过管径 70%，泥深不超过管径 60%（大管径适当放宽，小管径适当减小）	大于或等于 200mm	—
激光检测	全部	水深不超过 10cm，泥深不超过 5cm	大于或等于 300mm	—
声呐检测	管网摸排	水深大于或等于 30cm	大于或等于 300mm	—
电法测漏仪检测	全部	水位较深的管道	大于或等于 300mm	—
人工进入检测	干管（渠）检测	水深小于或等于 40cm	高度大于 1500mm，宽度大于 1000mm	—
管中雷达检测	全部	在管内对管道周边形成的病害体	大于或等于 500mm	—
探地雷达检测	全部	在地面对管道周边形成的病害体	—	—

第 3 章

管道闭路电视检测

3.1 概述

管道闭路电视检测是采用闭路电视系统进行管道检测的方法，简称 CCTV（Closed Circuit Television Inspection）检测。CCTV 检测系统是一套集机械化与智能化为一体的记录管道内部情况的设备。它采用远程采集图像，通过有线或无线传输方式，无需人员进入管道内即可对管道内状况进行显示和记录的检测方法。CCTV 检测最早大约出现于 20 世纪 50 年代，到 20 世纪 80 年代中后期已基本成熟，是目前国际上用于管道状况检测最为先进和有效的手段。该技术于 90 年代中期引进到国内，近年来已经普遍应用并取得了非常好的效果。

CCTV 检测系统的功能：

（1）管道淤积、排水不畅等原因的调查；

（2）管道的腐蚀、砖损、接口错位、淤积、结垢等运行状况的检测；

（3）雨污水管道混接情况的调查；

（4）管道不明渗入水或水量不足的检测；

（5）排水系统改造或疏通的竣工验收；

（6）查找因排水系统或基建施工而找不到的检修井或去向不明管段；

（7）查找、确定非法排放污水的源头及接驳口；

（8）污水泄漏点的定位检测；

（9）分析、确定由于污水泄漏造成地基塌陷，建筑结构受到破坏原因等；

（10）新建排水管道的交接验收检测；

（11）修复引导：在实施局部非开挖修复工程时，地面人员通过观看电视监视屏，操纵修复设备准确移动到需内衬修复的位置；

（12）穿绳：操控爬行器行至另一端检查井，将绳索的一端拴在爬行器的牵引环上，后将爬行器放入检查井，回拖，取出绳索即可；

（13）其他特殊用途。

3.2　检测原理

CCTV 检测的基本设备包括：摄像头、灯光、承载摄影机的支架、爬行器、电缆、线缆盘、控制设备、录像设备、监视器、长度测量仪等。管道 CCTV 检测是采用 CCTV 管道内窥电视检测系统，检测时操作人员在地面远程控制爬行器在管道内自动爬行，对管道内的腐蚀、破裂、渗漏、错位等状况进行探测和摄像，同时记录管道内的状况，从而将地下隐蔽管线变为在电脑上可见的录像视频，由专业的技术人员根据这些录像进行管道内部状况的评价与分析。方便管理部门了解管道内部状况，并依据检测技术规程进行评估，为制定修复方案提供重要依据。图 3.2-1 为 CCTV 检测示意图。

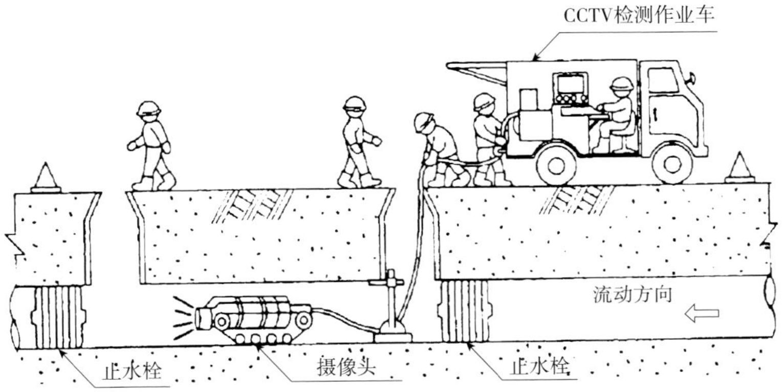

图 3.2-1　CCTV 检测示意图

CCTV 检测现场应包括下列基本内容：

（1）设立施工现场围栏和安全标志，必要时须按道路交通管理部门的指示封闭道路后再作业；

（2）打开井盖后，首先保证被检测管道的通风，在必须下井工作之前，要使用有毒、有害气体检测仪进行检测，在确认井内无有毒、有害气体后方可开展检测工作；

（3）管道预处理，如封堵、吸污、清洗、抽水等；

（4）仪器设备连接、自检；

（5）管道实地检测与初步判读，对发现的重大缺陷问题应及时报知委托方或委托方指定的现场监理；

（6）检测完成后应及时清理现场，并对仪器设备进行清洁保养。

3.3 设备类型和技术特点

3.3.1 设备类型

目前，CCTV 检测的方式及其配套设备共有三种，它们分别为：

1. 拉拽式 CCTV

在无动力的移动承载平台上搭载摄像系统和照明系统，诸如雪橇、漂浮筏等，通过人力或卷扬机拖拽使平台在管道内移动，从而获取管道内壁图像。雪橇式 CCTV（图 3.3-1）是早期采用的搭载方式，目前已经很少使用。漂浮筏式 CCTV（图 3.3-2）主要用于管道无法完全断水时的管道检测。

图3.3-1 雪橇式CCTV

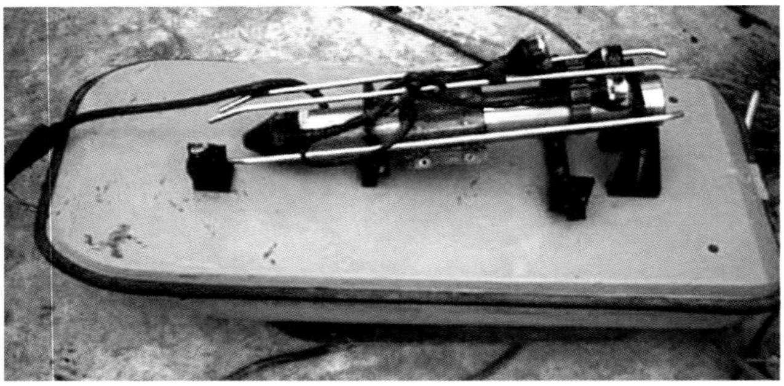

图3.3-2 漂浮筏式CCTV

2. 自行式 CCTV

在爬行器或其他承载自行平台上搭载摄像系统和照明系统进入管道内部行驶拍摄，长距离、长时间拍摄和记载管内实况。通常有轮式 CCTV（图 3.3-3）、履带式 CCTV（图 3.3-4）、螺旋推进式 CCTV（图 3.3-5）等，轮式 CCTV 是目前最常见的方式。履带式的 CCTV，较为笨重，国内使用较少。螺旋推进式 CCTV，是目前较为新颖的自行式 CCTV，适用于排水管道、暗河箱涵等的检测。另外也有将 CCTV 摄像系统安装在带有动力的漂浮筏上，用来检测大型盖板沟渠或渠箱。

3. 推杆式 CCTV

将集成照明灯光的摄像头用专用硬质电缆由人力推送至管道内部，拍摄和记录管内实

图3.3-3　轮式CCTV

图3.3-4　履带式CCTV

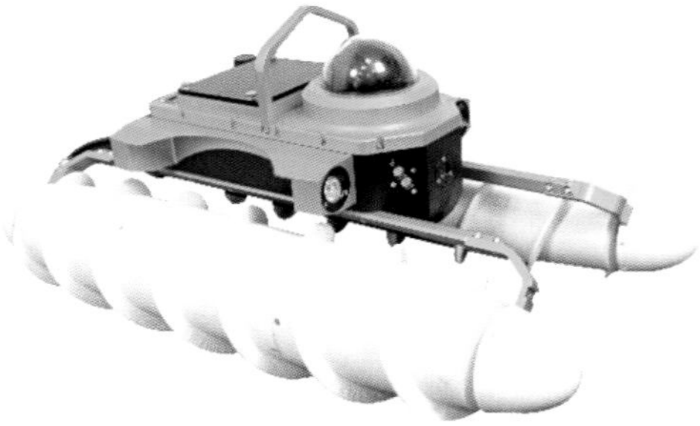
图3.3-5　螺旋推进式CCTV

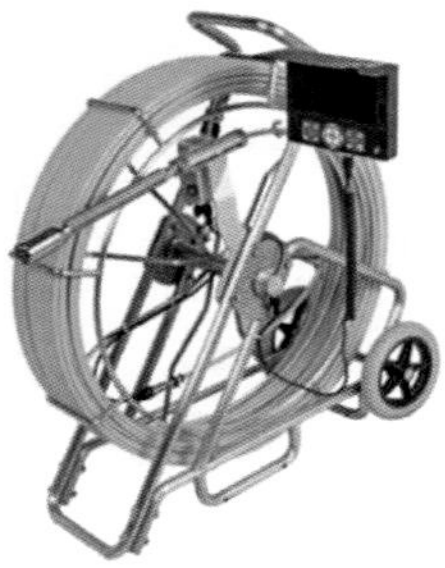
图3.3-6　推杆式CCTV

况。推杆式 CCTV 一般用在小口径管道的检查，主要用于污水出户管道、小区内管道、市政雨水管等小口径管道的检测作业，见图 3.3-6。

3.3.2　技术特点

1. CCTV 检测设备组成

常见的 CCTV 检测设备主要由控制系统、传输系统、搭载系统和摄像系统组成。

各个系统的构件名称、组成单元及功能、特点详见表 3.3-1。

CCTV 检测设备构成系统一览表　　表 3.3-1

系统名称	构件名称	组成单元	功能和特点
控制系统	控制器	监视器、电脑、键盘； 平板电脑	控制指令； 人机交互字幕叠加，时间和距离自动叠加
	存储组件	内置硬盘、USB 外接口，外插存储卡、U 盘	存储视频文件； 空间足够大
传输系统	线缆盘架	线缆盘、线缆架、驱动装置、计米器	线缆承载、收放控制；分动力驱动和手动驱动；记录线缆长度变化

续表

系统名称	构件名称	组成单元	功能和特点
传输系统	线缆	特种线缆	动力、照明电力和数据传输；抗干扰能力强、抗拉强度高、直径较细、重量较轻
搭载系统	自行搭载平台	电机驱动平台、摄像系统承载架	驱动前进和倒退、转弯；爬坡能力 >40°；承载架高低远程可调
	无动力搭载平台	雪橇、无动力漂浮筏	拖拽移动，不易精确控制
摄像系统	摄像组件	摄像头、驱动电机、LED 小灯组	采集视频图像、镜头光学 10 倍以上（数字 4 倍以上）变焦、自动对焦；镜头可横向 270° 和环向 360° 旋转
	灯光组件	卤素灯； LED 大灯组	宽泛角度照明；光照度能远程控制强弱

控制系统：是将动力、照明、图像摄取和存放的管理集成在一个控制箱内，控制整个设备的运行与操作，包括硬件控制和软件控制。它一般由主控制器面板、集成线路板、变压器、显示器和存储组件等硬件组成。主控制器面板上安装有操作按钮和旋钮，用于控制摄像头、灯光和爬行器。主控制器上的显示器、鼠标和键盘便于显示日期、时间、距离信息、标注字符，并进行一些必要的操作，目前逐渐为集成专用终端控制软件的电脑所取代。

传输系统：传输系统中的线缆盘有手动、半自动和全自动三种。手动线缆盘全靠人力摇动手柄收放电缆。半自动线缆盘则是电机驱动，当爬行器在管道中前进或倒退时需人工配合按动控制按钮。全自动线缆盘则无须人工操作。CCTV 检测的线缆不同于一般的电缆，它除了具有传输电信号基本功能外，还应具有很强的抗拉能力。线缆盘上安装有距离计米器，用于记录爬行器行进的距离，便于检测人员确定管道缺陷的位置，电缆端部与爬行器相连。

搭载系统：目前常用有轮胎式、履带式和螺旋推进式，连接在电缆尾部的爬行器内部装有电机，结构上为防水设计，可以在有水的管道内部行进，具有前进、后退、空档、变速、防侧翻等功能，爬行器的头部安装了摄像头和灯光，爬行器根据管径的不同，可选配不同直径大小的轮胎与爬行器相连。

摄像系统：摄像头应具有超高的感光能力、逼真的画质和广视角捕捉画面，能够进行变焦和数字变焦的操作。摄像镜头应具有平扫与旋转、仰俯与旋转功能，通过旋转摄像头可以进行全方位观测。摄像镜头高度可以随着支撑架自由调整，摄像头两侧安装有可以调节亮度的灯组，作为摄像头光源。灯组由泛光灯和聚光灯组成，泛光灯为拍摄面提供照明，而聚光灯则随动的摄像头为拍摄点提供照明。光源有冷热之分，近些年以 LED 为代表的冷光源逐步取代了常规的热光源。

2. CCTV 技术要求

表 3.3–2 是《室外排水管道检测与评估技术规程》T/CECS 1507—2023 中对 CCTV 检测设备主要技术指标的要求，随着技术的不断进步，表中的部分参数在今后会修订提升。

CCTV 检测设备主要技术指标　　表 3.3–2

项目	技术指标
视场角	对角线方向大于或等于 45°
图像输出	大于或等于主码流：1920×1080@25fps
图像变形	小于或等于 5%
载行器	拖曳 120m 长的电缆时，爬坡能力应大于 10°
电缆抗拉力	大于或等于 2kN
存储	录像封装格式：MPEG4、AVI； 录像编码格式：H264、H265； 照片格式：JPEG
电缆、载行器、摄像头、照明灯的防护	IP68，气密保护

3. CCTV 设备要求

（1）结构和密封性

排水管道内部环境恶劣，堆积物等的成分复杂，要求 CCTV 检测设备具备坚固的机械结构和良好密封性能。目前，均要求 CCTV 检测设备通过 IP68 等级的防水性能测试，即在水头高度 10m 的情况下仍能正常工作。但长期使用的 CCTV 检测设备，零部件会老化，设备需定期维护保养，特别是防水密封材料需定期检查和更换，防止设备进水损坏。现行规程要求 CCTV 检测设备能在 0 ~ 50℃的气温条件下和潮湿的环境中正常工作，目前主流 CCTV 检测设备均能满足这一要求。但有些特殊的管道，特别是工业污水管，环境温度可能上升到 40℃以上，甚至更高，可能给设备带来较大损伤。由于排水管道空间相对封闭，空气流通较差，因此易形成厌氧环境。在此环境下，进入管道的生活污水在一系列菌群的作用下，对复杂有机物进行降解并产生有害气体。部分为易燃易爆气体，比如硫化氢、一氧化碳、甲烷等，这就要求 CCTV 检测设备具备一定的防爆性能。另外，硫化氢溶于水形成氢硫酸也会对 CCTV 检测设备造成一定损害，因此密封性对保证 CCTV 检测设备正常工作至关重要。

（2）适用不同口径

为了取得最佳检测效果，现行的检测相关规范几乎都要求 CCTV 检测设备的摄像头检测时尽可能位于管道中心位置，偏离不大于 10%。目前主要通过调整轮径、轮距及镜头支架的方式实现。目前常规 CCTV 检测设备的轮径为 10 ~ 25cm，轮距为 10 ~ 26cm，镜头支架的调节方式因设备而不同，主要分为固定式、手动支架式、自动升降式和混合式。常规 CCTV 检测设备基本能满足 1500mm 口径的管道检测要求。

如果需要检测更大口径的管道，单纯调节镜头支架高度还不够，需要满足设备动力的前提下，对轮径、轮距、灯光和支架进行改造，或定制大直径的管道检测设备，如图 3.3-7、图 3.3-8 所示。在管渠有水的情形下，可利用漂浮筏搭载摄像和灯光系统进行检测。

图 3.3-7　国外大型 CCTV 检测设备

图 3.3-8　国产大型 CCTV 检测设备

（3）爬坡能力

爬坡能力是指爬行器能爬上坡的角度，《室外排水管道检测与评估技术规程》T/CECS 1507—2023 规定爬行器电缆长度为 120m 时，爬坡能力应大于 10°。绝大多数的市政排水管道都是重力流，其设计坡度一般在 1/1000 ~ 3/1000 之间，因此爬坡能力大于 10° 的要求，现有爬行器完全能满足。目前，CCTV 检测电缆线标配长度都在 150m，部分标配长度 200m，少数定制长度达 300 ~ 500m，爬行器不但要克服其自身重力所带来的阻力，还要拖着线缆一同前行，这就要求 CCTV 检测设备具备强劲的动力。

（4）测距能力

长度计数功能是 CCTV 检测设备的基本功能之一，为了能对检测中发现的缺陷纵向位置进行准确定位，CCTV 检测系统应具有测距功能，目前常用的是通过电缆计数码盘（俗称：计米器）计量线缆拖出长度实现的，目前主流设备的精度是厘米级。检测时，爬行器在井下就位后就让计米器归零，作为检测的起点，设备的爬行距离为线缆的释放长度。但在实际的使用过程中，由于电缆很难做到一直处于紧绷状态，摄像头位置到实际缺陷位置仍有一段距离（几厘米至几十厘米不等），因此，一般检测缺陷位置允许的误差在 0.5m 以内，实际操作中应对缺陷位置进行校准。

3.4 检测方法

CCTV 检测应具备的条件是管道内无水或者管道内水位很低。所以进行 CCTV 检测时，管道内的水位越低越好。但是管道内的水位降得越低，难度越大，费用也越高。经过大量的案例实践，将水位规定为管道直径的 20%，能够解决 90% 以上的管道缺陷检查问题，相关费用也可以接受。

管道内水位太高，水面下部检测不到，检测效果大打折扣。因此，管道内水位高时，检测前应对管道实施封堵和导流，使管内水位不大于管道直径的 20%，这样做主要是为了最大限度露出管道结构。管道检测前，封堵、吸污、清洗、导流等准备性和辅助性的作业都应该遵守《城镇排水管道维护安全技术规程》CJJ 6—2009 和《城镇排水管渠与泵站运行、维护及安全技术规程》CJJ 68—2016 的有关规定。

爬行器的行进方向与水流方向一致，可以减少行进阻力，也可以消除爬行器前方的壅水现象，有利于检测进行，提高检测效果。

通过操作主控器面板上的按钮和旋钮，来操控爬行器在管道中的前进和倒退以及行进速度。在操控爬行器工作时，注意以下操作事项：

（1）将爬行器摆放在管道中，要其使行进速度旋钮回旋至归零位置；

（2）检查爬行器车轮是否紧固；

（3）操控爬行器开始前进时，先按下前进按钮，再顺时针旋转行进速度控制旋钮；

（4）爬行器的摆放：将爬行器用绳子分别挂住爬行器的尾部和套住爬行器的前部，缓慢吊放入井中，调节前后吊绳最终使爬行器平卧在井底管口位置，正中朝向被检测的管道延伸方向；

（5）严禁将爬行器尾部的连接电缆作为吊绳使用；

（6）严禁只在爬行器尾部挂绳（使爬行器处于头朝下状态）单绳吊放；

（7）在爬行器的尾部加挂一条牵引绳（绳的耐拉力大于 60kg），用于拖拽爬行器后退助力；

（8）严禁拖拽连接电缆为爬行器助力；

（9）严禁自行打开爬行器，遇有问题，通知并提交给厂家维修人员解决；

（10）收存爬行器之前，应用专用插头保护套将爬行器前后的插头座套好；

（11）工作结束后，注意爬行器的清洁。

检测大管径时，镜头的可视范围大，行进速度可以大一些；但是速度过快可能导致检测人员无法及时发现管道缺陷，故规定管径小于或等于 200mm 时行进速度不宜超过

0.1m/s，管径大于 200mm 时行进速度不宜超过 0.15m/s。

摄像镜头变焦时，图像则变得模糊不清。如果在爬行器行进过程中，使用镜头的变焦功能，则由于图像模糊，看不清缺陷情况，很可能将存在的缺陷遗漏而不能记录下来。所以当需要使用变焦功能协助操作员看清管道缺陷时，爬行器应保持在静止状态。镜头的焦距恢复到最短焦距位置是指需要爬行器继续行进时，应先将焦距恢复到正常状态。

操作时，在爬行器行进过程中，严禁操控镜头做扇形摆动或圆周转动；操控镜头做扇形摆动或圆周转动动作时，要求爬行器保持在静止状态；在操控爬行器正常前进或后退时，镜头要保持在正常状态（即镜头正视管道走向的正前方）；在镜头处于非正常状态（已经摆动和旋转到一个角度）并需要爬行器前进或后退时，爬行器运动的速度要缓慢；工作结束后，应特别注意清洁镜头。

在检测过程中发现缺陷时，应尽可能在现场进行判读和记录，主要是在现场判读有疑问时，可以当场反复观察，及时补充影像资料。排水管道检测必须保证资料的准确性和真实性，由复核人员对检测资料和记录进行复核，以免由于记录、标记不合格或影像资料因设备故障缺失等导致外业返工的情况发生。

3.5 市场参考指导价

目前，单纯的 CCTV 检测作业不含税基价约 15 ~ 18 元 /m，表 3.5-1 为目前部分省、直辖市及相关协会编制的 CCTV 检测定额基价。

部分省、直辖市及相关协会编制的 CCTV 检测定额基价（元 /100m）　　表 3.5-1

组成	广东省	浙江省	上海市		中国地质学会非开挖技术专业委员会		行业协会	
	所有管径	所有管径	<600	≥ 600	<600	≥ 600	≤ 1000	≤ 2000 且 >1000
人	385	196.43	269.24	294.66	272	258	374.5	514.14
材	36.29	0	0	0	0	0	35.09	36.29
机	1303.84	1467.83	815.09	1083.53	1166	1427	1415.76	1698.91
基价	1725.13	1664.26	1084.33	1378.19	1438	1685	1825.35	2249.34

注：表中“行业协会”是指中国城镇供水排水协会城市排水分会、中国标准化协会城镇基础设施分会和中国城市规划协会地下管线专业委员会。

部分厂商 CCTV 检测设备见图 3.5-1 ～图 3.5-6。

图 3.5-1　武汉中仪 CCTV 检测设备

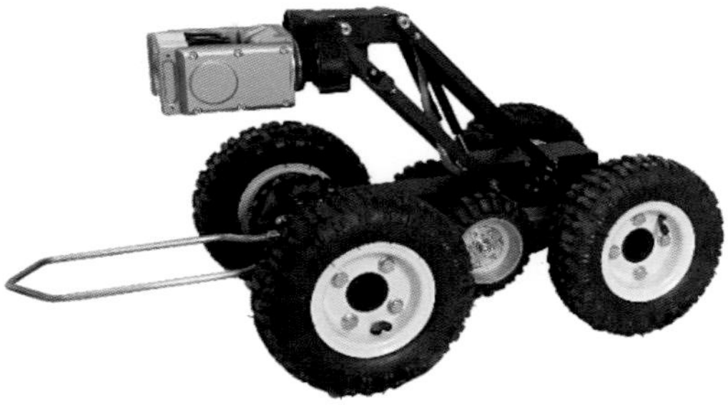

图 3.5-2　深圳博铭维 CCTV 检测设备

图 3.5-3　武汉特瑞升 CCTV 检测设备

图 3.5-4　深圳斯罗德 CCTV 检测设备

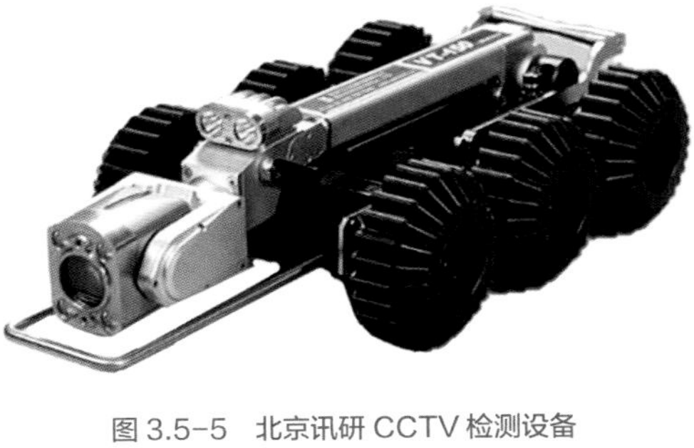

图 3.5-5　北京讯研 CCTV 检测设备

图 3.5-6　韩国 TAP CCTV 检测设备

第 4 章

管道潜望镜检测

4.1 概述

在目前排水管道检测中，最常用的检测方法有管道潜望镜检测、CCTV 检测、声呐检测。这些检测方法用于不同的检测场景及不同的检测目的。其中，管道潜望镜检测是最常见的一种方法，它主要用于快速了解管道内部的情况。

管道潜望镜检测是利用电子摄像高倍变焦的技术，加上高质量的聚光、散光灯配合进行管道内窥检测，简称 QV（Quick View Detection）检测。潜望镜的优点是携带方便，操作简单。由于设备的局限，这种检测主要用来观察管道是否存在严重的堵塞、错口、渗漏等问题。对细微的结构性问题，不能起到很好的效果。如果对管道封堵后采用这种检测方法，能迅速得知管道的主要结构问题。对于管道里面有疑点的、看不清楚的缺陷需要采用闭路电视在管道内部进行检测，管道潜望镜不能代替闭路电视解决管道检测的全部问题。

管道潜望镜只能检测管内水面以上的情况，管内水位越深，可视的空间越小，能发现的问题也就越少。光照的距离一般能达到 30 ~ 40m，一侧有效的观察距离大约仅为 20 ~ 30m，通过两侧的检测便能对管道内部情况进行了解。因此管道潜望镜检测时，管内水位不宜大于管径的 1/2，管段长度不宜大于 50m。

在实际工作中，定位管道缺陷具体位置依靠着人的感官判断，这种判断缺陷距离存在着极大的误差，极小的误差都会直接影响后续的养护和修复工作，给养护和修复带来了极大的困扰。如今越来越多的需求指向管道潜望镜检测具备缺陷定位功能。

管道潜望镜增加缺陷距离测量功能有实际的解决方案，那就是管道潜望镜结合使用激光测距的方法。激光测距已经被广泛应用于以下领域：电力、水利、通信、环境、建筑、地质、警务、消防、爆破、航海、铁路、反恐 / 军事、农业、林业、房地产、休闲 / 户外运动等。目前激光测距一般常用的有两种方法：脉冲法和相位法。

4.2 检测与测距原理

4.2.1 检测原理

管道潜望镜由主机、探头、支撑杆等部分组成。其工作原理如图 4.2-1 所示，通过支撑杆将探头在管口居中，在检查井口对整段管道进行成像。

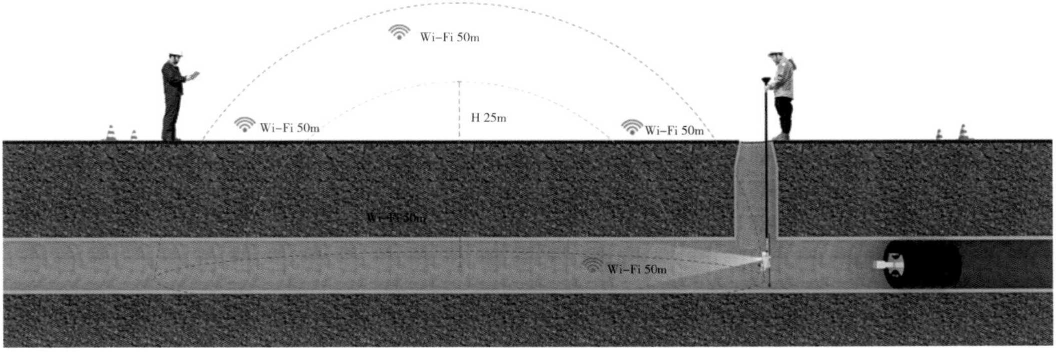

图 4.2-1　管道潜望镜工作原理图

管道潜望镜检测比较简单，仪器使用自身携带的电池工作，无需现场供电，检查人员只需要控制灯光亮度、探头角度、摄像放大倍数即可对管道内部成像。但是其存在着很多的局限，如：不能够检测水下面的情况，管道拍摄很难保证完整，拍摄存在盲区，无法进行定位或定位不准确。因此管道潜望镜检测结果不能作为管道结构性评估的依据。

4.2.2　激光测距原理

激光测距（Laser Distance Measuring）是以激光器作为光源进行测距。根据激光工作的方式分为连续激光器和脉冲激光器。氦氖、氩离子、氪镉等气体激光器工作处于连续输出状态，用于相位式激光测距；双异质砷化镓半导体激光器，用于红外测距；红宝石、钕玻璃等固体激光器，用于脉冲式激光测距。激光测距仪由于激光的单色性好、方向性强等特点，加上电子线路半导体化集成化，与光电测距仪相比，不仅可以日夜作业，而且能提高测距精度。

激光测距方法一般常用的有两种：脉冲法和相位法。脉冲法激光测距的精度一般在 ±0.5m 左右。另外，此类测距仪的测量盲区一般是 1.5m 左右。相位法激光测距一般应用在精密测距中，精度一般为毫米级。

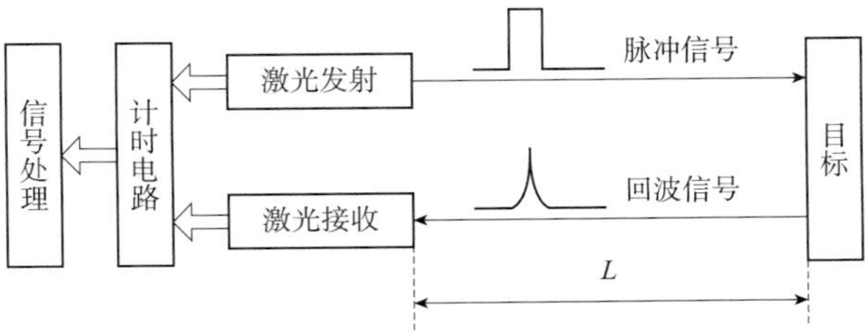

图 4.2-2　脉冲法激光测距原理图

脉冲法激光测距简单来说就是针对激光的飞行时间差进行测距，它是利用激光脉冲持续时间极短、能量在时间上相对集中、瞬时功率很大等特点进行测距的（图 4.2-2）。在有合作目标时，可以达到很远的测程；在近距离测量（几千米内）即使没有合作目标，在精度要求不高的情况下也可以进行测距。该方法主要用于地形测量，战术前沿测距，导弹运行轨道跟踪，激光雷达测距，以及人造卫星、地月距离测量等。

相位法激光测距是用无线电波段的频率，对激光束进行幅度调制并测定调制光往返测线一次所产生的相位延迟，再根据调制光的波长，换算此相位延迟所代表的距离（图 4.2-3），即用间接方法测定出光经往返测线所需的时间。

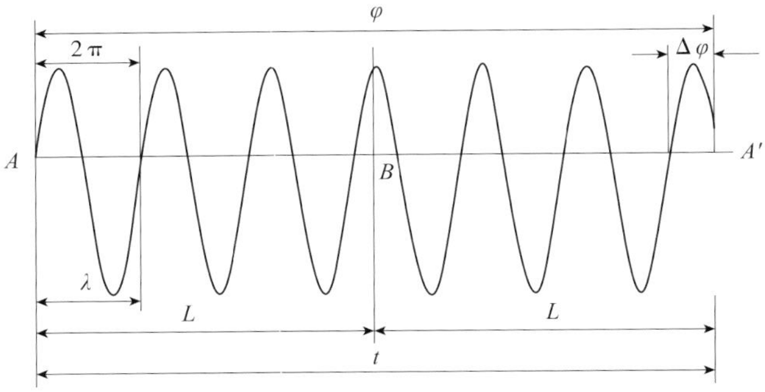

φ—从发射到接收间的相位差；Δφ—不足周期波的余相位；λ—波完整周期；
L—发射处与反射处（提升容器）的距离；t—激光往反射处与反射处（提升容器）的时间

图 4.2-3　相位法激光测距原理图

4.3　设备类型和技术特点

4.3.1　设备类型

随着技术的发展、管道潜望镜经历了由标清向高清、由有线向无线发展的阶段。因此对于管道潜望镜，最常见的分类方法有两种：一种是按照视频清晰度区分，另一种是按照是否需要连接电缆区分。

按照是否需要连接电缆，管道潜望镜可以分为有线潜望镜和无线潜望镜。有线潜望镜由于在使用的过程中需要连接电缆，拆装探头，效率较低，目前使用的已经较少。市面上大部分使用的都是无线潜望镜。

按照视频清晰度区分，管道潜望镜可以分为模拟标清潜望镜和数字高清潜望镜。其中，模拟标清潜望镜前端使用模拟摄像头，使用同轴电缆或双绞线进行视频的传输，一般视频分辨率为 720×576 或以下。数字高清潜望镜使用高清数字摄像头，通过有线或者无线网络方式进行数据的传输，一般视频分辨率为 1920×1080 或以上。数字高清潜望镜因为成像效果好，且方便使用无线进行连接，使用效率高，目前已经成为市面上的主流产品。

无线高清潜望镜，其组成一般包括主控制器、控制杆及延长杆、探头三个部分。为了在排水管道内部使用，一般要求探头具备 IP68 的防水等级，成像距离在 30 ~ 50m 左右，以下是一款主流的无线高清潜望镜的主要技术参数，仅供参考：

（1）主控制器

采用安卓手机（平板），安装 APP 后，即可作为管道潜望镜的主控制器。

主机性能：麒麟 970 处理器（8 核），6G 运行内存，128GB 机身存储，Android 8.1.0 系统；6.95 英寸高清屏，屏幕分辨率为 2220 × 1080。

控制：无线控制；触摸控制调焦变倍、主辅光源亮度、镜头旋转等。

抓图：可快捷抓取、保存缺陷图像。

回放：可浏览、回放视频文件或图片。

文字录入：可通过软键盘录入文字信息，叠加显示并保存在视频画面中。

续航时间：持续工作时长≥ 8h，提供电量指示。

定位：自带 GPS 功能，能够获取当前检测位置。

接口：Type-C 接口。

网络：标配 4G 物联网卡，流量为 50G/ 每月。

防护：配备专用防护套，可达到 IP67 防护等级，抗振动，抗跌落。

尺寸：177mm × 85mm × 7.65mm。

重量：约 230g。

（2）摄像探头

适用管径：100 ~ 2000mm。

工作温度：-20 ~ 50℃。

光源随动：光源可随摄像探头上下转动，向上转动角度为 35°；向下转动角度为 25°。

照明灯光：采取主辅两组光源设计，其中主光源为 10W LED，带有聚光杯，辅助光源为 8 颗 3W LED，为泛光设计，主辅光源独立、无级调节，有效照射距离为 1 ~ 100m。

图像传感器：彩色 1/2.8 逐行扫描 CMOS；分辨率为 1920 × 1080，210 万像素。

摄像视角：水平 65.1°（广角），2.34°（远视）。

变倍调焦：30 倍光学变倍，自动或手动调焦。

灵敏度（最低照度）：0.01lx。

适应性：配备一键自动除雾功能，探头一键居中功能。

防水标准：IP68。

重量：约 2kg。

（3）控制杆

材质：碳纤维材质（抗压性能是普通钢材的 10 倍）。

标准杆：标配 1 根标准杆。嵌套式伸缩设计，线缆内穿设计，强力固定关节，全部伸展后总长为 4.8m。

延长杆：标配 2 根延长杆。单根延长杆收缩后 0.8m，伸展后长 1.5m。快速连接设计，最长可加长至 25m。

（4）激光测距模块

激光测距检测模块主要是搭载在管道潜望镜设备上，主要由检测设备、控制终端软件和报告分析软件组成。测距范围为 0.2 ~ 80m；测距精度为 0.001m。

在相对于短距离来说使用相位法激光测距设备（图 4.3-1）可以得到一个更高的精度，一般在 100m 范围内的测距使用，首选相位法激光测距，测量精度在 ±5mm 左右。

在相对于长距离来说使用脉冲法激光测距设备（图4.3-2）会显得更合适，相对于相位法和三角反射法，脉冲法可以测量得更远，它是利用激光脉冲持续时间极短、能量在时间上相对集中、瞬时功率很大等特点进行测距的。

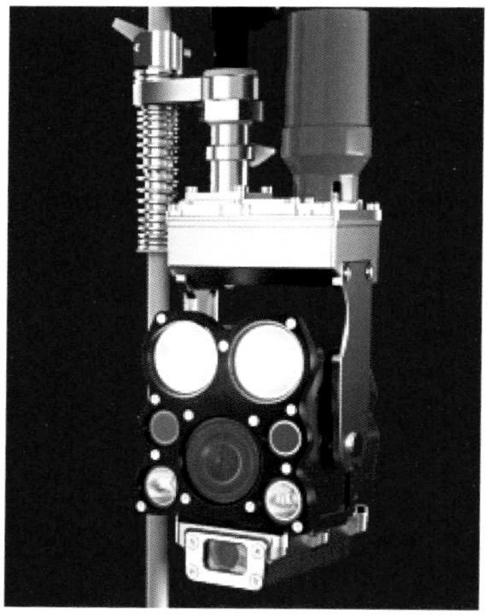

图 4.3-1　相位法激光测距设备

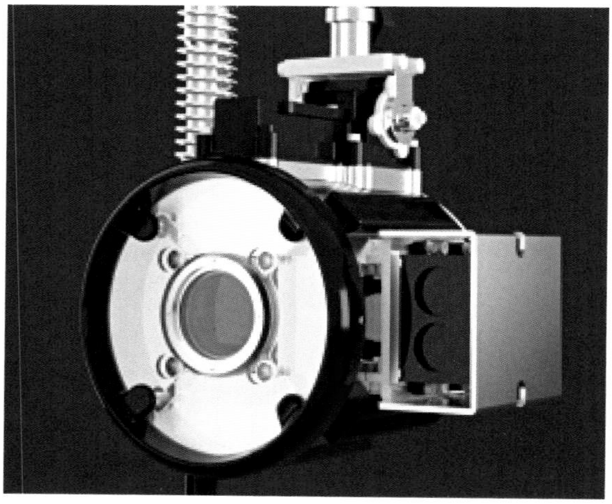

图4.3-2　脉冲法激光测距设备

4.3.2　技术特点

管道潜望镜检测具有如下技术特点：

（1）准备工作少，检测前应开启井盖，适度通风即可；

（2）设备高度集成，控制杆与探头一体化包装，取出开机即可使用；

（3）管道潜望镜在检查井井口进行作业，对管道与检查井无损害；

（4）基于视频检测，直观、一目了然，可保存现场视频、缺陷图片等；

（5）无法看到水面以下的情况，满管水时完全没有办法进行检测；

（6）可快速了解管道内部情况，一般一段管道可以在 10min 内就完成检测；

（7）只能用于对管道内部情况的初查，不作为结构性缺陷评估的依据；

（8）部分厂家的设备产品具备直播功能，可以远程查看现场视频。

表 4.3–1 是《室外排水管道检测与评估技术规程》T/CECS 1507—2023 中对管道潜望镜检测设备主要技术指标的要求，随着技术的不断进步，表中的部分参数在今后会修订提升。

管道潜望镜检测设备主要技术指标　　表 4.3–1

项目	技术指标
视场角	对角线方向大于或等于 45°
图像输出	大于或等于主码流：1920 × 1080@25fps
图像变形	小于或等于 5%
变焦范围	光学变焦大于或等于 20 倍；数字变焦大于或等于 12 倍
存储	录像封装格式：MPEG4、AVI； 录像编码格式：H264、H265； 照片格式：JPEG
电缆、载行器、摄像头、照明灯的防护	IP68，气密保护

4.4 检测方法

管道潜望镜只能检测管内水面以上的情况，管内水位越深，可视的空间越小，能发现的问题也就越少，故管内水位不宜大于管径的 1/2。光照的距离一般能达到 30 ~ 40m，一侧有效的观察距离大约仅为 20 ~ 30m，通过两侧的检测便能对管道内部情况进行了解，所以检测管道长度不宜大于 50m。

光源不足时，检测图像偏暗，管段远景则呈现黑色不可见画面；镜头沾有泥浆、水沫或其他杂物时，所成图像有大小不一的黑块，容易与管道缺陷相混淆；镜头进入水中时，显示图像很模糊，由于水的折射作用和流动性，图像严重变形。管段充满雾气时，图像虚化，无法辨别管道缺陷；检测时，当外界因素影响不能保证影像资料的质量，或者现场的条件导致检测工作无法进行时，应中止检测，待排除故障或条件许可时再继续进行检测。

检测时，将镜头摆放在管口并对准被检测管道的延伸方向，镜头中心应保持在被检测管道圆周中心（水位低于管道直径 1/3 位置或无水时）或位于管道圆周中心的上部（水位不超过管道直径 1/2 位置时），调节镜头清晰度，根据管道的实际情况，对灯光亮度进行必要的调节，对管道内部的状况进行拍摄。

拍摄管道内部状况时，通过拉伸镜头的焦距可以连续、清晰地记录镜头能够捕捉的最大长度，如果变焦过快看不清楚管道状况，容易晃过缺陷，造成缺陷遗漏；当发现缺陷后，镜头对准缺陷调节焦距直至清晰显示时，保持静止 10s 以上，给准确判读留有充分的资料。

4.5 市场参考指导价

管道潜望镜检测在国内经过了十余年的发展，检测价格从早期的无定额指导，到广州、上海等地相继发布协会定额，市场报价在不断地规范、合理。以广东省非开挖技术协会《广东省排水管道非开挖修复更新工程预算定额 2019》为例，管道潜望镜检测直接费用为 518 元 /100m，不包含冲洗、疏通、堵水、调水、淤泥外送等，如果在检测过程中，涉及这些项目时，费用另计。结合各项措施费的“QV 检测 + 激光测距”检测市场指导价可参照表 4.5-1，工程量清单综合单价分析表可参照表 4.5-2。

“QV 检测 + 激光测距”检测市场指导价（单位：元 /100m） 表 4.5-1

测量方法		激光测距检测（QV 检测 + 激光测距）
全费用单价		1441.67
其中	人工费	303.91
	材料费	11.00
	机具费	591.12
	管理费	84.44
	安全文明措施费	218.92
	利润	84.66
	规费	66.01
	增值税（6%）	81.60
备注		测量单价及耗量参考定额《城镇排水管道检测与非开挖修复工程消耗量定额 2020》，激光单价参考市场价折算台班价

工程量清单综合单价分析表

表 4.5-2

项目编码	040501001001	项目名称		激光测距检测（QV 检测 + 激光测距）							计量单位		100m
清单综合单价组成明细													
子目编号	子目名称	单位	数量	单价（元）					合价（元）				
				人工费	材料费	工程设备费	机械费	企业管理费和利润	人工费	材料费	工程设备费	机械费	企业管理费和利润
1–1–3 换	激光测距检测	100m	1.00	303.91	11.00	—	591.12	169.10	303.91	11.00	—	591.12	169.10
小计（元）									303.91	11.00	—	591.12	169.10
清单项目综合单价（元）									1075.13				
费用明细		内容						单位	数量	单价（元）	合价（元）	暂估单价（元）	暂估合价（元）
	人工	综合工日 – 技术工日						工日	1.650	184.19	303.91	—	—
	材料	其他材料费						元	11.000	1.00	11.00	—	—
	机械	有害气体检漏仪						台班	0.025	78.06	1.95	—	—
		载货汽车装载质量 5t						台班	0.275	560.50	154.14	—	—
		液压动力渣浆泵 4 寸						台班	0.275	355.84	97.86	—	—
		轴流通风机功率 7.5kW						台班	0.025	57.10	1.43	—	—
		激光测距检测（QV 检测 + 激光测距）						台班	0.275	1220.89	335.74	—	—

第 5 章

管道胶囊检测

5.1 概述

管道胶囊检测可以实现管道内部病害的低成本快速检测和精确定位。首先，将检测胶囊机器人投放到管道中随水流动，并在漂流中快速获取管道内部视频影像。然后，对检测胶囊获取的影像等多源传感器数据进行分析处理，确定管道病害的种类和位置。最后，将管道病害信息融入现有管网信息管理平台进行可视化显示，实现管段动态属性和运行工况的管理，为管网高效运行管理提供准确、直观、高效的参考。

5.2 检测原理

1. 排水管道检测胶囊

排水管道检测胶囊（图 5.2-1）是一种全新的排水管网病害快速检测系统，它集成了低成本高清 CMOS（Complementary Metal Oxide Semiconductor）相机和 9 轴 MEMS（Micro Electro Mechanical System）航姿参考系统，采用无动力设计随水流漂移运动，可实现大范围的管道内部图像数据和胶囊运动数据的快速采集。同时，系统还配备了一套完善的数据后处理软件，进行位置推算和图像处理，通过对积累的大量病害样本数据的训练学习，专门设计的图像处理算法可智能化准确地提取出检测视频中的管道病害，并生成精细的管道病害检测报告。

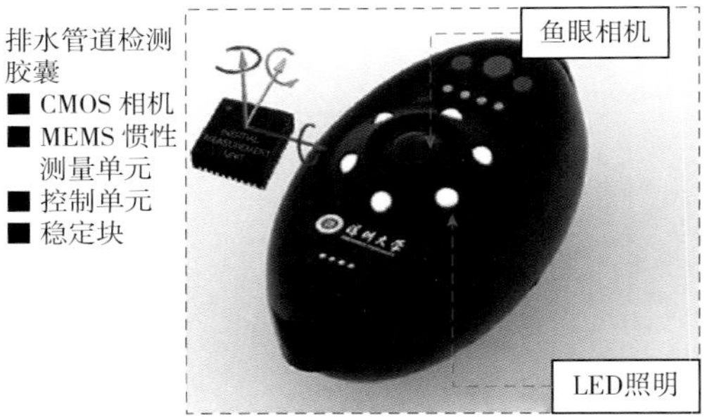

图 5.2-1 排水管道检测胶囊

排水管道检测胶囊的内部带有四个电子模块：定位定姿模块、视频采集模块、集成控制模块和供电模块。定位定姿模块包含了 MEMS 加速设计、陀螺仪、磁力计等传感器，为胶囊提供运动定位和姿态数据；视频采集模块包含了集照明、高清广角 / 鱼眼数字摄像头的大视角拍照模块，一方面提供管道内壁视觉状态数据，另一方面辅助运动估计，进行辅助定位定姿；集成控制模块包含了 ARM 电路板、存储卡和 Wi-Fi 通信模块，可实现与手机终端连接、数据采集控制、数据下载等功能；供电模块由锂电池和电源管理电路组成。

2. 数据采集流程

系统进行外业数据的采集流程如图 5.2-2 所示：

（1）首先通过 Wi-Fi 与手机端数据采集 APP 软件进行连接，进行作业参数设置，包括：起止管井号、管材、管径、作业位置等。

（2）在待检查管道段上游检查井投放胶囊设备，结合前期物探和测绘数据，以及管道内布设的图纸，在下游检查井进行胶囊回收。

（3）再次与手机端数据采集 APP 软件进行连接，通过内置 Wi-Fi 进行数据下载，同时进行视频数据的现场质量检查，并进行初步病害标识。

（4）数据下载完毕后，对胶囊进行初始化，以便于下次作业。

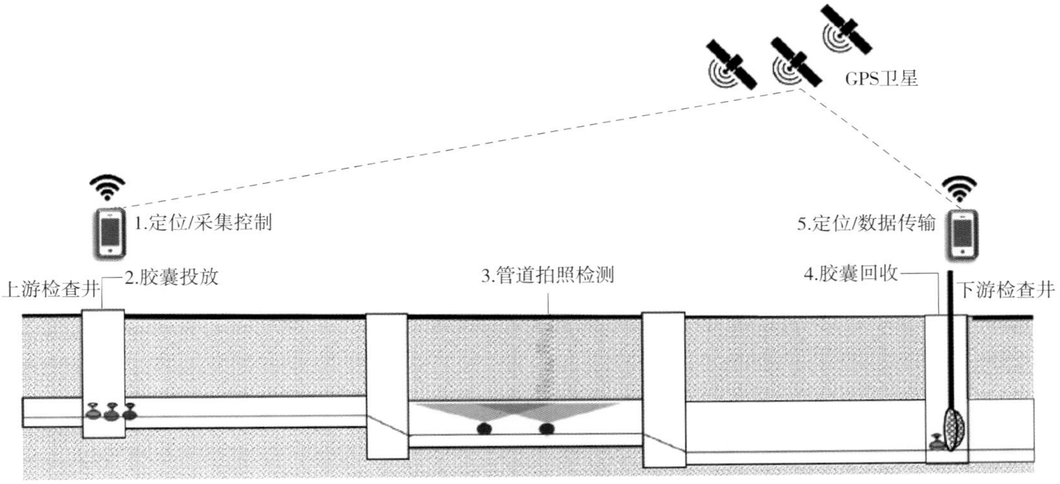

图 5.2-2　数据采集流程

3. 数据处理流程

数据采集完成后，用户可将数据导入系统数据处理软件或者上传至云服务器进行处理（图 5.2-3），具体流程主要分为管道定位和影像处理两个部分（图 5.2-4）。其中管道定位融合了视频、惯性测量单元、磁力计等多种数据，采集综合定位方法对管道胶囊的位置进行定位，得到其空间轨迹；影像处理部分对运动图像进行去旋转、去模糊预处理，然后基于影像对病害进行检测。参照 CJJ 181 规程，最终得到符合作业标准的管道病害检测报告，同时也可以和 GIS 管网系统无缝结合，辅助用户进行管道维修养护决策。

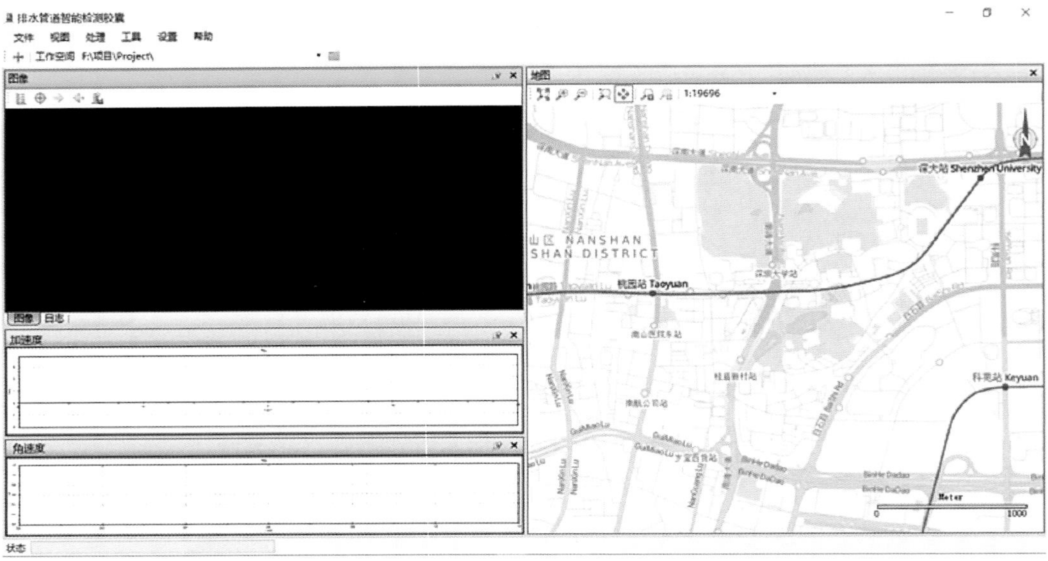

图 5.2-3 云端 / 后台数据处理软件

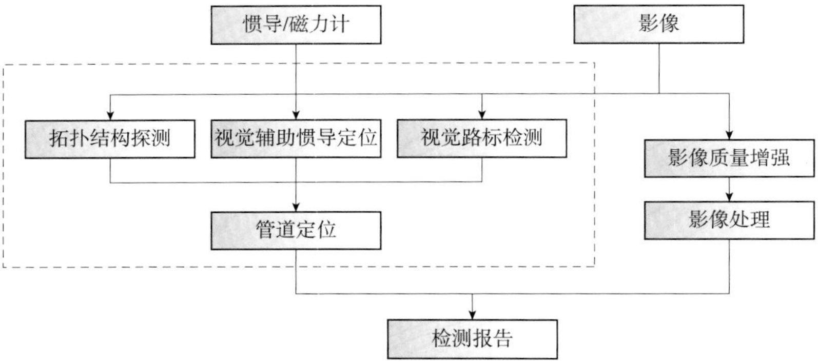

图5.2-4 数据处理流程

5.3 设备类型和技术特点

5.3.1 设备类型

排水管道检测胶囊分为漂流和牵引两种作业方式，根据现场管道内部环境的不同选择不同的作业方式，对于两种作业方式都不满足的复杂环境的管道，作业前应对管道进行预处理，使其达到检测胶囊作业所需的环境，见表 5.3-1。

管道环境和检测胶囊作业方式的选取 表 5.3-1

工况	作业方式
水流满足要求	漂流
水流不满足要求	牵引

为了保证作业中胶囊设备顺利通过待检管道，在正式采集作业前，可采取快速验证预判、穿线器串通测试或对管道进行清淤处理等措施，以保障管道内部影像数据的有效采集。

5.3.2 技术特点

1. 列阵式协同检测技术

针对管径在 1500mm 以上的特大型管道，在进入管道检测前，将多台检测胶囊列阵排列，控制每个镜头的视频拍摄范围，自动进行全景图拼接，实现大管径管道病害检测（图 5.3-1）。

在图像配准阶段，首先采用改进的加速分割检测特征（Features from Accelerated Segment Test，FAST）方法提取角点，并使用加速鲁棒特征（Speeder-Up Robust Features，SURF）方法计算每个角点的主方向和描述向量；然后对图像进行双向匹配，使用随机 KD 树搜索查找得到点的两个近似的欧式距离最近的点，以最近距离与次近距离的比率小于一定的阈值来确定点的匹配情况；最后使用随机样本一致性（Random Sample Consensus，

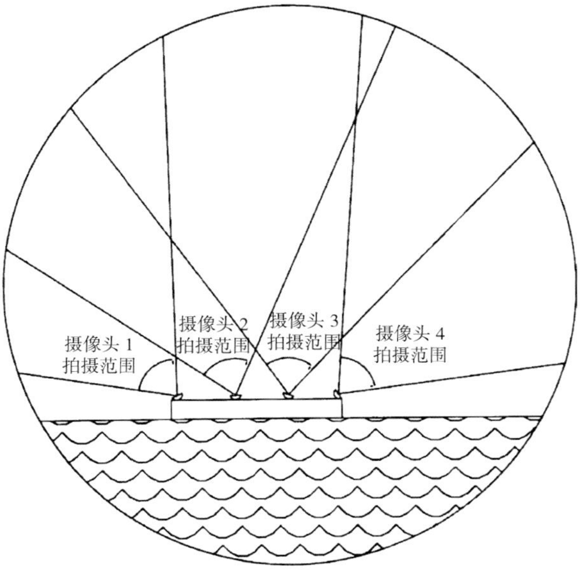

图 5.3-1 列阵式协同检测技术控制每个摄像头的视频拍摄范围

RANSAC）方法剔除伪匹配点对，并计算出图像之间的几何变换参数。与传统的尺度不变特征变换（Scale Invariant Features Transform，SIFT）方法和SURF方法相比，本技术在特征的检测与匹配速度方面均有所提高。实验表明，对于图像之间存在一定程度的旋转、缩放、亮度变化、图像模糊和视角变化等情况能达到较好的配准效果。

在图像合并阶段，通过实验比较了加权平衡和多分辨率融合的效果。针对运动物体和配准偏差造成的鬼影问题，采用基于图切割的最佳缝合线和多分辨率融合获得了较好的融合效果。最后使用上述算法结合捆绑调整方法实现全景图的整体对齐，得到无缝拼接的面全景图。

在实际工程应用中，管径在1500mm以下的排水管道单个检测胶囊的影响效果均可满足工程化应用。管径在1500mm以上的特大型管道，检测胶囊适合采用列阵式排列方式。检测胶囊和适用管道管径见表5.3-2。

检测胶囊和适用管道管径 表5.3-2

排列方式	管径（mm）
单个检测胶囊	200 ~ 1500
列阵式检测胶囊	1500 ~ 3000

2. 图像质量增强技术

排水管道作业环境复杂，检测胶囊在管道中运行，图像质量受光照和运动影响，会产生曝光不足、对焦模糊和运动模糊等问题，需要通过硬件和算法对图像质量进行增强。

根据现有排水管道规格，生活小区排水管道主要采用直径300mm、400mm、500mm及600mm的PVC塑料管，市政区域排水管道主要采用直径500mm、600mm、1000mm及2000mm的PVC塑料管或混凝土管。管径的多样性给系统的照明硬件设计增加了复杂度，灯光过强，在小直径管道会出现曝光；灯光过弱，看不到大直径管道管壁。为了解决此问题，管道胶囊针对不同管径定制了多档可调光源，通过手机APP软件可根据管径配置不同的亮度光源，以保证录像的清晰度。同时，为了保证亮度均匀，采用了多达6颗高亮灯珠照明，为了避免多灯珠在中心处形成过曝光斑，对LED等的光路进行定制仿真，以实现最佳的灯珠安装角度，保证最好的照明效果。

检测胶囊在管道中漂流时，会受到不确定的湍流影响，产生绕重力轴向的旋转和水平方向的摇摆等不规则运动。这些不规则运动最终会造成采集到的检测视频视场晃动严重，质量下降，并使用户感兴趣的管道壁的待检测区域不能稳定地存在于图像的一个固定区域。为了消除这些负面影响，系统采用了水平视场角为360°、垂直视场角为220°的超广角鱼眼镜头，采集的视频图像为一个半球形（图 5.3-2），同时为了得到稳定视角的检测视频，采用了一种虚拟稳定视场检测视频生成方法，可以获取稳定视场的检测视频，并提高视频的质量。

以五个视角分别矫正管道鱼眼图像，分幅呈现在一张图片内的球面矫正模型，充分展现鱼眼图像的视觉信息，并减少由于球面映射导致的图像畸变，保证图像清晰（图 5.3-3），便于准确诊断。

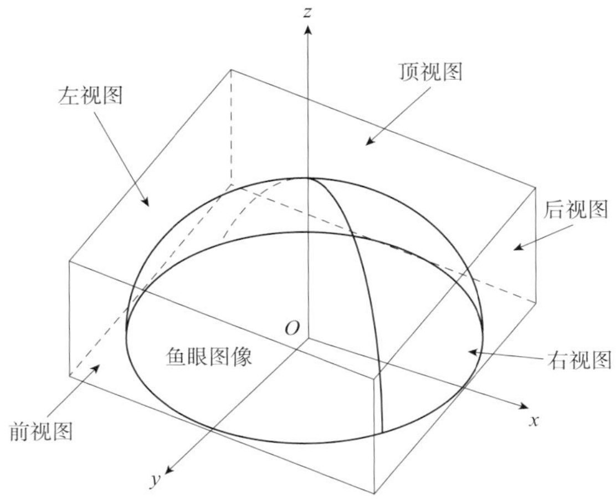

图 5.3-2　五个视角分别矫正管道鱼眼图像

3. 视觉与惯导融合自主定位技术

一方面，管道检测设备的主流定位方式是采用里程计，但是基于里程计定位方式的爬行类检测机器人除了效率低之外，也无法在半水状态下的地下排水管网中进行破损检测与定位；另一方面，借助惯性导航定位方式，其误差也会随着时间和距离的累积，精度逐渐降低，而采用高精度的惯性导航将导致成本极高。

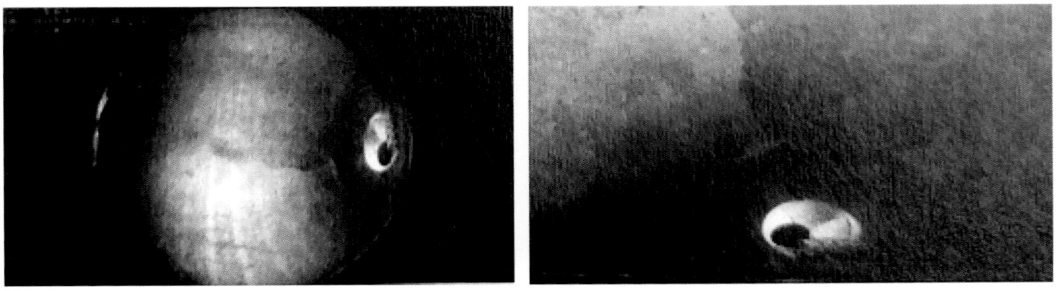
（a）管道图像校正结果

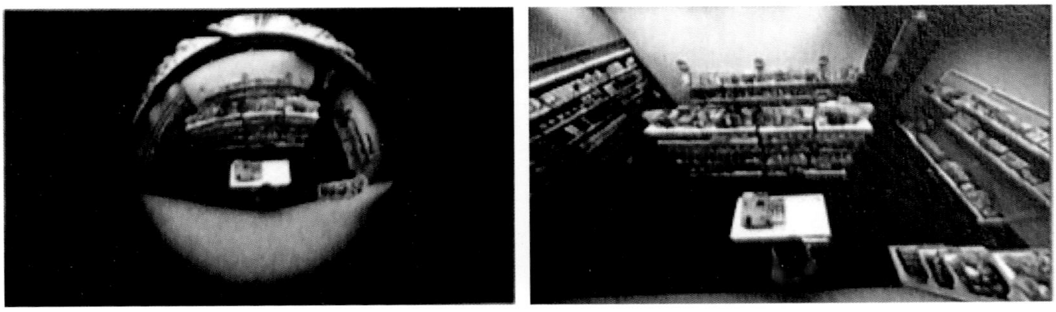
（b）超市图像校正结果

图 5.3-3　图像校正结果比较

排水管道胶囊中含有摄像头和惯性测量单元，采用视觉惯性里程计（VIO）定位。由于排水管道环境复杂，且胶囊在漂流过程中存在剧烈晃动，若运用传统的视觉惯性里程计，图像特征点难以提取与跟踪，也无法避开传感器时间同步与外部参数标定的问题，算法很难正常工作。为了解决这一问题，系统将视觉惯性里程设计为序列回归问题，采用了基于学习的算法进行特征提取与跟踪，没有从几何角度建立复杂的数学模型，而是采用基于 CNN-RNN 神经网络的视觉惯性里程计定位算法进行位置推算，其模型如图 5.3-4 所示。通过对定位样板训练数据的采集和学习，CNN-RNN 视觉惯性里程计模型能够精确地定位管道检测胶囊，其定位精度与样本训练效果和胶囊所采用的惯性测量单元精度密切相关。

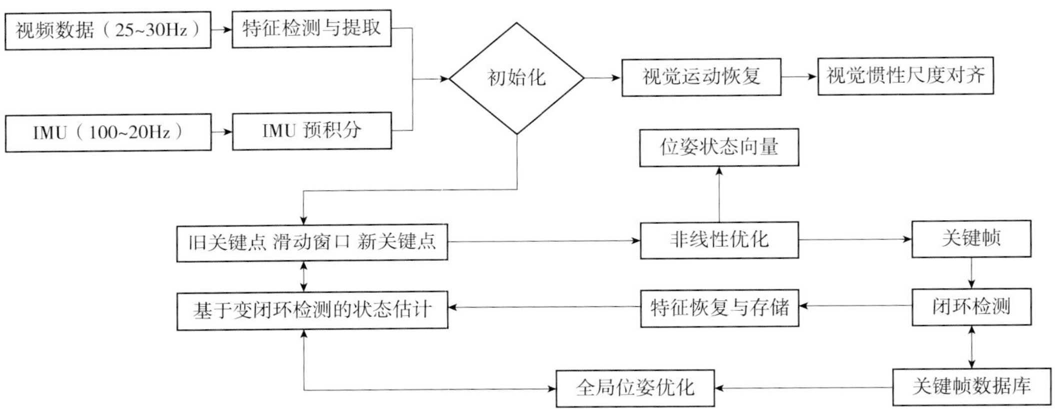

图 5.3-4　基于 CNN-RNN 神经网络的视觉惯性里程计定位算法模型

针对漂流相对稳定、管道视觉特征较好的情况，提出基于非线性优化框架视觉与惯性融合的状态估计算法；针对管道环境恶劣、抖动剧烈、图像纹理特征少的情况，提出基于深度学习框架的视频与 IMU 数据融合算法（图 5.3-5），实现准确定位。

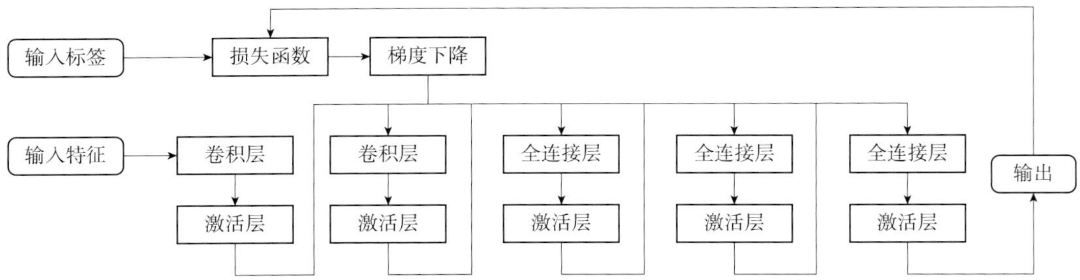

图 5.3-5　基于深度学习框架的视频与 IMU 数据融合算法

4. 智能病害检测与分析技术

常规的管道病害检测设备主要依赖于人工判读，准确度高，但效率低。为了满足快速、大范围排水管网病害普查的需求，排水管道检测胶囊采用了基于深度卷积网络模型对排水管道的病害进行自动识别和分类（图 5.3-6）。该方法利用大量的管网检测数据，使用残差网络作为骨干网络的深度卷积网络，利用图像级标签区分不同病害和正常图像，并引入了层次分类的方法分层对不同管材的病害进行分类（目前主要区分 PVC 管和混凝土管），以解决不同管材的各种病害类型的发生频率不同而导致的病害训练样本数量不平衡的问题。

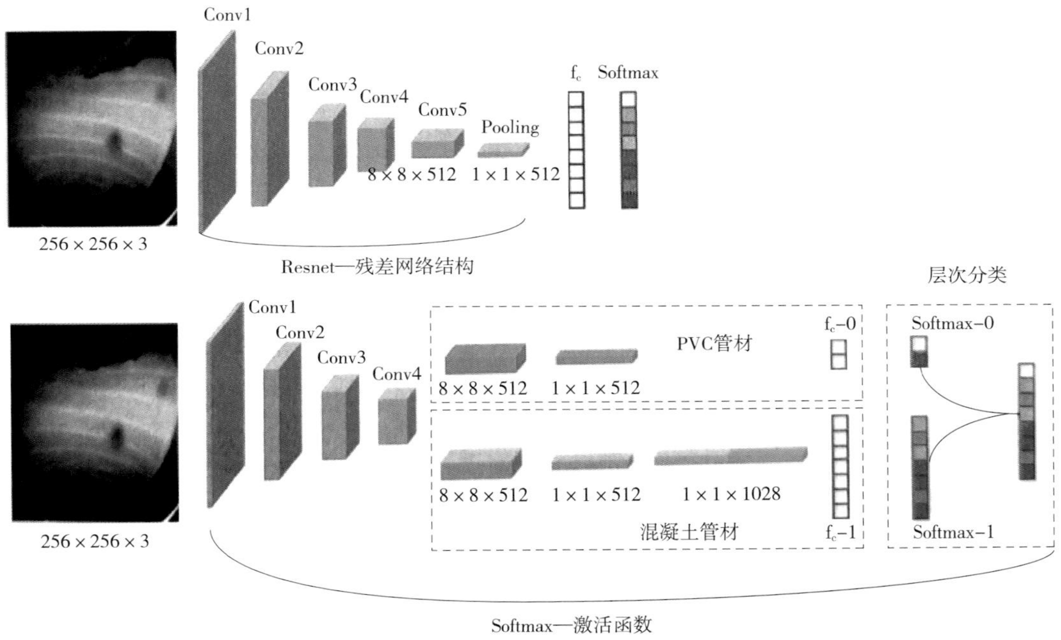

图 5.3-6　用于地下管道病害检测的深度卷积网络

首先，使用检测胶囊获取不同材质管道的病害图片，并按照病害类型对其分类；然后，使用基于深度神经网络模型，针对不同管材的病害做层次分类训练；最后，使用训练得到的模型对地下管线病害进行自动识别和分类。

基于深度学习的管道影像病害识别与管理、基于视频提取的图像与典型缺陷标准对照及基于异常监测思维的视频病害检测方法流程见图 5.3-7 ~ 图 5.3-9。异常监测对象被定义为那些远离大部分其他对象的对象，该方法是一种无监督学习方法，无需先验知识，无需提前建立病害样本库，但可以显著提高管网病害检测效率及准确率。

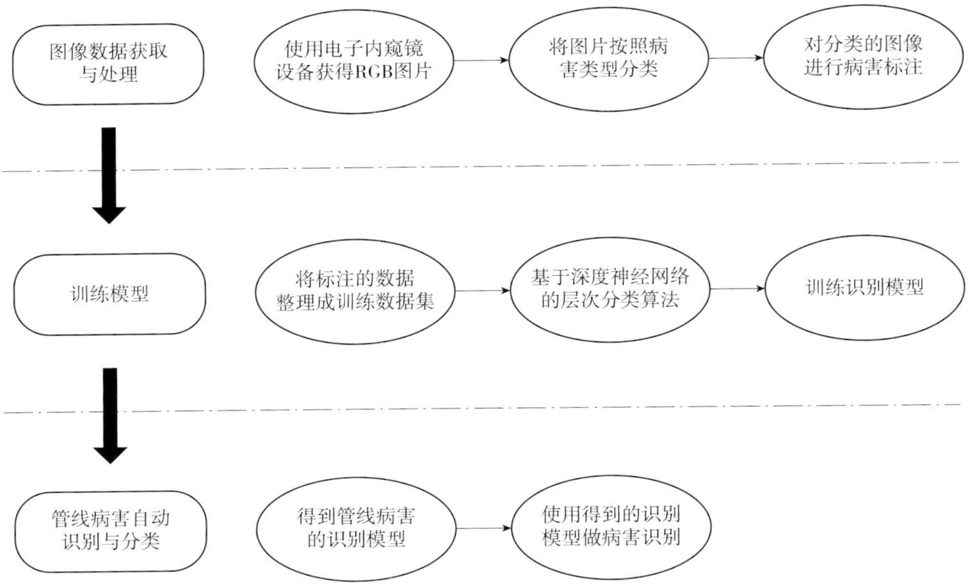

图5.3-7　基于深度学习的管道影像病害识别与管理

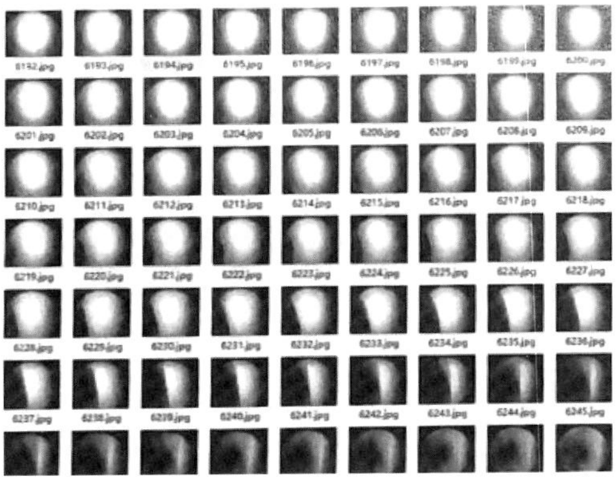

位置/距离	典型	等级	图片
52.1m	破碎	2	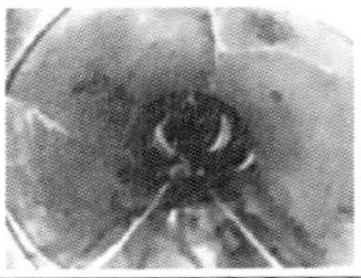
100.1m	支管暗接	1	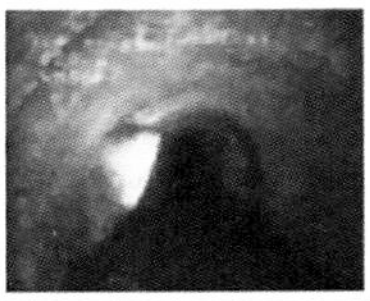
335.1m	渗漏	2	

图5.3-8　基于视频提取的图像与典型缺陷标准对照

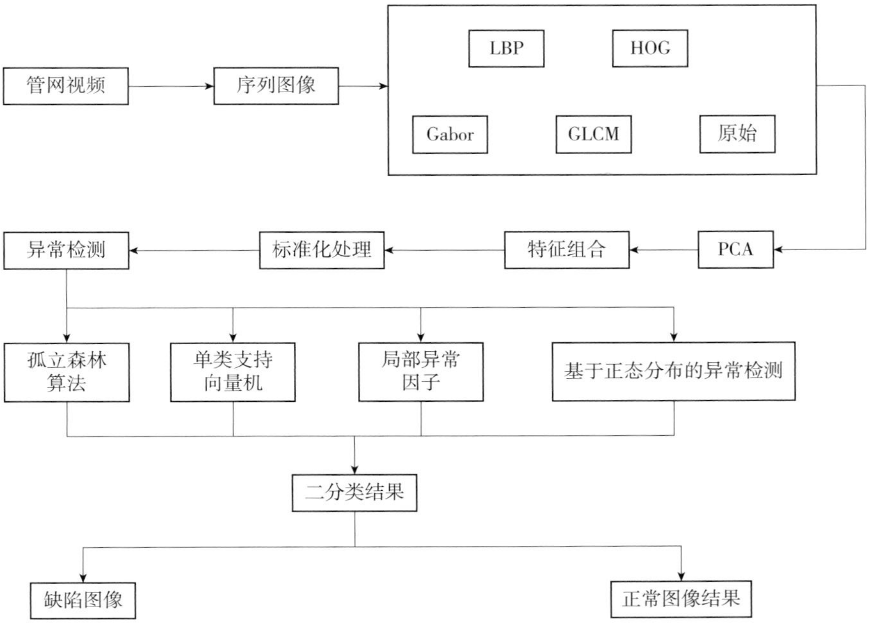

图5.3-9　基于异常检测思维的视频病害检测方法流程

5.4　检测方法

1. 检测前准备工作

检测前收集的资料包括：管线平面图、管道竣工图等技术资料、管道检测资料。设置安全围挡，具体施工位置前后 30m 处各放置一个安全警示牌，井口四周 5m 范围拉设警示带，做好交通疏导及警示。连接漂浮板和连接绳，将胶囊式摄像头、漂浮板及连接绳安装成组（图 5.4-1）。

2. 安全检查

开井目视水位、积泥深度及水流。核对资料中的管位、管径、管材。通风 10min 以上。通风机距回风口不得小于 10m，杜绝循环风，风扇要指定专人管理，其他人员不准随便停开。保证风机正常运转和有足够的风量。

3. 仪器检查

首先，要了解设备的工艺流程，检查仪器电量是否充足，摄像头是否有污渍，如有污渍，用干布擦去污物。如果污物很难除去，则可将软布沾水或中性洗涤剂，充分拧干后轻擦。然后，连接胶囊式摄像头和平板并检测测试仪器，见图 5.4-2。

图 5.4-1 将胶囊式摄像头、漂浮板及连接绳安装成组

图 5.4-2 仪器检查

4. 定位

开机，投放胶囊前进行自动定位。

5. 系统录入信息

系统录入管道信息、图像采集帧率等参数。

6. 确定选用漂流或者系流

（1）当水流流速在 0.3 ~ 0.5m/s 时，可以采用漂流方式。

（2）虽然水流流速小于 0.3m/s，当时现场具备补水条件，通过补水，可以达到 1 ~ 5m/s 的流速，选用漂流方式。

（3）当水流流速大于 5m/s 时，从后方拖拽牵引绳，使之漂流速度不会过快。

（4）当水流流速小于 0.3m/s 时，可以采用牵引绳拖拽的方式，牵引前行。

当确定选用漂流方式时，可以跳过以下第“(7)、(8)、(9)”步骤。

7. 穿线器引线穿入管道

首先，将穿线器带有滑轮的一端（前端）穿入管道，在管道另一端拉出一小段。然后，将需要进入管道的牵引线穿进穿线器的末端小孔圈，打结绑扎牢固。最后，一人拉扯穿线器前端，由另一人在末端慢慢把剩余穿线器送入管道。当拉扯困难时，需要轻轻晃动穿线器，见图 5.4-3、图 5.4-4。

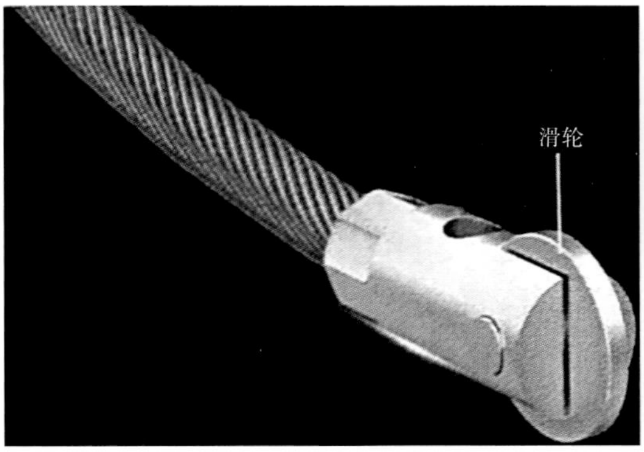

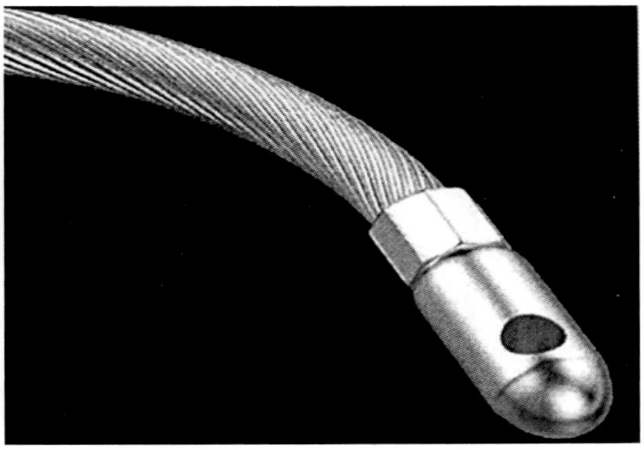

图5.4-3 穿线器

8. 回收穿线器

穿线器整体从前端拉出后，解除牵引线与穿线器末端连接，将穿线器卷成一卷，以备下次使用，见图 5.4-5。

9. 在上游检查井将承载摄像头的漂浮板放入水面

将承载摄像头的漂浮板在上游检查井缓慢送入井口，放入水面，见图 5.4-6。

10. 均匀地拉伸连接绳使漂浮板匀速穿过管道

均匀地拉伸连接绳使漂浮板匀速穿过管道，速度控制在 1 ～ 5m/s。

11. 管道视频采集

胶囊式摄像头在穿越管道过程中，自动进行管道视频采集，自动根据光线强弱调整补光 LED 灯的亮度，并进行自动对焦，设备在管道内高精度自动定位。

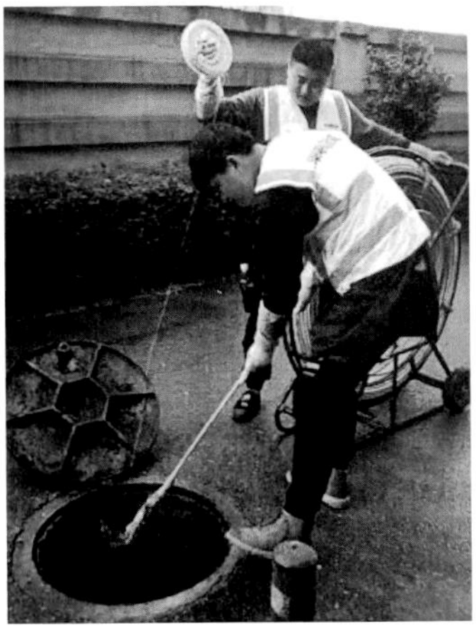

图5.4-4 穿线器引线穿入管道

图5.4-5 回收穿线器

图 5.4-6 在上游检查井将承载摄像头的漂浮板放入水面

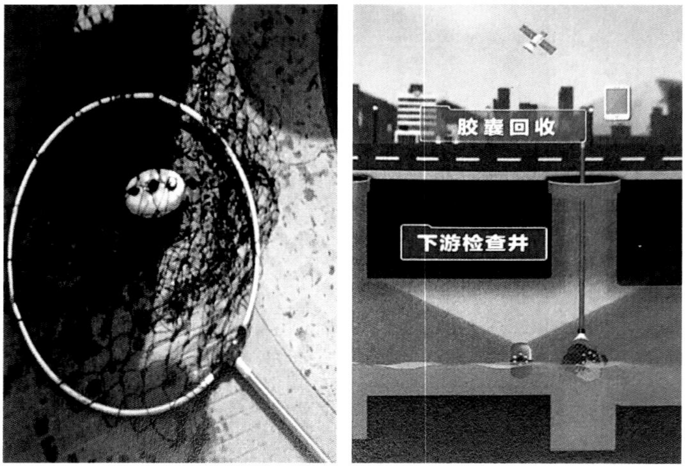

图 5.4-7 下游检查井回收胶囊

图 5.4-8 数据下载

12. 下游检查井回收胶囊

在下游检查井用专用网兜回收胶囊，见图 5.4-7。

13. 定位

让胶囊式摄像头再次自动定位。

14. 数据下载

再次将胶囊式摄像头与平板连接，下载该段管道的视频数据，见图 5.4-8。

15. 在平板电脑中检查视频成果，若采集图像清晰，即可满足检测要求，进行下一步操作。若视频未满足要求，即进行“采集控制设置”参数调整，重新进行检测。

16. 数据导入系统

将视频成果数据导入系统。

17. 智能出具检测报告

系统智能出具检测报告。

5.5 市场参考指导价

目前，胶囊检测属于新技术，单纯的胶囊检测作业不含税基价介于 CCTV 检测与 QV 检测之间。

第 6 章

激光检测

6.1 概述

目前排水管道检测的主要技术方法是应用管道潜望镜和管道内窥系统进行视频检测，检测条件是需要进行管道清洗，管道内的水位应低于管径的 15%。在无法实施降水作业的管道，只能进行声呐或声呐视频混合检测。

CCTV 检测是排水管道检测最成熟也是最通用的技术方法。它可以用视频连续记录管道内部情况，工作人员依据相应的规程和标准对管道视频进行分析判读，确定缺陷类型、缺陷等级和缺陷位置。对排水管道的维护、养护和修复提供可靠的技术依据。

CJJ 181 规程，将排水管道病害划分为 10 类结构性缺陷，6 类功能性缺陷。用 1~4 个等级划分缺陷严重程度，见表 6.1-1、表 6.1-2。

管道结构性缺陷变形的等级划分及样图　　表 6.1-1

缺陷名称：变形		缺陷代码：BX	缺陷类型：结构性
定义：管道受外力挤压造成形状变异			
等级	定义	分值	样图
1	变形小于管道直径的 5%	1	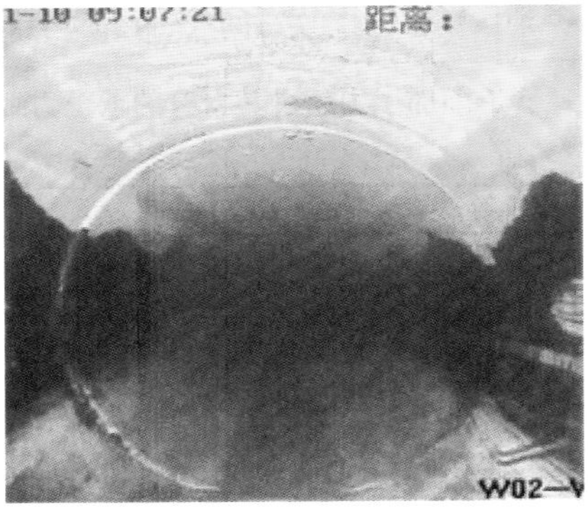
2	变形为管道直径的 5% ~ 15%	2	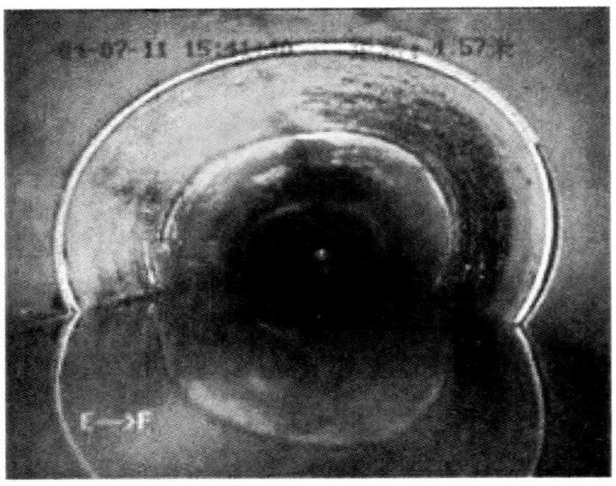

续表

缺陷名称：变形		缺陷代码：BX	缺陷类型：结构性
定义：管道受外力挤压造成形状变异			
等级	定义	分值	样图
3	变形为管道直径的 15% ~ 25%	5	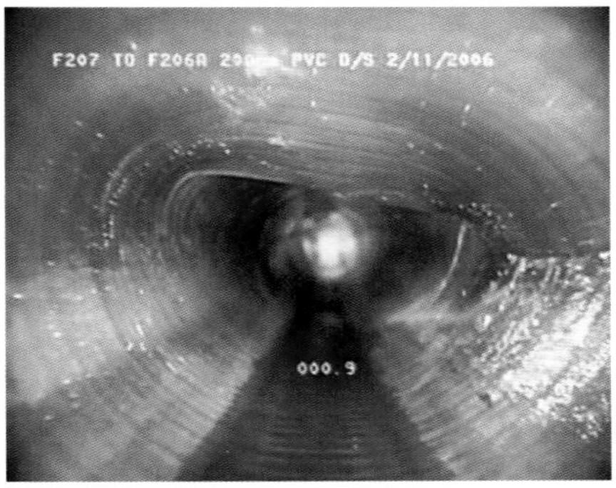
4	变形大于管道直径的 25%	10	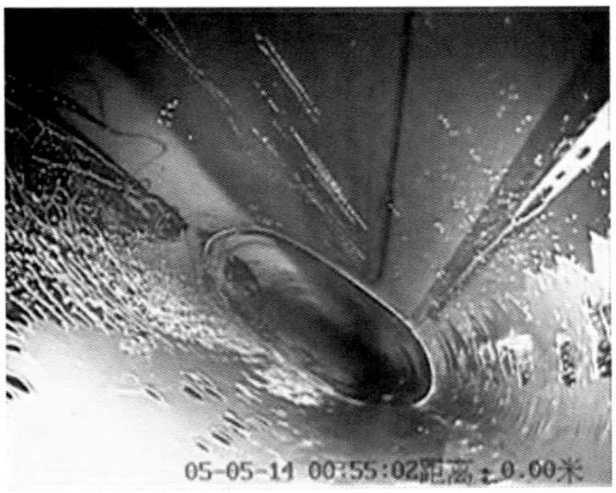

管道结构性缺陷腐蚀的等级划分及样图　　　　表 6.1-2

缺陷名称：腐蚀		缺陷代码：FS	缺陷类型：结构性
定义：管道内壁受侵蚀而流失或剥落，出现麻面或露出钢筋			
等级	定义	分值	样图
1	轻度腐蚀：表面轻微剥落，管壁出现凹凸面	0.5	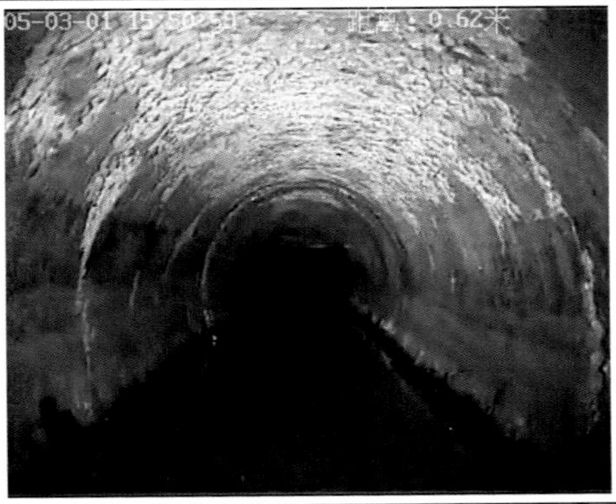

续表

缺陷名称：腐蚀	缺陷代码：FS		缺陷类型：结构性
定义：管道内壁受侵蚀而流失或剥落，出现麻面或露出钢筋			
等级	定义	分值	样图
2	中度腐蚀：表面剥落显露粗骨料或钢筋	2	
3	重度腐蚀：粗骨料或钢筋完全显露	5	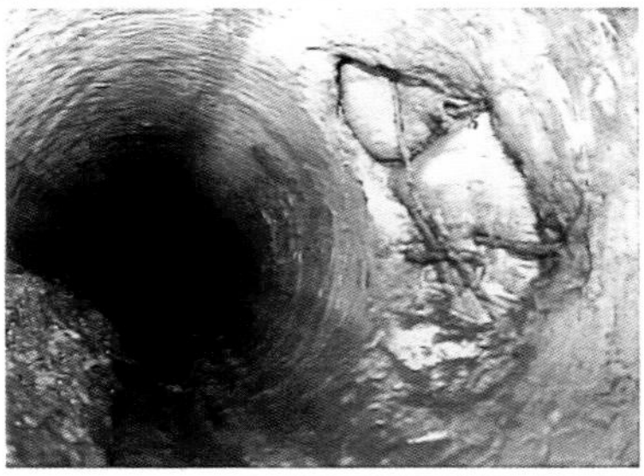

在实际检测和缺陷评估时，根据规程可以对排水管道缺陷类别进行快速准确的判别。对于诸如渗漏、异物传入、支管暗接、接口材料脱落等较为直观的结构性缺陷，可以准确地评估缺陷等级；对于沿管道的纵向破裂、脱节、起伏等结构部性缺陷，可以根据爬行器行走距离量化长度进行等级划分。但是对于管道环向结构缺陷，诸如环向破裂、变形和腐蚀的分级，由于 CCTV 检测缺少辅助数据，等级划分存在一定的难度。

从样图中看到管道变形和腐蚀程度，仅用视频和截图判读无法进行准确量化分级，而且这两种缺陷一般都是连续而且变化的。因此 CCTV 检测与评估排水管道环向结构性缺陷时，需要增加辅助的技术方法，才能对该类型的缺陷进行准确科学的分级。

国外的排水管道进行 CCTV 检测时，较为成熟的技术是辅助采用激光剖面检测系统（LASER PROFILE），对管道的挠度、变形、椭圆度和横截面积的变化进行准确地量化测量，避免人为误差。这种检测方法也写入了北美的管道缺陷识别和评估标准 PACP 7.0.3-2018（Pipeline Assessment Certification Program）。

激光剖面检测仪也可用于评估管壁恶化程度（管壁厚度的损失），为后续的修复方案提供帮助。

激光检测适用于圆形排水管道的检测，管径范围为 DN150mm ~ DN1800mm。

激光检测主要有三种：激光光环法、直接测量法和激光雷达法。激光光环法需要人工输入数据才能进行任何测量。直接测量法允许更完整的结果，因为没有地方需要用户设置或能够调整收集到的数据。直接测量法通过摄像机和激光测量管道周长，提供视觉效果，当摄像机穿过管道时，会自动将扫描结果及时发给用户。相机、激光和软件完成了大部分工作，从而减少了人为错误。激光雷达法是通过发射激光束探测目标的位置、速度等特征量的雷达系统。从工作原理上讲，与微波雷达没有根本的区别，向目标发射探测信号（激光束），然后将接收到的从目标反射回来的信号（目标回波）与发射信号进行比较，作适当处理后，就可获得目标的有关信息，如目标距离、方位、高度、速度、姿态，甚至形状等参数，从而进行目标探测、跟踪和识别。

6.2　检测原理

6.2.1　激光光环法

激光剖面检测技术是在管道闭路电视检测系统（CCTV）的爬行器上安装一个激光发生器。激光发生器将激光投射到管道的内部表面，并生成与管道内轮廓完全相同的激光环，激光剖面检测仪工作原理示意见图 6.2-1。要确保激光图像在管道闭路电视检测系统（CCTV）的视角内，激光发生器随爬行器在管道内移动时，激光环也同步移动，激光环形状随管道内轮廓的变化而变化，通过摄像头将激光环的形状和变化用视频记录下来，使用专用软件对视频中每一帧的激光圈进行解算比对，并关联爬行器的行走距离，建模生成管道三维图形和沿管道方向坐标各点的截面形状、尺寸和变形量。激光剖面仪软件报告示意图见图 6.2-2。

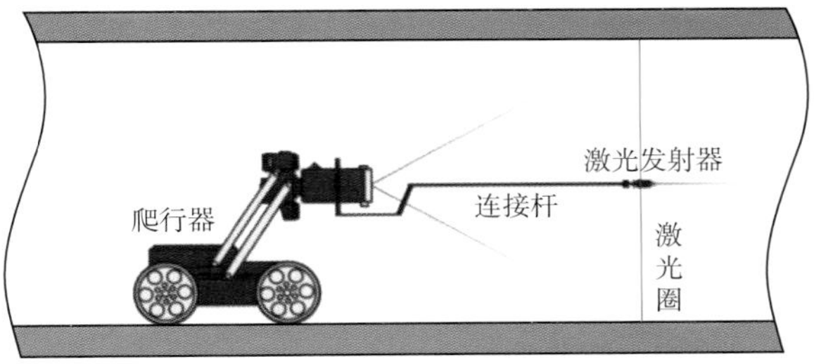

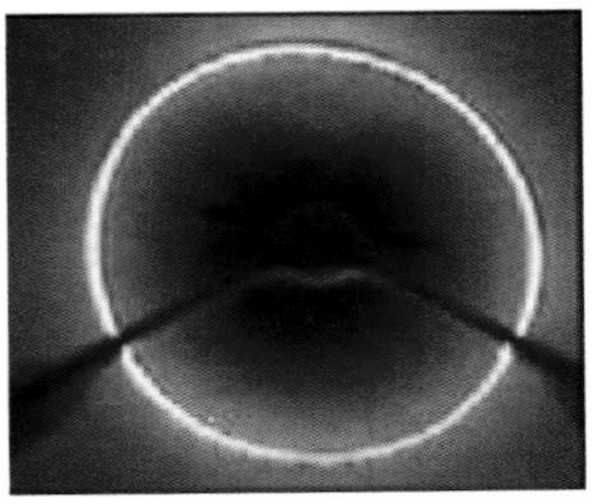

图 6.2-1　激光剖面检测仪工作原理示意图

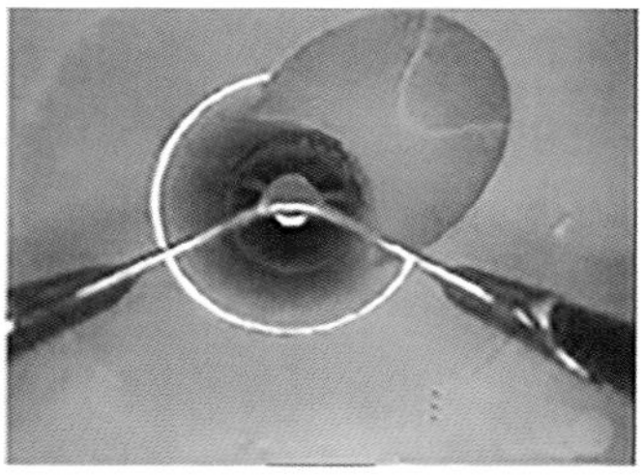

（a）6.4m 处管道剖面

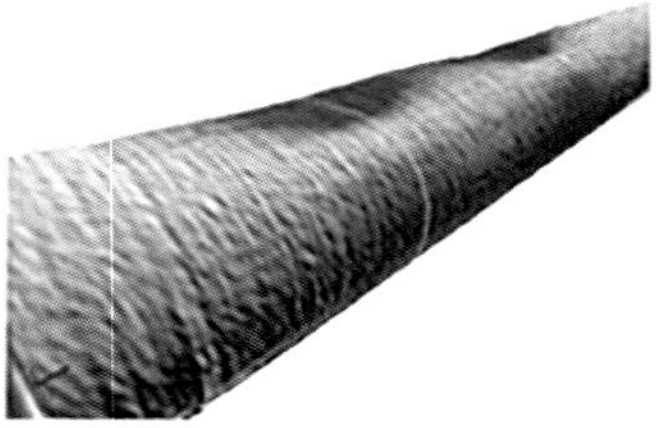

（b）管道三维

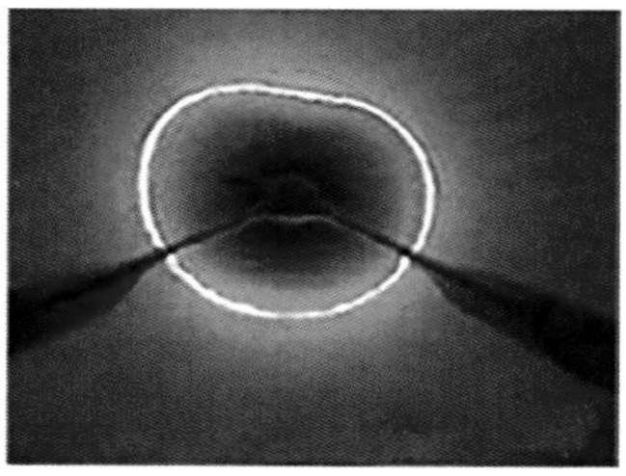

（c）5.3m 处管道剖面

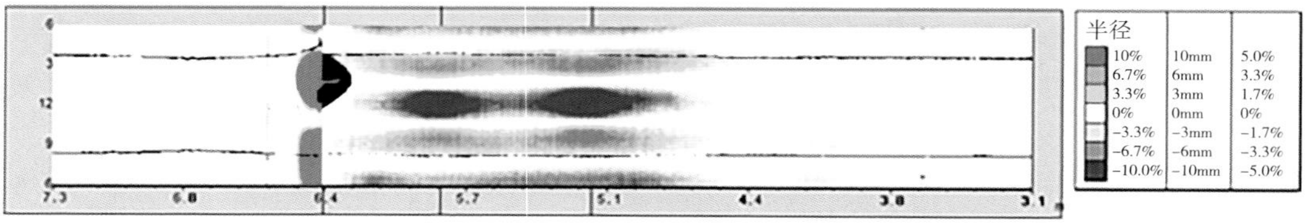

（d）检测报告

图 6.2-2　激光剖面仪软件报告示意图

6.2.2　直接测量法

随着激光测量技术的迅速发展，激光测距单元的精度越来越高、体积越来越小，将激光测距仪安装在摄像头上，通过镜头旋转直接测量镜头距管内壁圆周上各点的精确数值，通过软件计算管道截面变化量（图 6.2-3 和图 6.2-4）。

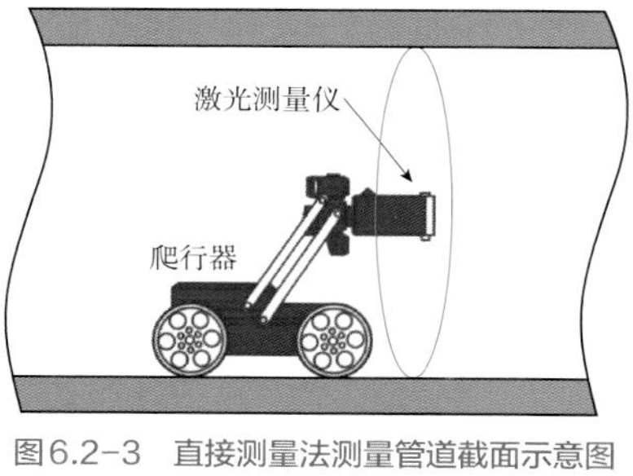

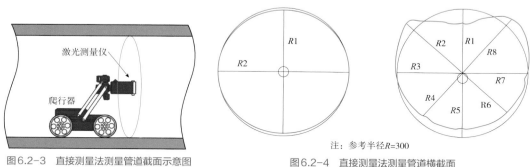

图6.2-3　直接测量法测量管道截面示意图

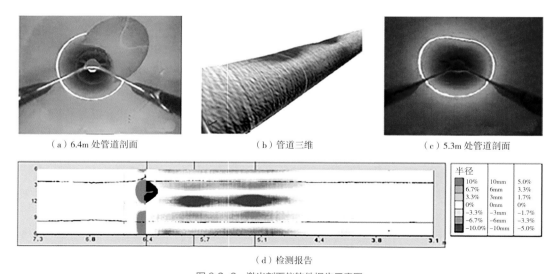

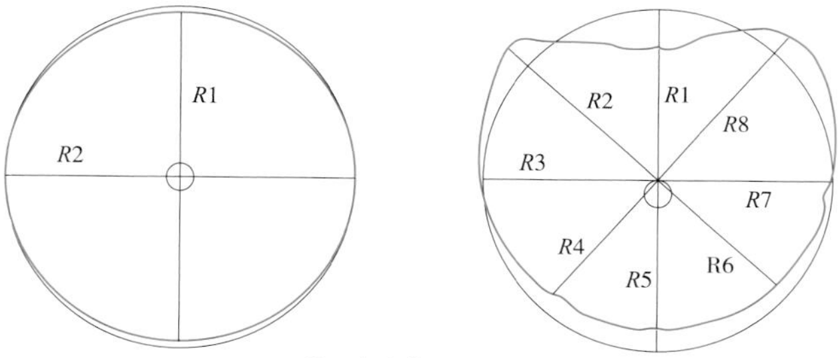

注：参考半径R=300

图6.2-4　直接测量法测量管道横截面

直接测量法精度高，解析简单直观，但由于受镜头旋转速度限制，要保证足够的数据采样，爬行器需停机测量，沿管线方向只能定点或间隔获取横截面数据，三维建模存在一定误差。

6.2.3　激光雷达法

激光雷达法（LiDAR）利用一种用于精确侦测三维位置信息的传感器，可以确定物体的位置、大小、结构特征。它由发射系统、接收系统和信息处理三部分组成。激光雷达法的工作原理与雷达非常相近，以激光作为信号源，由激光器发射出的脉冲激光，打到目标物，引起散射，一部分光波会反射到激光雷达的接收器上，根据激光测距原理计算，就得到从激光雷达到目标点的距离，脉冲激光不断地扫描目标物，就可以得到目标物上全部目标点的数据，用此数据进行成像处理后，就可得到精确的三维立体图像（图 6.2-5）。作适当处理后，就可获得目标的有关信息，如目标距离、方位、高度、速度、姿态甚至形状等参数，从而对目标进行探测、跟踪和识别。

在激光雷达法中，目前主要通过三角测距法（图 6.2-6）与 TOF 测距（Time of Flight，飞行时差测距）方法（图 6.2-7）来进行测距。

在当前排水管道激光检测中，激光雷达每秒采样率可以达到 8000 次以上，可以对管道周向进行连续扫描，获取直接测量数据。目前使用最多的是二维机械式激光雷达扫描，

图 6.2-5 三维激光雷达示意图

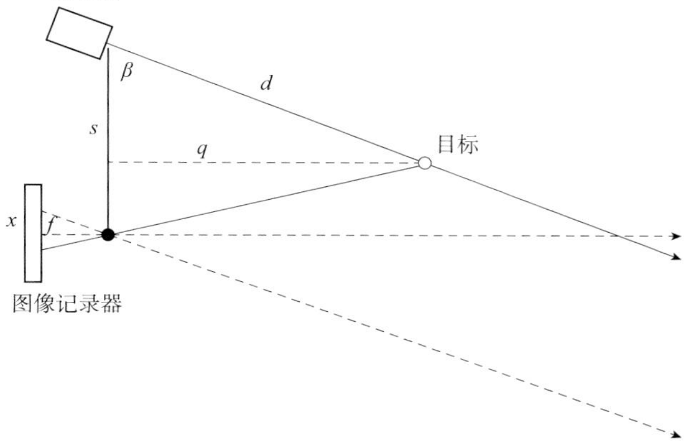

β—激光发射角；d—激光器到目标的距离；s—激光器到目标的垂直距离；q—激光器到目标的水平距离；f—激光器到图像记录器的距离

图6.2-6 三角测距原理图

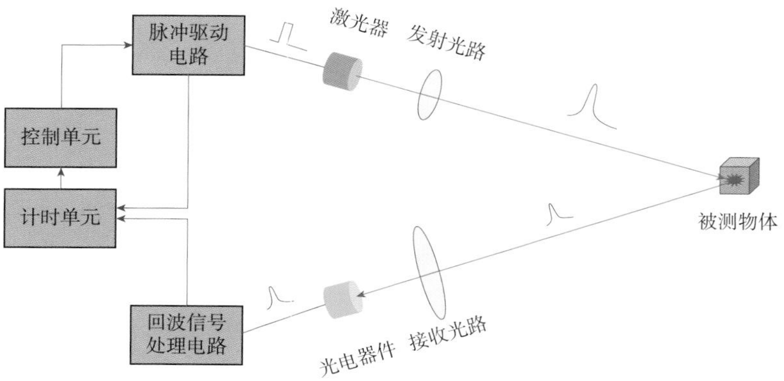

图6.2-7　TOF测距原理图

通过二维机械式激光雷达扫描方式得到当前管道的剖面点云（图6.2-8），可以很直观地得出当前管道截面的实际情况，并通过检测出来的二维管道剖面数据得到可量化的成果，如变形率、沉积量、腐蚀与结垢量、障碍物尺寸、支管尺寸、排口尺寸等。

二维机械式激光雷达扫描结合机器人适当的行进速度且行进方向平行于管道的中轴线，就可以叠加出当前管道剖面三维点云图像（见图6.2-9），可以对管道进行三维建模，分析管道变形问题，为管道的检测和修复提供有力依据。

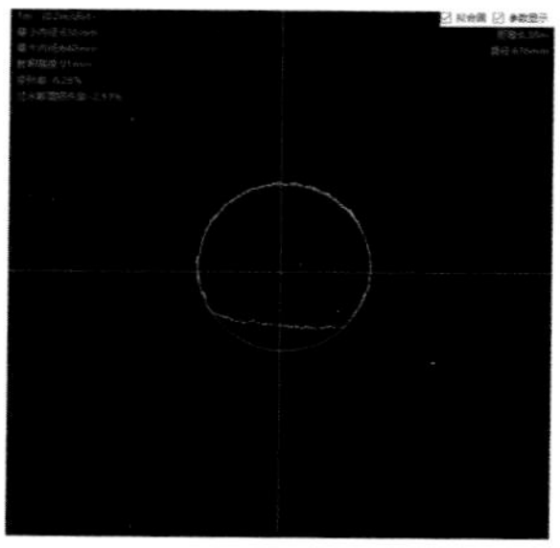
图6.2-8　管道二维激光雷达剖面数据

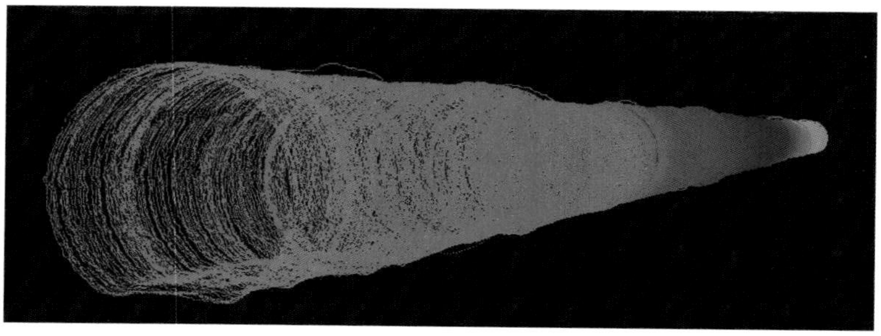
图6.2-9　管道剖面三维点云图像

6.3　设备类型和技术特点

6.3.1　LASER500-激光光环检测仪

LASER500-激光光环检测仪（图6.3-1）的技术特点包括：

（1）管径不大于 800mm 时，应将激光器固定在爬行器上，使镜头可以看到管道上的激光圈为限。管径大于 800mm 时，应采用爬行器拖拽激光器支架的方式，进行管道激光检测。

图6.3-1　LASER500-激光环检测仪

（2）管道激光检测前，需要对激光器做视频标定，标定视角和尺寸。

（3）在视频录制前，需要关闭灯光，并且主控器视频画面上能看到管道内壁上的完整激光圈，激光圈约占屏幕的 3/4 画面。

（4）检测时镜头应在管道的中轴线上，偏离度不应大于管径的 10%，在使用拖载的激光支架时，应使激光器在管道的中轴线上，偏离度不应大于管径的 10%。

（5）市场参考价：约 10 万元人民币，兼容市场上各种类型和品牌的 CCTV 检测机器人。

6.3.2　KS135 直接测量仪

KS135 直接测量仪（图 6.3-2）的技术特点包括：

（1）通过集成在 KS 135 直接测量仪摄像头中的激光二极管实现管道剖面测量。激光二极管将激光点投射到管道内壁上，摄像头旋转，通过三角测量计算测量直径及其所有变化。这种方法被称为“旋转激光”激光管道仿形技术。

图 6.3-2　KS135直接测量仪

（2）与 POSM 软件配合使用，全面扫描生成管道分析报告。

6.3.3 主要技术指标

激光发生器应坚固、抗压、密封良好，并与CCTV检测系统完全兼容，可快速、牢固地安装在CCTV检测系统摄像头的前方和方便拆卸。激光检测一般与CCTV检测同步使用，其主要技术指标要求应符合表6.3-1的规定。

激光检测的主要技术指标要求　　表6.3-1

项目	技术指标
激光发生器	功率≤1MW，波长620～680nm的可见激光束
管径检测范围	150～2400mm
测量精度	管径的0.5%，或者1mm（最高精度）
测量频度	每秒≥4500个测量值
连续工作时间	≥8h

6.4 检测方法

1. 激光光环法

采用激光光环法时，激光剖面仪的使用和安装应满足下列要求：

（1）激光剖面仪应与CCTV检测摄像头在管道中心的同一轴线上；

（2）激光图像应在摄像头视野内，并占3/4左右画面；

（3）用标准尺对图像尺寸进行标定；

（4）摄像头复位后，激光画面清晰显示后，不进行变焦和旋转操作；

（5）爬行器行走速度不大于0.15m/s。

2. 直接测量法

采用直接测量法时，操作应满足下列要求：

（1）在进入管道的过程中，该系统用于执行常规CCTV检测视频检查，以及测量所有管节接缝宽度。此外，可以在任何时候进行单独的激光测量，以确定管道的实际直径和偏差，这些直径和挠度测量值将成为检验报告的一部分。

（2）在管道中行走过程，系统对整个管道进行“旋转激光”扫描。摄像头垂直于管壁，并以设定速度旋转。通过三角定位测量，扫描软件连续计算精确的管道直径和管道剖面中的所有偏差和变形。软件可以及时生成二维和三维图形，见图 6.4-1。这些图形显示管道平均直径和偏差。

（3）管径测量范围为 200 ~ 1200mm，精度为 0.5%。

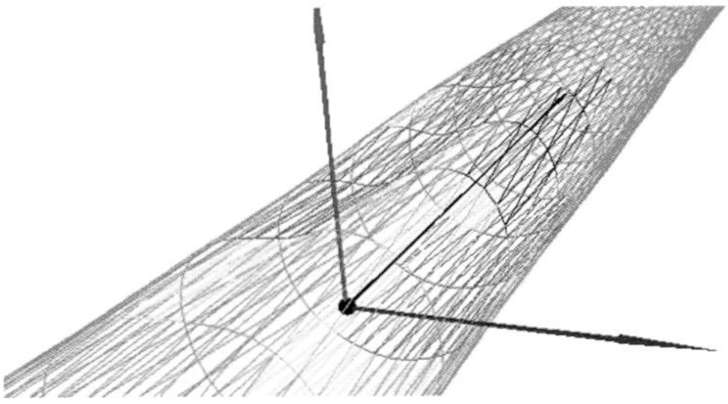

图 6.4-1　软件生成图示

3. 激光雷达法

采用激光雷达法时，操作应满足下列要求：

（1）二维激光雷达检测设备主要由检测设备平台、二维激光雷达模块、控制终端软件和报告分析软件组成。可通过在不同的检测设备上搭载二维激光雷达模块达到不同的应用场景的需求，无需额外进行定制开发，就可以在原设备上加装二维激光雷达模块进行管道量化检测。

（2）目前根据有水和无水环境的情况下，分别有两种使用场景，分别是：无水环境搭载激光雷达扫描和有水环境水面上搭载激光雷达扫描。

1）无水环境搭载激光雷达扫描：主要工作方式是在设备进行正常 CCTV 检测的基础上额外增加管道轮廓的扫描，只需要保持设备的行进方向与管道的中轴线平行且行进速度匀速保持在 0.15m/s 即可，无需做额外的操作，见图 6.4-2。

2）有水环境水面上搭载激光雷达扫描：主要工作方式是通过设备自带的推动力在水面航行，可以做到水面上 CCTV 检测肉眼观测，搭配二维激光雷达实现水面上的量化操作，同时可选配搭载水下声呐，达到管道水上和水下的数据量化。在水流流速较急的情况下，也可以借助人工牵引的方式稳定设备，获得更加稳定的雷达数据，见图 6.4-3。

图 6.4-2　无水环境轮式机器人搭载激光雷达扫描设备

图 6.4-3　有水环境水面上搭载激光雷达扫描设备

6.5 市场参考指导价

1. 工程项目费用参考

激光检测的工作内容包括启闭井盖、设备调试、检测设备下井、管道检测、数据处理、清理设备、完成评估报告等。结合各项措施费的激光检测指导价可参照表 6.5-1、表 6.5-2。

激光检测全费用单价明细表　　表 6.5-1

测量方法		激光检测（CCTV 检测 + 激光全方位扫描成像仪）（元 /100m）
全费用单价（元）		9011.52
其中	人工费（元）	644.67
	材料费（元）	507.20
	机具费（元）	4782.11
	管理费（元）	553.05
	安全文明措施费（元）	1327.39
	利润（元）	547.01
	规费（元）	140.02
	增值税（元）6%	510.09
备注		测量单价及耗量参考定额《城镇排水管道检测与非开挖修复工程消耗量定额 2020》，激光检测单价参考市场价折算台班价

2. 设备费用

根据厂家提供的设备类型（进口、国产）而定，费用约 10 万元人民币，必须配套制造商厂家的 CCTV 检测机器人使用。

工程量清单综合单价分析表

表 6.5–2

<table>
<tr><td>项目编码</td><td colspan="3">40501001002</td><td colspan="2">项目名称</td><td colspan="6">激光雷达测量（CCTV 检测 + 激光全方位扫描成像仪）</td><td>计量单位</td><td>100m</td></tr>
<tr><td colspan="14">清单综合单价组成明细</td></tr>
<tr><td rowspan="2">子目编号</td><td rowspan="2">子目名称</td><td rowspan="2">单位</td><td rowspan="2">数量</td><td colspan="5">单价（元）</td><td colspan="5">合价（元）</td></tr>
<tr><td>人工费</td><td>材料费</td><td>工程设备费</td><td>机械费</td><td>企业管理费和利润</td><td>人工费</td><td>材料费</td><td>工程设备费</td><td>机械费</td><td>企业管理费和利润</td></tr>
<tr><td>1–2–1 换</td><td>激光雷达测量（CCTV 检测 + 激光全方位扫描成像仪）</td><td>100m</td><td>1.00</td><td>644.67</td><td>507.20</td><td></td><td>4782.11</td><td>1100.05</td><td>644.67</td><td>507.20</td><td></td><td>4782.10</td><td>1100.05</td></tr>
<tr><td></td><td></td><td></td><td></td><td></td><td></td><td></td><td></td><td></td><td></td><td></td><td></td><td></td><td></td></tr>
<tr><td colspan="9">小计（元）</td><td>644.67</td><td>507.20</td><td></td><td>4782.10</td><td>1100.05</td></tr>
<tr><td colspan="9">清单项目综合单价（元）</td><td colspan="5">7034.02</td></tr>
<tr><td rowspan="7">费用明细</td><td></td><td colspan="6">内容</td><td>单位</td><td>数量</td><td>单价（元）</td><td>合价（元）</td><td>暂估单价（元）</td><td>暂估合价（元）</td></tr>
<tr><td>人工</td><td colspan="6">综合工日 – 技术工日</td><td>工日</td><td>3.50</td><td>184.19</td><td>644.67</td><td></td><td></td></tr>
<tr><td rowspan="2">材料</td><td colspan="6">尼龙绳</td><td>m</td><td>165.00</td><td>3.00</td><td>495.00</td><td></td><td></td></tr>
<tr><td colspan="6">其他材料费</td><td>元</td><td>12.20</td><td>1.00</td><td>12.20</td><td></td><td></td></tr>
<tr><td rowspan="3">机械</td><td colspan="6">激光雷达（CCTV 检测 + 激光全方位扫描成像仪）</td><td>台班</td><td>0.60</td><td>6560.64</td><td>3936.38</td><td></td><td></td></tr>
<tr><td colspan="6">载货汽车装载质量 5t</td><td>台班</td><td>0.60</td><td>560.50</td><td>336.30</td><td></td><td></td></tr>
<tr><td colspan="6">水冲车</td><td>台班</td><td>0.60</td><td>849.04</td><td>509.42</td><td></td><td></td></tr>
</table>

第 7 章

声呐检测

7.1 概述

在现阶段的技术中，用于排水管道检测的方法有很多种，声呐检测技术为排水管道检测中一项有效的检测方法。排水管道声呐检测技术适用于管道内积水较多，降水困难下的检测。声呐在水中具有灵敏度更高，穿透力强等优点，通过声呐检测，可获得管道内部断面图、二维声呐图像或者三维点云等准确的数据资料，并且可与 CCTV 检测相结合对管道进行全面检查，从而知悉管道任意横截面位置处管道的轮廓或者是管道中某处的缺陷图像。

目前因声呐检测技术在各领域的应用推广，多种类型的声呐被广泛应用于管道检测的各个方面。最常见的是单波束扫描声呐、多波束图像声呐、侧扫声呐，以及具备三维点云数据输出的三维声呐。随着声呐技术和软件应用技术的发展，排水管道声呐检测技术日趋成熟，通过声呐检测获取的排水管道水下信息逐渐丰富。声呐检测一般用于以下检测工作：

（1）管道的淤积、变形、破损、暗接、接口错位等运行状况的检测；

（2）管道排水不畅导致的满水、积水原因调查；

（3）管道带水清疏作业的检验验收；

（4）满水管道的暗井摸排；

（5）排江、排河的排水口逆向溯源；

（6）满水管道中因破损导致的管道外部空洞检测；

（7）查明满水检查井中管道走向、淤积、管口掩埋情况；

（8）绘制大型排水管涵水下三维点云模型；

（9）摸排暗涵水下排口位置。

7.2 检测原理

声呐的英文名字是 Sonar（Sound Navigation and Ranging，声导航和测距），是依靠声波进行观察和测量的设备（图 7.2-1 和图 7.2-2）。与光、电磁波等探测手段相比，声波在水中有着极强的穿透能力，传播中的衰减也小得多。低频的声呐甚至可以穿透水泥、岩石等。

当前在排水管道声呐检测中，最多使用的是机械扫描式声呐。这种声呐由机械驱动的一组换能器组成，它按照设计的一定步进角度向周围发射一束一束的声波脉冲，通常是360° 的扫描范围，因此也叫单波束扫描声呐。在管道中使用时，用来扫描管道内壁，返回的声呐数据形成管道截面图（图 7.2-3 和图 7.2-4）。在检测过程中，就是根据声呐数据形成的管道截面图来检测管道的淤积、变形、破损、暗接等运行状态的。

图 7.2-1　单波束声呐探头 831A

图 7.2-2　国产小型单波束声呐探头

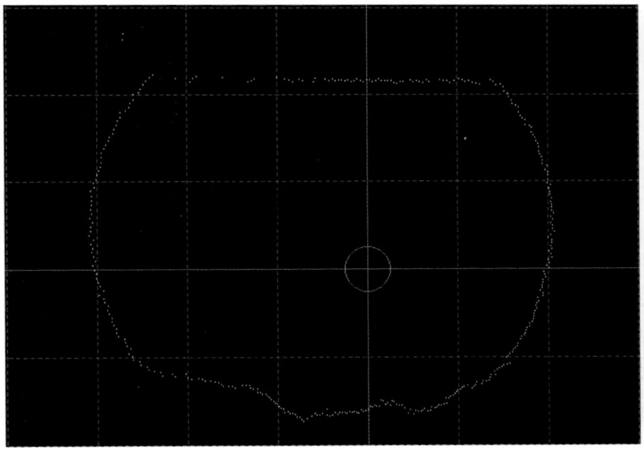

图 7.2-3　831A 管道截面图

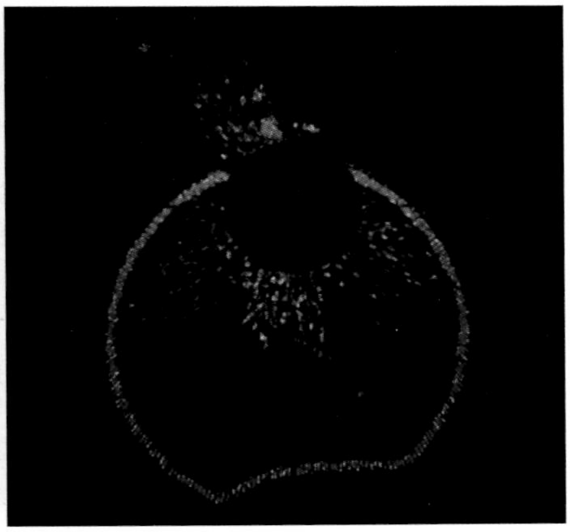

图 7.2-4　国产声呐管道截面图

其他类型的声呐，如多波束成像声呐、侧扫声呐、三维声呐等，随着声呐技术的升级，成本的下降，也逐渐被应用到管道检测中，为管道声呐检测提供了更丰富的水下信息。成像声呐的声呐图像可以像摄像头一样，提供水下目标物清晰的图像（图 7.2-5 ~ 图 7.2-7），为管道检测和评估提供了可靠依据。

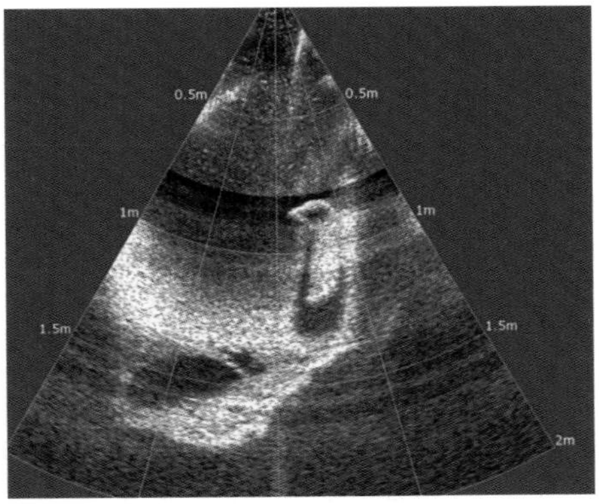

图7.2-5　满水检查井中掩埋一半的管口

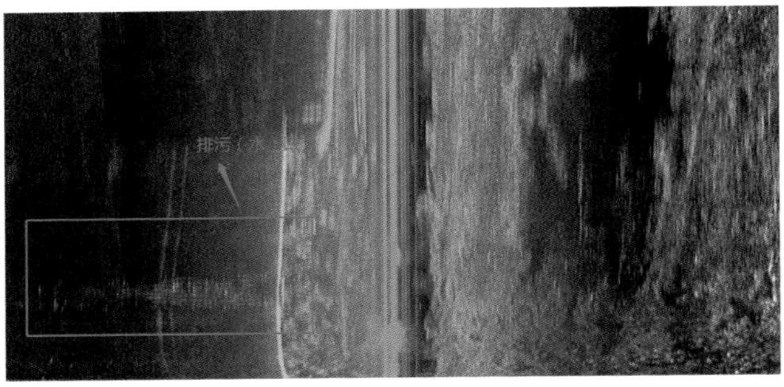

图7.2-6　河道的排污口

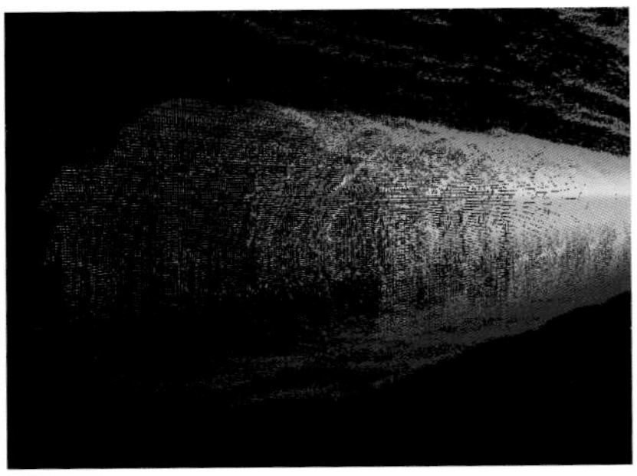

图7.2-7　稠密的管道声呐三维点云数据

7.3　设备类型和技术特点

目前，根据管道声呐检测需求和管内水位情况，相配套的设备共有三种类型，分别是：无动力漂浮式声呐检测设备、带动力水面航行式声呐检测设备、带动力水下航行式声呐检测设备。

1. 无动力漂浮式声呐检测设备

无动力漂浮式声呐检测设备（图 7.3-1）主要搭载的是单波束扫描声呐，主要工作方式是在管道内顺着水流漂浮或者用人工牵引的方式。通常情况下，为了得到稳定的声呐检测数据，一般使用人工牵引的方式进行检测。该类型设备的主要优点是，声呐检测设备主体由声呐探头与漂浮筏体组成，设计简单可靠。其缺点是，人工牵引的工作方式效率不高。在大部分的工况下，需要借助高压清洗喷头对待检测管道进行预穿牵引绳。

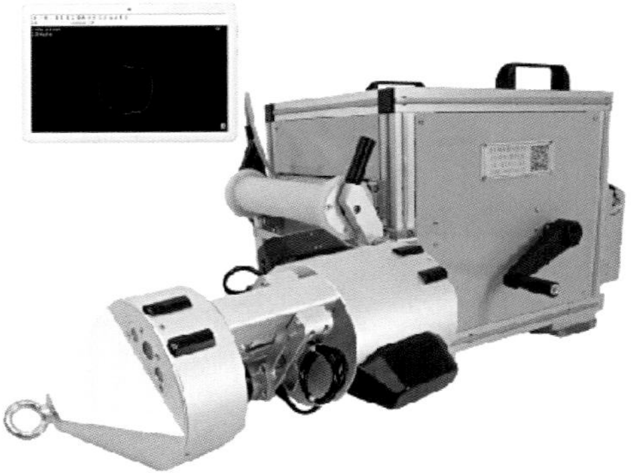

图 7.3-1　无动力漂浮式声呐检测设备

2. 带动力水面航行式声呐检测设备

带动力水面航行式声呐检测设备可根据需求搭载多种类型的声呐探头，主要工作方式是通过设备自带的推动力在水面航行，可以做到水上 CCTV 检测和水下声呐检测同步。在水流流速较急的情况下，也可以借助人工牵引的方式稳定设备，获得更加稳定的声呐数

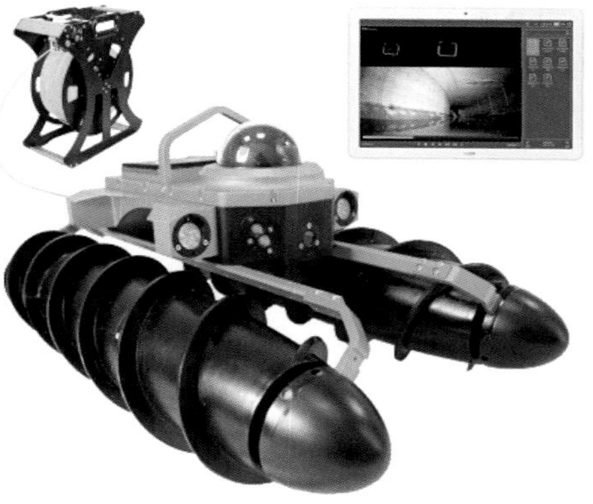

图7.3-2　水中螺旋推进方式

图7.3-3　空气风力推进方式

据。该类型设备的主要优点是，设备自带推进动力（图 7.3-2 和图 7.3-3），可实现距离更长的管道声呐检测。同时，对比漂浮式声呐检测设备，操作流程得到简化，检测工作效率极高。其缺点是，无法适用于满水管道和高流速管道的声呐检测需求。

3. 带动力水下航行式声呐检测设备

带动力水下航行式声呐检测设备（图 7.3-4 和图 7.3-5）也可根据需求搭载多种类型的声呐探头，与水面航行式声呐检测设备唯一的区别是该类型设备可以潜入满水管道中，既可以浮在水面也可以悬浮在管道中间位置工作，解决了少部分管道检测过程中满水管道声呐检测难题。该类型设备的主要优点是，自带推进动力，可实现满水管道的声呐检测，并且有着极高的检测效率。其缺点是，因为工作在水下，在管道中无法获取清晰的视频数据。

图7.3-4　水中螺旋推进潜航式

图7.3-5　水中多推进器潜航式

7.4 检测方法

声呐检测的范围是排水管道内水下的部分，在声呐对排水管道进行检测的过程中，排水管道中水位越高越能全面地反映排水管道内部的情况。当进行声呐检测时，将检测仪的探头放入水中，向水中发射声波。在此过程中，要求声呐信号发射设备淹没在水下，否则无法正常地发射声波。声呐信号发射设备本身拥有一定的体积，要求将该装置完全放置于水中，被水淹没，故管道内水深应至少为300mm。同时，管道内的水深越大，声呐检测反映的管道信息也就越多。

在声呐检测过程中，随着探头不断前行，发射声波，回收声波，以判断排水管道状况。当声呐探头受阻无法正常前行时，声呐探头发射的声波只能得到某一段管道的检测数据，无法进一步了解更多的管道信息，此时，必须中止检测，排除故障，探头可以正常前行时，再重新开始检测。

当进行声呐检测时，排水管道中固体悬浮物过多，探头发出的声波会被这些异物缠绕或遮盖，声波受到干扰或直接被遮盖，导致其无法正常到达排水管壁，管壁的形状和距离得不到反馈，无法显示完整的检测断面。

声呐通过探头的倾斜和旋转不断快速的扫描管道内壁，以得到管道内部的图像。声呐探头倾斜角度不在声呐检测仪器规定的范围之内，超过自动补偿的范围时，将导致检测图像无法正确定向，形状和相对位置会出现错误的显示。

声波在水中的传播速度为1500m/s。根据水温、压力和含盐度的不同，声波在水中的实际传播速度也不同。如果声速增加，则图像变宽。如果声速减小，则图像收缩。一种简易的校准系统的方法是使用300mm直径的垂直边的圆桶。从被检测管道进入桶中的水，然后将检测仪的传感器的一端立在桶的中央。使用圆形工具覆盖，并设置管径与实际的桶的直径（使用直尺进行精确测量）相对应。从系统控制对话框中设置检测仪的属性。调整声速配置同时调整声呐图像上的圆形内沿与圆桶相吻合。

声呐探头的承载工具一般漂浮在水面上，对承载工具的要求是自身稳定、平衡性好、不影响声波发射和接收，探头发射部位超过漂浮器边缘会引起倾斜（图7.4-1），在声呐探头的位置处采用镂空漂浮器可避免声波受阻（图7.4-2），此做法目前在国内外被普遍采用并取得良好效果。

根据管径的不同，应按表7.4-1选择不同的脉冲宽度。

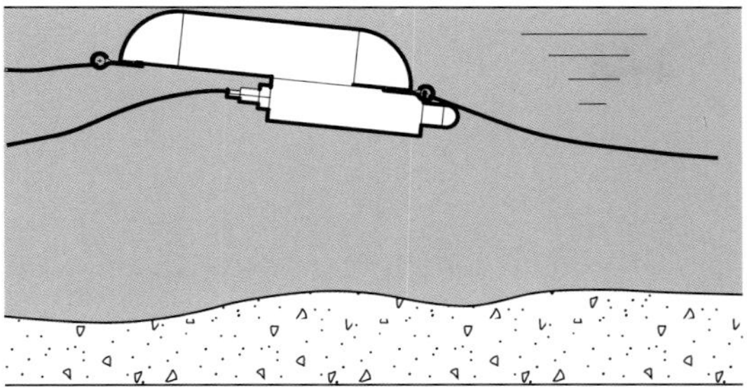

图 7.4-1 探头放射部位超过漂浮器边缘会引起倾斜

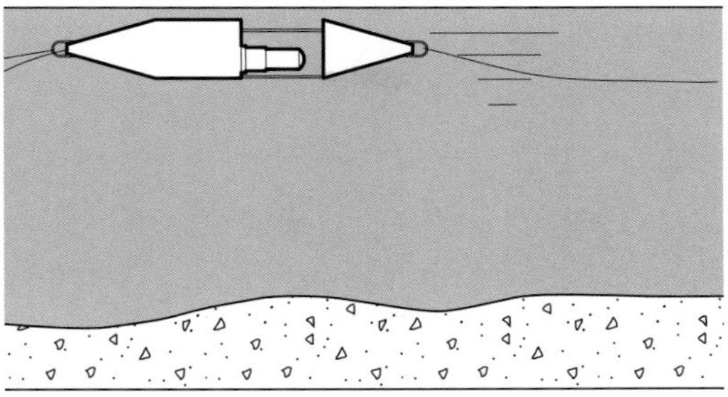

图7.4-2 带镂空漂浮器的声呐探头

脉冲宽度选择标准 表 7.4-1

管径范围（mm）	脉冲宽度（μs）
300 ~ 500	4
500 ~ 1000	8
1000 ~ 1500	12
1500 ~ 2000	16
2000 ~ 3000	20

探头行进速度不宜超过 0.1m/s。在检测过程中应根据被检测管道的规格，在规定采样间隔和管道变异处探头应停止行进，定点采集数据，停顿时间应大于一个扫描周期。

声呐主要用于管道沉积状况的检查，在进行管道的其他检查时，根据工程实践，采样点的间距为 2m，一般情况下可以完整地反映管段的沉积状况。当遇到污泥堵塞等异常情况时，则应加密采样。

声呐检测除了能够提供专业的扫描图像对管道断面进行量化外，还能结合计算确定管道淤积程度、淤泥体积、淤积位置，计算清淤工程量。这种方法用于检测管道内部过水断面，从而了解管道功能性缺陷。声呐检测的优势在于可不断流进行检测，不足在于其仅能检测水面以下的管道状况，不能检测管道的裂缝等细节的结构性问题，故声呐轮廓图不应作为结构性缺陷的最终评判依据。

对 DN1800 排水管道声呐检测发现在管道声呐图像底部圆弧出现明显向管道中心内靠拢的强回声直线或者曲线，并且当前底部声呐图像距离实际管道底部高度大于 20%，由此可判断当前管段截面存在淤积缺陷，经测量当前淤积高度为 379.01mm（图 7.4-3）。

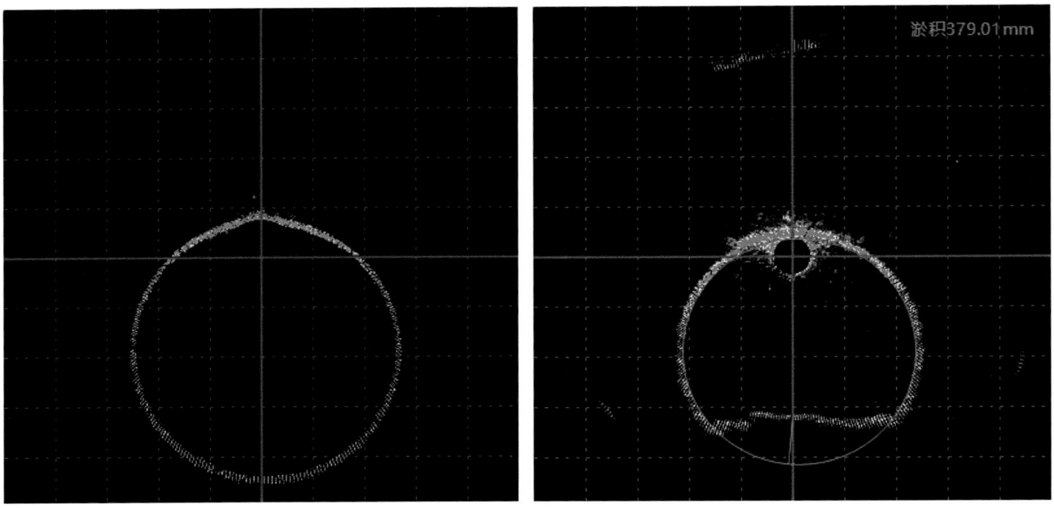

（a）对比图　　（b）样图

图 7.4-3　声呐检测管道淤积

7.5　市场参考指导价

声呐检测的工作内容包括启闭井盖、设备调试、检测设备下井、管道检测、影像判读、清理设备、完成评估报告等。结合各项措施费的管道声呐检测指导价可参照表 7.5-1。

管道声呐检测定额基价表　　表 7.5-1

设备类型		无动力漂浮式声呐检测设备（100m）	带动力水面航行式声呐检测设备（100m）	带动力水下航行式声呐检测设备（100m）
基价（元）		4647.220	5631.316	5467.300
其中	人工费（元）	374.500	374.500	374.500
	材料费（元）	507.200	507.200	507.200
	机具费（元）	2132.670	3116.766	2952.750
	管理费（元）	1632.850	1632.850	1632.850

第 8 章

电法测漏仪检测

8.1 概述

在目前常用的排水管道检测技术中，CCTV 检测、声呐检测、QV 检测是最常用的手段，然而也有一些局限性：CCTV 检测常常受到管道运行水位的制约，对于管径大、流速快、高水位运行的污水管道的检测受到限制；而声呐检测仅仅能探测管道的沉积，对影响管道运行的结构性缺陷无法准确判断；QV 检测同样无法在高水位运行的管道中进行。而高水位运行中管道渗漏检测是一个技术难题，它的妥善解决对管道维护和城镇道路塌陷防治都具有重要意义。

电法测漏仪检测可以通过检测回路中的电流判定管道是否有破裂、渗漏等病害，近年来，在部分城市开始探索、运用。该技术为无法进行传统技术检测的排水管道的养护、维修和管理工作提供了依据。对于周边地下水位较高的既有排水管道，内外水达到动态平衡，贸然降水进行内窥检测可能会导致道路塌陷，因此需要排查漏点，尽可能采取超前措施切断内外水流联系。管道电法测漏仪采用聚焦电流快速扫描技术，通过实时测量聚焦式电极阵列探头在管道内连续移动时透过漏点的泄漏电流，现场扫描并精确定位所有管道漏点。主要适用于带水非金属（或内有绝缘层）无压管道检测，运用于新管验收、管道修复后的渗漏验证、管道泄漏点的统计分类、分级评估、检测定位等。

8.2 检测原理

电法测漏仪由主控制器、电缆盘、水下探头、接地电极四部分构成，探头置于管道内部连续移动，通过实时采集监测电流值的曲线变化来分析定位管道漏点。其工作原理为：管道内壁为绝缘材料，对电流来说表现为高阻抗，管道内的水和埋设管道的大地为低阻抗。当电法测漏仪工作时，探头在管道内匀速前进。当管道内壁完好时，接地电极和探头电极之间的阻抗很大，电流很小；当管道内壁存在缺陷时，电极之间存在低阻抗通路，电极之间的电流因此增加。当电法测漏仪工作时，探头在管道内匀速前进，通过接地电极和探头电极之间电流的变化，判断漏点纵横裂缝长度及管口脱开等情况，电法测漏仪工作原理见图 8.2-1。根据仪器自带测距仪以及电流信号，即可判断漏点位置及具体渗漏情况。

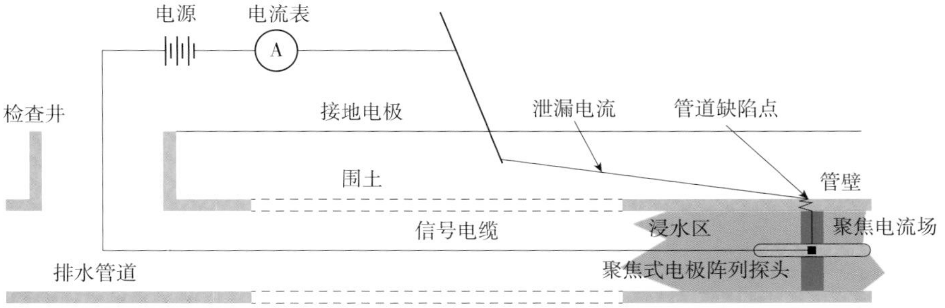

图 8.2-1　电法测漏仪工作原理

8.3　设备类型和技术特点

8.3.1　设备类型

目前主流设备为 X6 管道电法测漏定位仪（图 8.3-1），电法测漏系统包括水下探头、电缆盘、主控制器和接地电极设备。探头可安装在爬行器、牵引车或漂浮筏上，使其在管道内移动，连续采集电流信号。电法测漏检测系统需要与大地连接构成回路，管道周边不同的土质、岩层条件会对检测的电流值造成影响，因此，需要采用特定算法来对检测电流值进行处理，以尽量减小不同的管道外环境对检测结果的干扰，保证检测结果的可靠性与准确性。

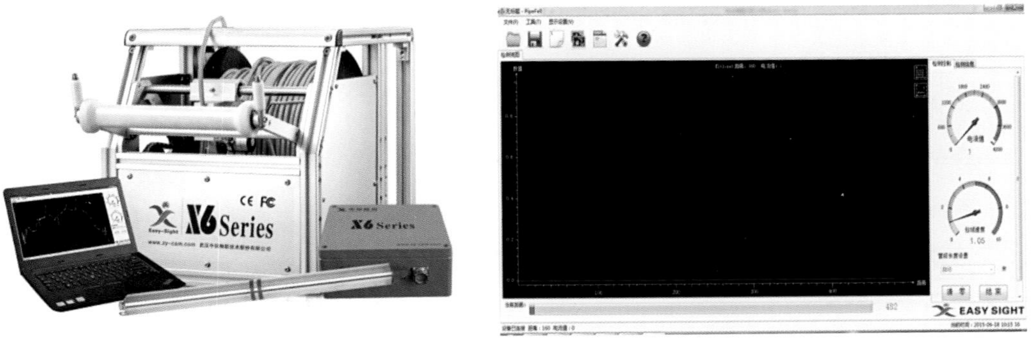

图 8.3-1　X6 管道电法测漏定位仪及分析软件

电法测漏系统的主要技术参数应符合下列规定：

（1）电极的感应范围应大于所需检测管道的规格；

（2）设备感知探头移动的最小距离不大于 1cm；

（3）设备在每个最小移动距离内不少于 1 个采样电流值；

（4）能够通过调节设备来屏蔽不同土质、岩层的阻抗干扰，确保检测结果的准确性。检测设备应与管径相适应，应调节探头的承载设备，使探头基本居于水下中部。检测设备应结构坚固、密封良好，能在 0 ～ +40℃的工况条件下正常工作。探头在管中行进方向宜与水流方向一致，管内水深应大于 300mm。

以下是一款主流设备的技术参数，仅供参考：

（1）主控制器

尺寸：230mm × 200mm × 110mm；

功率：50W；

接口：USB2.0；

重量：3.5kg；

距离计数器：0 ～ 999.99m；

检测精度：1cm；

电源：支持 220V/50Hz 市电接入。内置一块 21V 可充电锂电池，容量不小于 11000mAh，可保证持续工作最少 5h，方便野外环境作业。

（2）电缆盘

计数：高精度（±0.1m）编码器，用于计量电缆盘放线长度；

排线：手动排线装置；

防护：IP63，防尘，防水溅；

兼容性：可适用于多种型号的电缆盘。

（3）电法测漏仪探头

尺寸：总长 900mm，直径 70mm；材质：不锈钢外壳；

防水：IP68；

工作温度：0 ～ 40℃；

存放温度：−20 ～ 70℃；

电源要求：26V 直流（±1V），0.5A 持续，1A 峰值；

移动速度：6m/min；

适用管径范围：75 ～ 1000mm；

软件适用环境：WIN2000、XP、WIN7。

8.3.2　技术特点

电法测漏仪检测的技术特点包括：

（1）厘米级定位泄漏点。

（2）直观，操作简单，没有季节和时间限制。

（3）可以检测多种管径、多种材质的管道。

（4）准备工作少，限制条件少，对管道无损伤。

电法测漏仪检测除了能够提供渗漏位置外，还能够判断渗漏点的级别，评价管道的破损程度，为后续修复提供依据。这种方法适用于水位较深的管道，优势在于可以连续不间断地对管道进行检测，而且能够对检测结果直观展示，而缺点在于非常依赖于水位，对于水面上的管道部分渗漏情况无法检测到。因此，还需要配合 CCTV 检测方法来达到最佳检测效果。

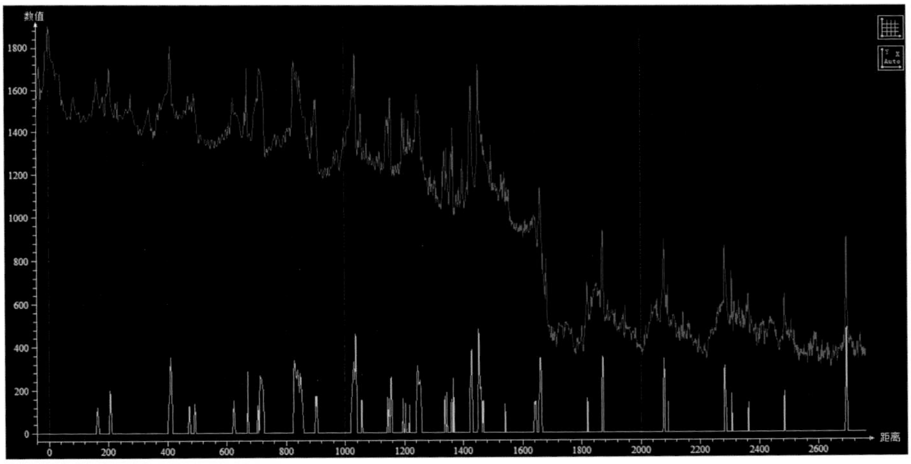

（a）电法测漏仪检测图

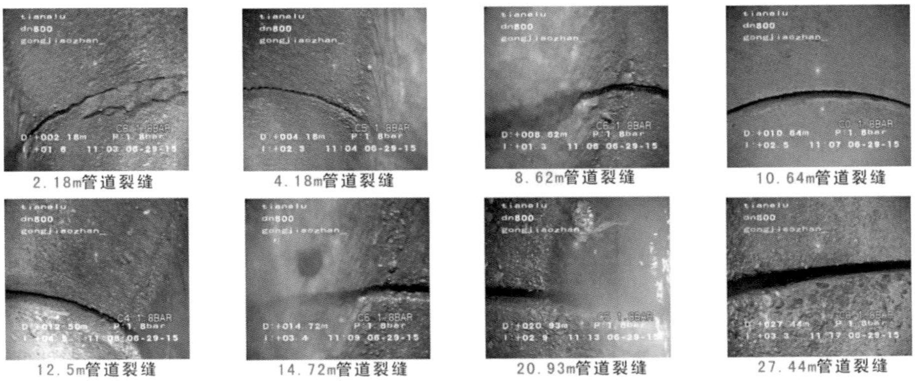

（b）CCTV 检测图

图 8.3-2　电法测漏仪检测与CCTV检测结果对比

某管道工程电法测漏仪检测结果与CCTV检测结果对比如图8.3-2所示，两种方法对比结果是一致的。

8.4 检测方法

管道内壁材料对电流来说应表现为高阻抗，非金属管或包有绝缘材料的金属管道都应是电的不良导体，在管道结构状况完好的情况下保障电流值在较低的区间范围内。故采用电法测漏仪检测管道时，被检测管道应为非金属管道或包有绝缘材料的金属管道。

电法测漏仪检测的必要条件是管道内应有足够的水深，管道漏点检测的范围即为充满水体的部分。300mm的水深是设备淹没在水下的最低要求。

探头的推进方向与水流方向一致时受到的阻力最小，便于检测工作的开展，同时还有利于探头的中轴线与管道的中轴线平行，有利于准确测算探头行进的具体位置。

不同地区的土质、岩层等管道外环境各不相同，在检测之前，应首先调节电法测漏仪的电流值，使其处于合适的范围内，保持检测到的电流值稳定，有利于检测结果的判读。

由于探头的电场形成于探头中部，因此探头检测的起始位置应设置在管口，即将探头的中部与管口对齐，同时将计数器归零。如果管道检测中途停止后需继续检测，则距离应该与中止前距离保持一致，不应重新将计数器归零。

如果受限于实际工作环境而导致探头摆放位置不佳时，可以通过设置偏移值来对初始位置进行调整。

在遇到检查井较深或水体浑浊等视线被遮蔽的情况下，往往无法准确地将探头放置于准确位置。此种情况下，可以将检测曲线整体增减一个偏移量，保持起始位置与实际管口位置一致。

探头推进时，应保持适宜的速度。总体要求是缓慢均匀地行进。探头行进过快会导致采样值的丢失，从而影响到检测精度。

普查是为了某种特定的目的而专门组织的一次性全面调查，工作量大，费用高。根据实践，电法用于管道渗漏检查时，普查的采样点间隔宜为0.1m，其他检测采样点间距宜为5mm，存在异常的管段应加密采样。

某管道工程电法测漏仪检测结果与CCTV检测结果对比如图8.4-1所示。

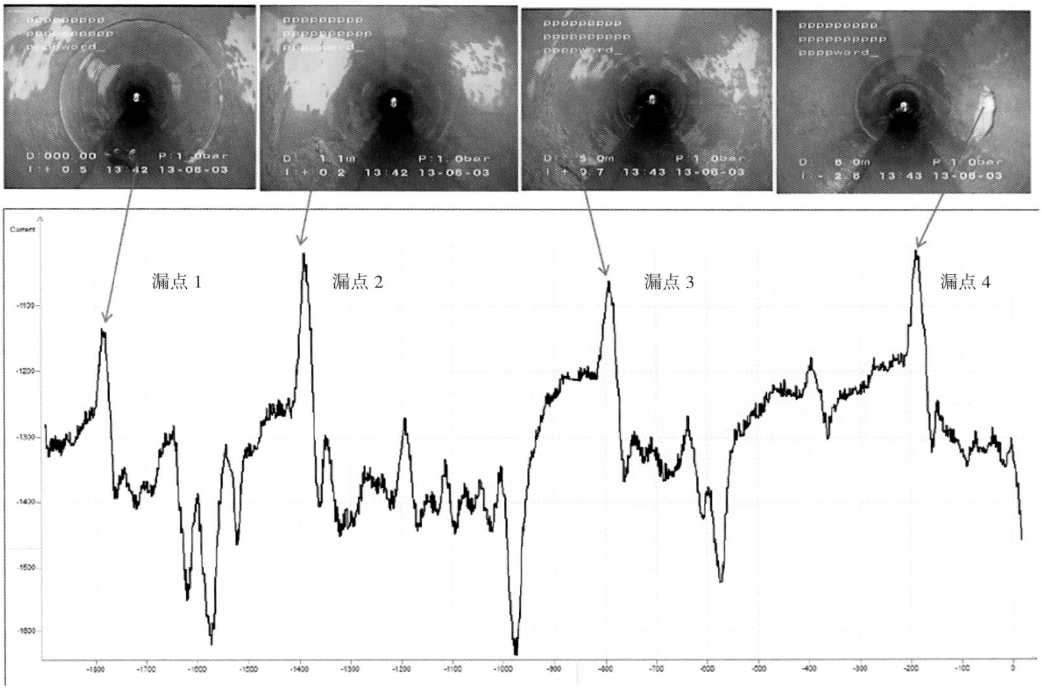

图 8.4-1　电法测漏仪检测与 CCTV 检测结果对比

8.5　市场参考指导价

目前电法测漏仪检测尚无定额，市场参考指导价为 20 ~ 30 元 /m。

第 9 章

管中雷达检测

9.1 概述

近年来，路面塌陷事故频发（图 9.1-1），由此而导致的经济财产与生命损失也与日俱增。地面塌陷是地下岩土体稳定性的破坏与失衡，其原因主要有城市基础设施的破坏（例如管道、暗渠的破损）与人类活动（地铁施工、深基坑施工以及工程质量问题）。据统计，大约 60% 的地面塌陷事故由城市雨污排水管道的破损导致。排水管道的破损会在管道周边空间形成地下病害体（地下病害体包括但不限于土壤富水，土质疏松，管道周边脱空和空洞）。随着时间的推移，此类地下病害体慢慢“发育长大”，进而导致地面塌陷。所以为了防止地面塌陷，避免相应的财产与生命损失，地下管道周边病害体的检测就成为重中之重。

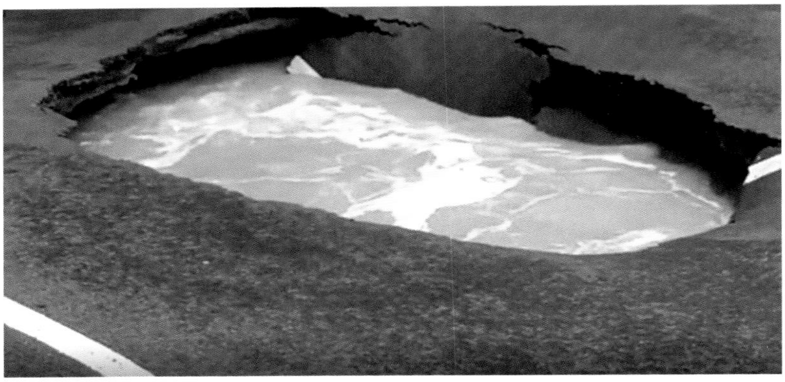

图 9.1-1　路面塌陷事故

地质雷达就是其中一种快捷方便有效的检测方法。传统的地质雷达检测方式通过在地面布设测线，对此类地下病害进行检测。但受限于地质雷达的物理特性，无法兼顾检测深度与检测分辨率，进而导致地质雷达对地下病害的检测深度不够或检测的分辨率不高（无法分辨较小尺寸的地下病害，如小尺寸的脱空和空洞等）。管中雷达检测的思路由此提出。

管中雷达检测主要针对由于城市雨污排水管道破损而在管道周边形成的病害体进行检测。一方面，管中雷达检测从地下病害形成的源头（破损的排水管道）出发，避免了从地面对地下病害进行检测时对检测深度的要求；另一方面，对检测深度要求较低，可以选用较高频率的天线以提高检测的分辨率。高分辨率地质雷达检测不仅可以提高检测结果的清晰度和雷达图谱解译的可信度，也能检测出较小的脱空或空洞，发现隐患于“萌芽”阶段，以达到尽早预防的效果。

综上所述，管中雷达探测的主要功能包括：

（1）对管道周边土壤富水异常进行探测；

（2）对管道周边土质疏松异常进行探测；

（3）对管道周边脱空进行探测；

（4）对管道周边空洞进行探测；

（5）其他特殊用途。

9.2　探测原理

管中雷达检测的探测原理与传统地质雷达的探测原理相同，都是通过向介质中发射一定频率的电磁波，电磁波在不同介质的分界面上（两介质之间的介电常数 ε_1、ε_2 存在明显差异）产生反射。当城市地下雨污排水管道因破损而导致外水内流或内水外流时，水含量的变化会改变破损区域土壤的介电常数，使之与周围土壤的介电常数形成明显差异。当地质雷达的电磁信号传播到此区域时，会在雷达图中形成强烈反射。依据雷达图谱中的不同反射强度、反射样式、反射波的相位变化以及反射信号传播时间，可以判断管道周边的病害类型、位置和大小等信息，如图 9.2-1 所示。

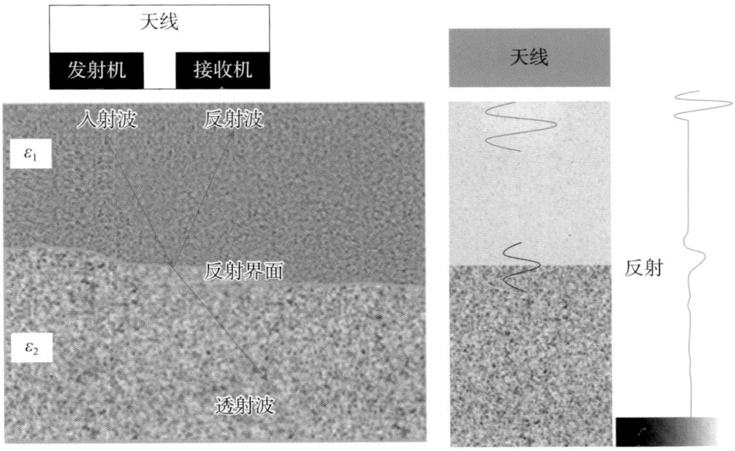

图 9.2-1　地质雷达电磁波反射示意图

反射波的强度由式（9.2-1）中的反射系数 R_i 决定：

$$R_i=\frac{\sqrt{\varepsilon_1}-\sqrt{\varepsilon_2}}{\sqrt{\varepsilon_1}+\sqrt{\varepsilon_2}} \tag{9.2-1}$$

反射系数 R_i 越大，则反射波的振幅越强；反射系数 R_i 越小，则反射波的振幅越小。

当反射系数 R_i 为正时，反射波与入射波的相位相同；当反射系数 R_i 为负时，反射波与入射波的相位相反。

反射目标的深度位置可根据式（9.2–2）来计算：

$$D=v\times\frac{t}{2}=\frac{c}{\sqrt{\varepsilon}}\times\frac{t}{2} \qquad (9.2\text{–}2)$$

式中 D——反射目标的深度位置（m）；

v——电磁波信号在介质中的传播速度（m/s）；

t——电磁波信号从地质雷达天线发射机到反射目标再返回到雷达天线接收机的双程传播时间（s）；

c——电磁波在真空中的传播速度（m/s）；

ε——传播介质的介电常数。

依据式（9.2–2），管中雷达对管道周边病害体进行探测时，病害体与管道之间距离的计算主要取决于对电磁波在管道周边介质中传播速度 v 的估计。传播速度 v 的估计可以根据雷达图中目标的双曲线反射形状来确定，也可以根据传播介质的介电常数来间接计算求得。针对管中雷达的应用情景，土壤介质介电常数的标定可以采用下列方法：

（1）确定管道周边病害体对应的地面位置，从地面钻孔取芯取样，进行介电常数标定。

（2）利用已知距离目标体的反射，来反算波速和传播介质的介电常数。例如当已知深度的管道反射在雷达图中清晰呈现时，就可以根据已知深度，来反算雷达信号在地面与管道之间介质中传播的速度，并进一步计算介质的介电常数。

（3）其他介电常数标定方法。

常见地下介质种类及其相对介电常数见表 9.2–1。

常见地下介质种类及其相对介电常数 表 9.2–1

介质	相对介电常数
空气	1
淡水	81
海水	70
干砂	2.6
湿砂	25
干砂土	2.5
湿砂土	19
干黏土	2.4
湿黏土	15

续表

介质	相对介电常数
沥青（干燥）	2 ~ 4
沥青（潮湿）	10 ~ 20
混凝土（干燥）	4 ~ 10
混凝土（潮湿）	10 ~ 20
花岗石（湿）	7
石灰石（湿）	8

9.3　设备类型和技术特点

9.3.1　设备类型

管中雷达探测设备（图 9.3-1）主要由驱动机构、地质雷达搭载平台、控制终端系统和线缆传输系统组成。驱动机构负责整个探测设备在管道中的行进与后退等；地质雷达搭载平台搭载地质雷达系统，并负责完成相关地质雷达探测动作；控制终端系统通过人机交

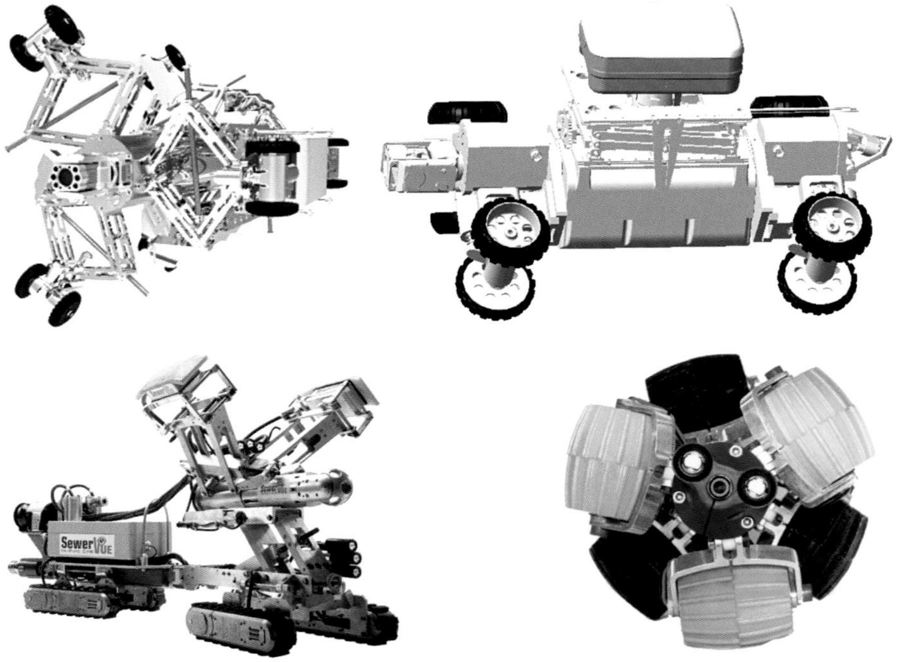

图 9.3-1　管中雷达探测设备

互控制驱动机构的行动并控制地质雷达的探测动作；线缆传输系统主要负责探测设备和地面控制系统之间的电力传输和信号传输。

管中雷达探测设备搭载地质雷达进入地下管道中，通过控制终端对探测设备下发命令控制驱动机构在管道中行进，同时控制地质雷达系统对管道周边进行探测，并将探测到的雷达图通过线缆实时传输到地面控制终端，以供技术人员进一步分析处理。

管中雷达探测时宜满足以下条件：

（1）被探测管道内水位不宜大于管道直径的 20%。当管道内水位不符合要求时，探测前应对管道实施封堵、导流，使管道内水位满足探测要求。

（2）被探测管道内淤积面不宜高于管道直径的 20%。当管道内淤积面不符合要求时，探测前应对管道实施疏通、清洗，使管道内淤积满足探测要求。

（3）管中雷达探测范围内不宜存在大范围高导电屏蔽层或较强的电磁干扰。

9.3.2 技术特点

管中雷达探测的技术特点包括：

（1）管中雷达探测设备具有前进、后退、变速、停止、防侧翻等功能。

（2）设备驱动机构能够适应不同管径的被探测管道，以保证管中雷达探测设备在被探测管道中行进时的稳定性。

（3）设备能使地质雷达天线紧密贴合被探测管道内表面，并根据被探测管道的不同管径，自适应调整。

（4）设备能使地质雷达天线满足沿管道轴向和环绕管道圆周两个方向的测量。

（5）主控制器具有在显示器上同步显示日期、时间、管径、在管道内行进距离等信息的功能，并同步显示地质雷达采集到的雷达图。

（6）主控制器具有对雷达图的基本处理功能。

（7）设备同时具备测距功能。

（8）地质雷达探测设备的主要技术指标如表 9.3-1 所示。

地质雷达探测设备主要技术指标　　表 9.3-1

项目	技术指标
AD 位数	≥ 16 位
系统增益	≥ 150dB
信噪比	≥ 110dB

续表

项目	技术指标
最大动态范围	≥ 120dB
最小时间采样间隔	≤ 0.5ns
工作温度	−10 ~ +40℃

9.4　探测方法

工程现场对管道进行地质雷达探测的基本步骤和内容包括：

（1）设立施工围栏和安全标示，必要时可按相关部门指示，封闭道路后再作业；

（2）打开检查井盖，对被探测管道进行强制通风；

（3）进行有毒、有害气体探测，在确认被探测管道和井内无有毒、有害气体后方可开展探测工作；

（4）对管道进行预处理，如封堵、吸污、清洗、抽水等；

（5）在地面对管中雷达探测设备进行连接调试；

（6）管中雷达探测设备下井；

（7）对管道进行探测（图 9.4-1），并同时对雷达图进行初步判读，对发现的反射异常区域应记录在现场记录表中；

（8）对介电常数进行标定；

图 9.4-1　管中雷达探测设备在管道中工作

（9）探测完成后，及时对设备进行清理和保养；

（10）进行内业图谱判读并完成评估报告；

（11）如有必要，对报告中的反射异常区域进行返工详查。

管中雷达探测设备从管道中对周边常见病害体进行探测的典型雷达反射图谱可参见表9.4-1。表9.4-1中所有雷达图均为管中雷达探测设备在管道内部沿轴向进行探测时所获得，雷达图中红色虚线为地质雷达直达波，即管内壁的位置。

管道周边病害及其典型反射图谱　表 9.4-1

雷达图谱	病害类型	解释说明
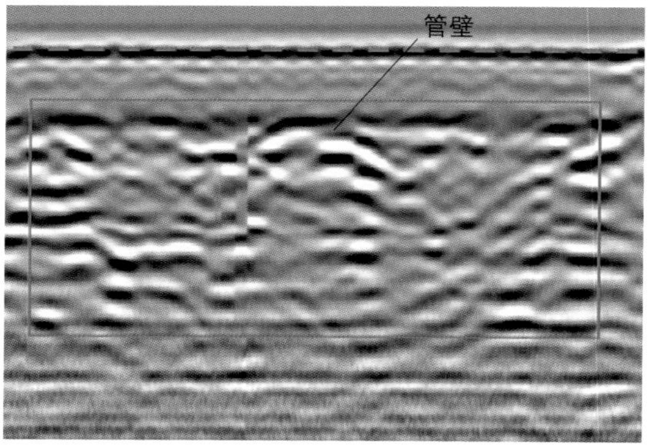	土质疏松	管道周边土质疏松在雷达图中形成的无规律、杂乱反射波形
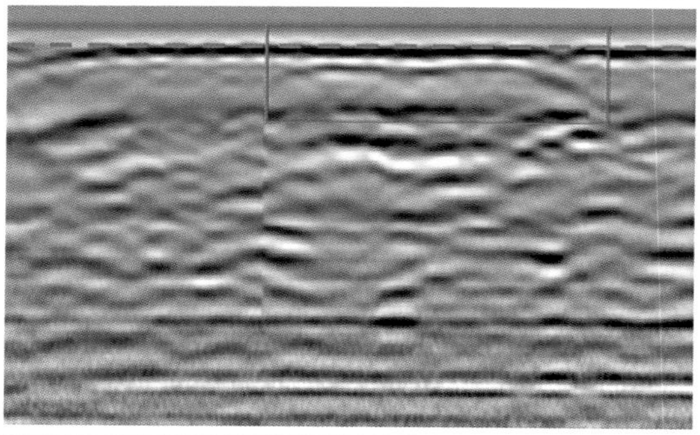	脱空	紧贴管道外壁的脱空在雷达图中形成的连续强反射
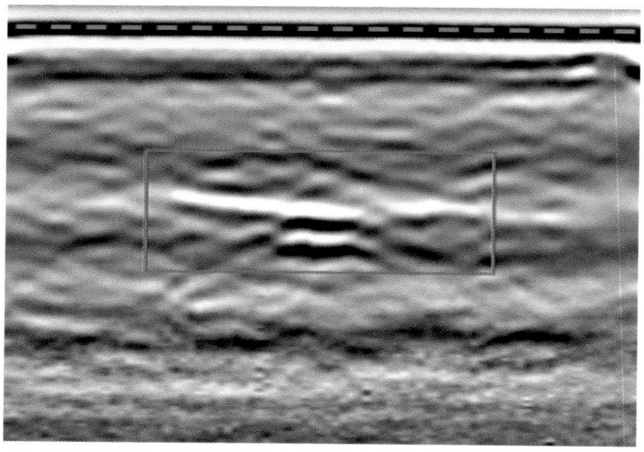	脱空	管道周边脱空在雷达图中形成的连续强反射

续表

雷达图谱	病害类型	解释说明
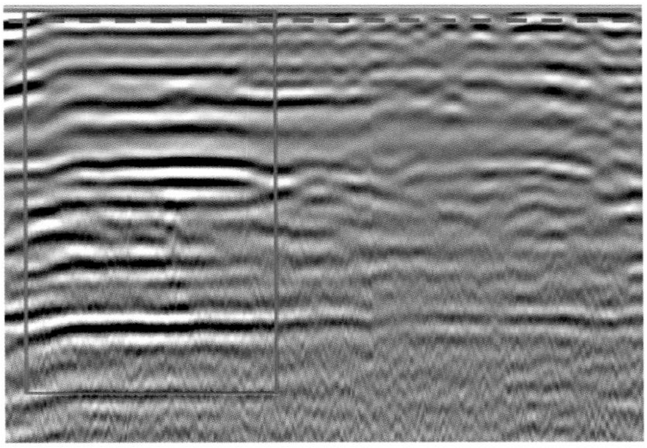	脱空	管道外部的大范围脱空在雷达图中形成的多次强反射
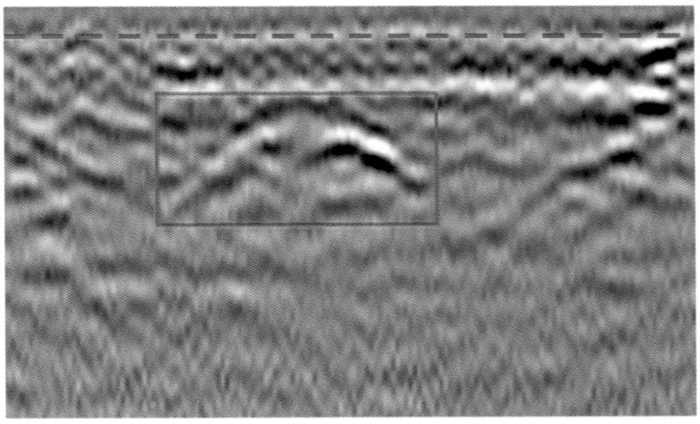	空洞	紧贴管道外壁的独立球形空洞在雷达图中形成的弧形反射
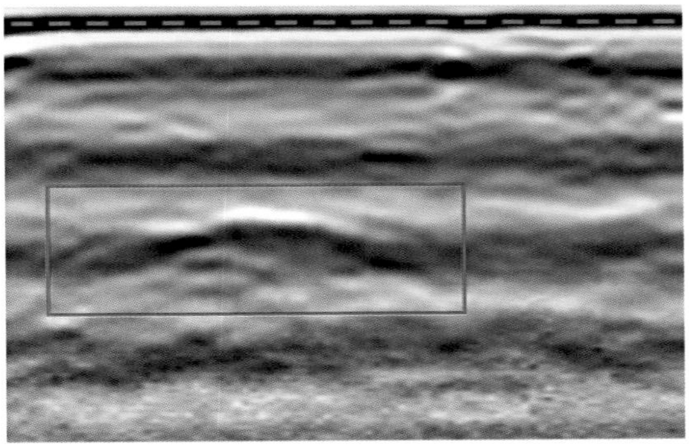	空洞	管道周边的独立球形空洞在雷达图中形成的弧形反射

9.5 市场参考指导价

管中雷达探测的主要工作内容包括启闭井盖、强制通风、有毒有害气体探测、设备调试、探测设备下井、管道周边病害探测、设备清理、图谱判读、完成评估报告等。工作量定额可参考表 9.5-1，计价定额参见表 9.5-2。

管中雷达探测工作量定额 表 9.5–1

管中雷达探测			计量单位（100m）
分类	名称	单位	消耗量
人工	综合工日	工日	5.00
材料	其他材料费	元	1000.00
机具	管中雷达探测设备	台班	0.80
	液压动力渣浆泵（4 寸）	台班	0.80
	有害气体检漏仪	台班	0.80
	轴流通风机（功率 7.5W）	台班	0.80
	载货汽车（装载质量 5t）	台班	0.80

管中雷达探测计价定额 表 9.5–2

管中雷达探测（100m）	费用（元）
人工费	535.00
材料费	1000.00
机具费	10000.00
安全文明施工费	800.00
企业管理费	1500.00
利润	1500.00
规费	200.00
增值税	1398.15
合计	16933.15

第10章

传统方法检查

排水管道检测已有很长的历史，而在新检测技术广泛应用之前，传统检测方法起到关键性的作用。传统检测方法适用范围窄，局限性大，很难适应管道内水位很高的情况，但在很多地方依然可以配合使用。以下是几种主要传统方法简介：

（1）目测法：观察同条管道窨井内的水位，确定管道是否堵塞。观察窨井内的水质，上游窨井中为正常的雨、污水，而下游窨井内流出的是黄泥浆水，则说明管道中间有穿孔、断裂或坍塌。

（2）反光镜检查：借助日光折射，目视观察管道堵塞、坍塌、错位等情况。

（3）人员进入管内检查：在缺少检测设备的地区，对于大口径管道可采用该方法，但要采取相应的安全预防措施，包括暂停管道的服务、确保管道内没有有毒有害气体（如硫化氢），这种方法适用于管道内无水的状态下。

（4）潜水员进入管内检查：如果管道的口径大且管内水位很高或者满水的情况下，可以采用潜水员进入管内潜水检查，但是由于水下能见度差，潜水员检查主要靠手摸，凭感觉判断管道缺陷，对缺陷定义因人而异，缺陷描述主要是靠检查人员到地面后凭记忆口述，准确性差；水下作业安全保障要求高，费用大。

（5）量泥斗检测：主要用于检测窨井和管口、检查井内和管口内的积泥厚度。

传统检测方法虽然简单、方便，在条件受到限制的情况下可起到一定的作用，但有很多局限性，已不适应现代化排水管网管理的要求。排水管道传统检测方法及特点见表 10-1。

排水管道传统检测方法及特点　　表 10-1

检测方法	适用范围和局限性
人员进入管道检查	管径较大、管内无水、通风良好。优点是直观，且能精确测量；但检测条件较苛刻，安全性差
潜水员进入管道检查	管径较大，管内有水，且要求低流速。优点是直观；但无影像资料、准确性差
量泥杆（斗）法	检测井和管道口处淤积情况。优点是直观速度快；但无法测量管道内部情况，无法检测管道结构损坏情况
反光镜法	管内无水，仅能检查管道顺直和垃圾堆集情况。优点是直观、快速，安全；但无法检测管道结构损坏情况，有垃圾堆集或障碍物时，则视线受阻

10.1 目视检查

本节规定了地面巡视检查的内容和要求，人员进入管内检查时对缺陷的记录要求、对防护设备的要求、对人员数量的要求以及管道安全性的注意事项。

1. 地面巡视检查

地面巡视检查应符合下列规定：

（1）地面巡视主要内容应包括：

1）管道上方路面沉降、裂缝和积水情况；

2）检查井冒溢和雨水口积水情况；

3）井盖、盖框完好程度；

4）检查井和雨水口周围的异味；

5）其他异常情况。

（2）地面巡视检查应按相关规定填写检查井检查记录表和雨水口检查记录表。

（3）地面巡视检查可以观察沿线路面是否有凹陷或裂缝及检查井地面以上的外观情况。

2. 人员进入管道检查

人员进入管道检查时，应采用摄像或摄影的记录方式，并应符合下列规定：

（1）应制作检查管段的标示牌，标示牌的尺寸不宜小于 210mm × 147mm。标示牌应注明检查地点、起始井编号、结束井编号、检查日期。

（2）当发现缺陷时，应在标示牌上注明距离，将标示牌靠近缺陷拍摄照片，记录人应按 CJJ 181 规程的要求填写现场记录表。

（3）照片分辨率不应低于 300 万像素，录像的分辨率不应低于 30 万像素。

（4）检测后应整理照片，每一处结构性缺陷应配正向和侧向照片各不少于 1 张，并对应附注文字说明。

人员进入管道检查时，要求采用摄影或摄像的方式记录缺陷状况。距离标示（包括垂直标线、距离数字）与标示牌相结合，所拍摄的影像资料才具有可追溯性的价值，才能对缺陷反复研究、判读，为制定修复方案提供真实可靠的依据。文字说明应按照现场检测记录表的内容详细记录缺陷位置、属性、代码、等级和数量。

3. 防护设备要求

进入管道的检查人员应使用隔离式防毒面具，携带防爆照明灯具和通信设备。在管道检查过程中，管内人员应随时与地面人员保持通信联系。

运行的管道内经常存在有毒、有害、可燃气体，且下水道内工作环境恶劣，有很多的污染物或污秽物。在进行检测的过程中使用的照明、通信工具及其防水、防爆性能均应符合要求。过滤式呼吸防护器是以佩戴者自身呼吸为动力，将空气中有害物质予以过滤净化。适用于空气中有害物质浓度不是很高，且空气中含氧量不低于18%的场所。过滤式呼吸防护器有机械过滤式和化学过滤式两种。机械过滤式主要为防御各种粉尘和烟雾等质点较大的固体有害物质的防尘口罩，其过滤净化全靠多孔性滤料的机械式阻挡作用，如一般纱布口罩。化学过滤式即一般所说的防毒面具，由薄橡皮制的面罩、短皮管、药罐三部分组成，或在面罩上直接连接一个或两个药盒，如果某些有害物质并不刺激皮肤或黏膜，就不用面罩，只用一个连储药盒的口罩（也称半面罩）。检测人员下到管道内检测时要保证充足的氧气供给检测人员。下水道内氧气浓度低，过滤式防毒面具是通过过滤吸附有毒气体，具有单一性，每一种过滤式呼吸器只能过滤一种有毒有害气体，不能补充多余的氧气。由于排水管道中水质复杂，容易产生多种有毒有害气体，如硫化氢、一氧化碳、氰化氢、有机气体等，很难保证井下作业人员的安全，所以根据标准规定在IDLH（高危）环境中作业不应使用过滤式呼吸防护用品。

隔离（也称供气）式呼吸防护器吸入的空气并非经净化的现场空气，而是另行供给。按其供气方式又可分为自带式与外界输入式两类。自带式由面罩、短导气管、供气调节阀和供气罐组成。

供气罐固定于工人背部或前胸，其呼吸通路与外界隔绝，有两种供气形式：

（1）罐内盛压缩氧气（空气）供吸入，呼出的二氧化碳由呼吸通路中的滤料（钠石灰等）除去，再循环吸入；

（2）罐中盛过氧化物（如过氧化钠、过氧化钾）及小量铜盐作触媒，借呼出的水蒸气及二氧化碳发生化学反应，产生氧气供吸入。

输入式由面罩和面罩相接的长蛇管组成，蛇管固定于腰带上的供气调节阀上。蛇管末端接油—水—尘屑分离器，其后再接输气的压缩空气机或鼓风机（冬季还需在分离器前加空气预热器）。鼓风机蛇管长度不宜超过50m，用空气压缩机蛇管可长达100 ~ 200m。

隔离式防毒面具是一种使呼吸器官可以完全与外界空气隔绝，面具内的储氧瓶或产氧装置产生的氧气供人呼吸的个人防护器材。这种供氧面具可以提供充足的氧气，通过面罩保证了人体呼吸器官及眼面部与环境危险空气之间较好的隔绝效果、具备较高的防护系数，多使用于环境空气中污染物毒性强、浓度高、性质不明或氧含量不足等高危险性场所、受作业环境限制而不易达到充分通风换气的场所以及特殊危险场所作业或救援作业。当使用供压缩空气的隔离式防护装具时，应由专人负责检查压力表，并做好记录。

氧气呼吸器也称贮氧式防毒面具，以压缩气体钢瓶为气源，钢瓶中盛装压缩氧气。根据呼出气体是否排放到外界，可分为开路式和闭路式氧气呼吸器两大类。前者呼出气体直接经呼气活门排放到外界，由于使用氧气呼吸装具时呼出的气体中氧气含量较高，造成排水管道内的氧含量增加，当管道内存在易燃易爆气体时，氧含量的增加导致发生燃烧和爆炸的可能性加大。

基于以上因素，在井下作业时，应使用隔离式防护面具，不应使用过滤式防毒面具和半隔离式防护面具以及氧气呼吸设备。在管道检查过程中，地面人员应密切注意井下情况，不得擅自离开，随时使用有线或无线通信设备进行联系。当管道内人员发生不测时，及时救助，确保管内人员的安全。

4. 人员数量要求

进入管内检查宜 2 人同时进行，地面辅助、监护人员不应少于 3 人。

管内检查要求 2 人一组同时进行，主要是控制灯光、测量距离、画标示线、举标示牌和拍照需要互相配合，另外对于不安全因素能够及时发现，互相提醒；地面配备的人员应由联系观察人员、记录人员和安全监护人员组成。

5. 管道安全性注意事项

下井作业工作环境恶劣，工作面狭窄，通气性差，作业难度大，工作时间长，危险性高，有的存有一定浓度的有毒有害气体，作业稍有不慎或疏忽大意，极易造成操作人员中毒的死亡事故。因此，井下作业如需时间较长，应轮流下井，如井下作业人员有头晕、腿软、憋气、恶心等不适感，必须立即上井休息。检查人员自进入检查井开始，在管道内连续工作时间不超过 1h，这既是保障检查人员身心健康和安全的需要，也是保障检测工作质量的需要。当进入管道的人员遇到难以穿越的障碍时，不得强行通过，应立即停止检测。

基坑工程特别是深基坑工程，坑壁变形、坑壁裂缝、坑壁坍塌的事情时有发生，当待检管道邻近基坑或水体时，应根据现场情况对管道进行安全性鉴定后，检查人员方可进入管道。

10.2　简易工具检查

传统的管道检测方法有很多，除了直接目视检查以外，用一些简单的工具进行检查，其适用范围和局限性也各有特点，但这些方法其适用范围很窄，局限性很大，存在人身不安全、病害不易发现、判断不准确等诸多弊病。本节对竹片或钢带检查、反光镜检查、量泥斗检查、通沟球（环）检查和激光笔检查的基本要求进行了规定。

应根据检查的目的和管道运行状况选择合适的简易工具。各种简易工具适用范围宜符合表 10.2-1 的要求。

简易工具适用范围　　表 10.2-1

简易工具	中小型管道	大型以上管道	倒虹管	检查井
竹片或钢带	适用	不适用	适用	不适用
反光镜	适用	适用	不适用	不适用
Z 字形量泥斗	适用	适用	适用	不适用
直杆形量泥斗	不适用	不适用	不适用	适用
通沟球（环）	适用	不适用	适用	不适用
激光笔	适用	适用	不适用	不适用

1. 竹片或钢带检查

用人力将竹片或钢带等工具推入管道内，顶推淤积阻塞部位或扰动沉积淤泥，既可以检查管道阻塞情况，又可达到疏通的目的。竹片至今还是我国疏通小型管道的主要工具。竹片（玻璃钢竹片）检查或疏通适用于管径为 200 ~ 800mm 且管顶距地面不超过 2m 的管道。

当检查小型管道阻塞情况或连接状况时，可采用竹片或钢带由井口送入管道内的方式进行，人员不宜下井送递竹片或钢带。

竹片（玻璃钢竹片）具有疏通管道和检查管道是否堵塞的作用。利用天然竹片、玻璃钢竹片或钢带的韧性和硬度，人工使其穿入管道内，顶推淤积阻塞部位或扰动沉积泥，也可以达到检查的目的。

管道进行竹片（玻璃钢竹片）检查的适用条件包括：

（1）管径为 200 ~ 800mm 的管道断面；

（2）管顶距地面不超过 2m。管道的竹片（玻璃钢竹片）检查和疏通的限制：推力小、竹片截面积小，触探堵塞的准确率和扰动积泥有限。

2. 反光镜检查

在管内无水或水位很低的情况下，可采用反光镜检查。

通过反光镜把日光折射到管道内，观察管道的堵塞、错口等情况。采用反光镜检查时，打开两端井盖，保持管内足够的自然光照度，宜在晴朗的天气时进行。反光镜检查适用于直管，较长管段则不适合使用。镜检用于判断管道是否需要清洗和清洗后的评价，能发现管道的错口、径流受阻和塌陷等情况。

3. 量泥斗检查

量泥斗可用于检测管口或检查井内的淤泥和积沙厚度。当采用量泥斗检查时，应符合下列规定：

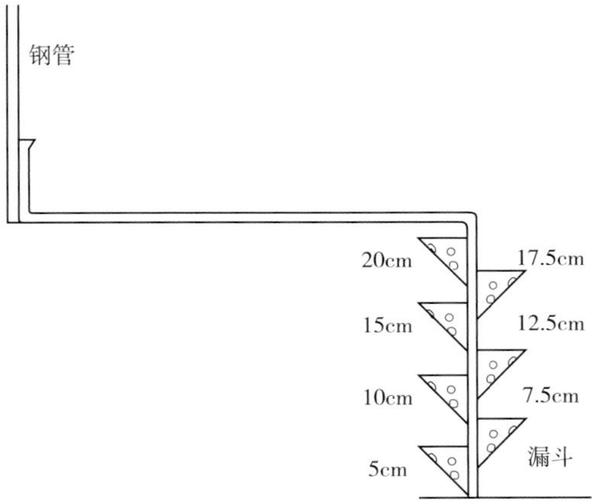

图10.2-1 Z字形量泥斗构造图

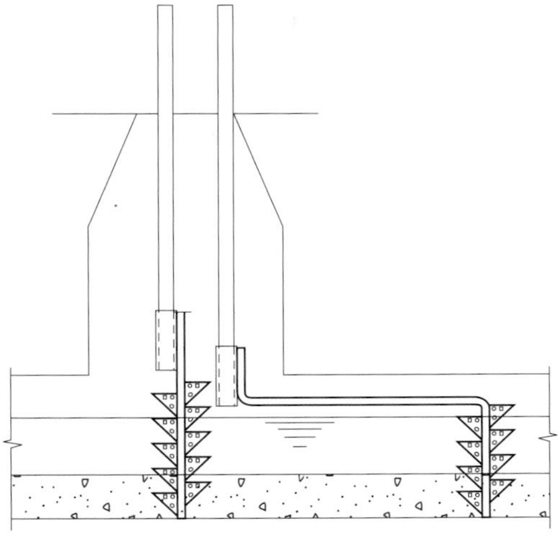

图10.2-2 量泥斗检查示意图

（1）量泥斗用于检查井底或离管口500mm以内的管道内软性积泥量测；

（2）当使用Z字形量泥斗检查管道时，应将全部泥斗伸入管口取样；

（3）量泥斗的取泥斗间隔宜为25mm，量测积泥深度的误差应小于50mm。

量泥斗在上海的应用大约始于20世纪50年代，适用于检查稀薄的污泥。量泥斗主要由操作手柄、小漏斗组成；漏斗滤水小口的孔径大约3mm，过小来不及漏水，过大会使污泥流失；漏斗上口离管底的高度依次为5cm、7.5cm、10cm、12.5cm、15cm、17.5cm、20cm、22.5cm、25cm，参见图10.2-1。量泥斗按照使用部位可分为直杆形和Z字形两种，前者用于检查井积泥检测，后者用于管内积泥检测；Z字形量斗的圆钢被弯折成Z字形，其水平段伸入管内的长度约为50cm；使用时漏斗上口应保持水平，参见图10.2-1和图10.2-2。

4. 通沟球（环）检查

在通沟球（环）检查前，需进行现场准备，包括去除管道内的清淤物、对管道进行洗刷等操作，确保通球顺畅。

5. 激光笔检查

当采用激光笔（图10.2-3）检查时，管内水位不宜超过管径的三分之一。

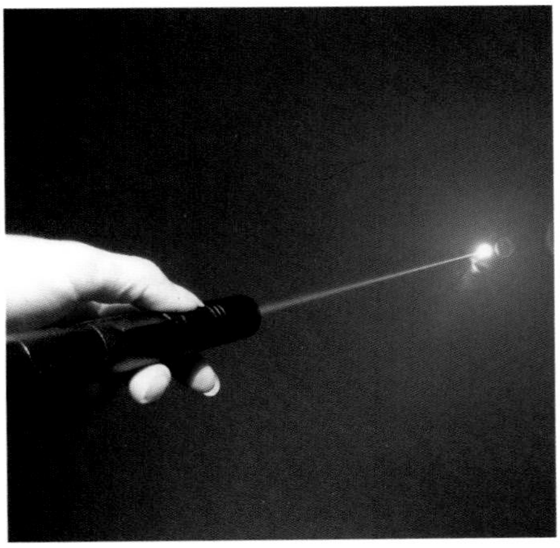

图10.2-3 激光笔

激光笔是能发出低能激光束的笔状物体，按光的频率划分又可以分为蓝光、绿光、红光激光笔。蓝光及绿光激光笔则因为其穿透性强，光线凌厉，在一端检查井内用激光笔沿管道射出光线，另一端检查井内能否接收到激光点，可以检查管道内部的通透性情况。

10.3 潜水检查

潜水检查用于人员可进入的大口径管道，通过潜水员手摸管道内壁判断管道是否堵塞、错位的一种方法。此方法具有一定的盲目性，不但费用高，而且无法对管道内的状况进行正确、系统的评估，无法满足现代数字市政管理的要求。本节对潜水检查的适用条件、潜水检查的步骤以及中止检查的几种主要情形作了规定。

采用潜水检查的管道，其管径不得小于1200mm，流速不得大于0.5m/s。

按照《城镇排水管渠与泵站运行、维护及安全技术规程》CJJ 68—2016的规定，由于潜水检查需要人员进入管内，且人员要背负潜水设备，故潜水检查的管径不能太小。

潜水检查仅可作为初步判断重度淤积、异物、树根侵入、塌陷、错口、脱节、胶圈脱落等缺陷的依据。当需确认时，应排空管道并采用电视检测。

大管径排水管道由于封堵、导流困难，检测前的预处理工作难度大，特别是满水时为了急于了解管道是否出现问题，有时采用潜水员触摸的方式进行检测。潜水检查一般是潜水员沿着管壁逐步向管道深处摸去，检查管道是否出现裂缝、脱节、异物等状况，待返回地面后凭借回忆报告自己检查的结果，主观判断占有很大的因素，具有一定的盲目性，不但费用高，而且无法对管道内的状况进行正确、系统的评估。当发现缺陷后应采用电视检测方法进行确认。

潜水检查应按下列步骤进行：

（1）获取管径、水深、流速数据，当流速大于0.5m/s时，应做减速处理；

（2）穿戴潜水服和负重压铅，拴安全信号绳并通气作呼吸检查；

（3）调试通信装置使之畅通；

（4）缓慢下井；

（5）管道接口处逐一触摸；

（6）地面人员及时记录缺陷的位置。

每次潜水作业前，潜水员必须明确了解自己的潜水深度、工作内容及作业部位。在潜水作业前，须对潜水员进行体格检查，并仔细询问饮食、睡眠、情绪、体力等情况。

潜水员在潜水前必须扣好安全信号绳，并向信绳员讲清操作方法和注意事项。潜水员发现情况时，应及时通过安全信号绳或用对讲机向地面人员报告，并由地面记录员当场记录。

当采用空气饱和模式潜水时，潜水员宜佩戴轻型全面罩（图 10.3-1 和图 10.3-2），潜水员呼吸应由地面储气装置通过脐带管供给，气压表在潜水员下井前应进行调校。在潜水员下潜作业中，应由专人观察气压表。

当采用自携式呼吸器进行空气饱和潜水时，潜水员本人在下水前应佩戴后仔细检查呼吸设备。

潜水员发现问题及时向地面报告并当场记录，目的是避免回到地面凭记忆讲述时会忘记许多细节，也便于地面指挥人员及时向潜水员询问情况。

当遇下列情形之一时，应中止潜水检查并立即出水回到地面。

（1）遭遇障碍或管道变形难以通过；

（2）流速突然加快或水位突然升高；

（3）潜水检查员身体突然感觉不适；

（4）潜水检查员接地面指挥员或信绳员停止作业的警报信号。

图 10.3-1　轻型全面罩

图 10.3-2　佩戴轻型全面罩的潜水员

第 11 章

探地雷达检测

11.1 概述

近年来我国城市路面塌陷进入集中爆发的高峰期，遍及全国各省市，较为典型的事故有：2018 年的 2・7 佛山塌陷事故、10・7 四川达州塌陷事故，2019 年 12・1 广州道路塌陷事故，以及 2021 年 1・13 西宁塌陷事故，共造成 29 人死亡，25 人受伤。据中国测绘学会地下管线专业委员会不完全统计，自 2019 年 1 月至 2020 年 5 月 10 日，仅媒体报道的全国范围内道路塌陷事故就达 165 起。关于路面塌陷的原因，目前公认的有两个：一是城市地下空间资源短时间大规模开发利用，改变了原有的水文地质条件；二是既有排水管线设计标准低，城市规模扩张导致排水压力剧增，加之受到交通荷载、施工荷载、水文地质条件变化的影响，管道开裂渗漏，附近土体被水流带走掏空。总之，城市规模越大，建设速度越快，出现路面塌陷的概率就越大。

从排水管道检测手段来讲，目前仍以管道内窥为主，它仅能通过管道内流砂，沉积现象来判断周边土体是否有掏空的现象，对空洞的发展程度、规模没有直观的反映，另外在水流速度较大时，管道内观察不到泥沙沉积而周边土体已被水流逐渐掏空，仅通过内窥不能检测出此类情况，因此需要引进物探手段对管道周边土体病害进行补充检测。

探地雷达检测是城市道路塌陷灾害普查探测的首选技术手段，也是唯一在国内外城市道路塌陷普查探测工程实践中大量应用并取得成果的工程物探方法，已在国内外广泛推广使用，车载雷达的购置费用约 500 ~ 600 万元 / 台，三维雷达车较二维雷达车更贵，成像更清晰和直观，但受天线频率的限制，三维雷达车的有效探测深度多在 2m 以内，二维雷达车可采用多种频率的天线，有效探测深度可达 5 ~ 6m，目前两种设备在国内均有使用。

适合探地雷达检测的土体病害应符合下列条件：

（1）土体病害的几何尺寸与其埋藏深度或探测距离之比不应小于 1/5；

（2）土体病害激发的异常场能够从干扰背景场中分辨。

11.2 检测原理

探地雷达检测是通过雷达天线发射高频电磁脉冲来探测地下目标体。雷达发射的脉冲遇到地下各种界面产生反射，返回到地面被雷达接收机接收（图 11.2-1）。反射界面可以是地下空洞顶面、土岩分界面、人工物体或者任何其他具有介电性对比特性的界面。

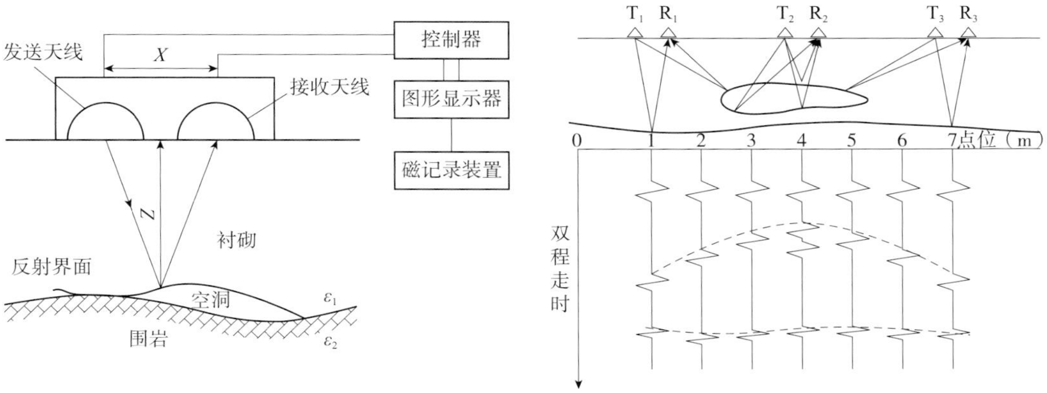

X—控制器之间的距离；Z—反射点到地面的距离；ε_1，ε_2—不同介质类型；

T_1，T_2，T_3—发射极；R_1，R_2，R_3—接收极

图 11.2-1　探地雷达检测原理

雷达信号通过贴近地表的天线传递到地面，发射天线或另一个单独的接收天线都可以接收到反射信号。图形记录器会对接收的信号进行处理，然后显示出来。由于天线（或者天线对）沿着表面移动，所以图形记录器显示结果为截面记录或地面雷达图像。由于在地质雷达相对大多数土层物质表现短波长，所以对界面和独立目标体的分辨率极佳。然而，由于在土层中信号衰减很快，所以穿透深度很少超过 20m。

11.3　设备类型和技术特点

探地雷达检测设备主机的技术指标应符合下列规定：

（1）系统增益不低于 150dB；

（2）信噪比不低于 120dB，最大动态范围不低于 150dB；

（3）系统应具有可选的信号叠加、时窗、实时滤波、增益、点测或连续测量、位置标记等功能；

（4）计时误差不应大于 1.0ns；

（5）最小采样间隔应达到 0.5ns，A/D 转换不应低于 16bit；

（6）工作温度：−10 ~ 40℃；

（7）具有现场数据处理和实时显示功能，并包含多种可供选择的方式。

探地雷达天线应具有屏蔽功能，其中心频率、探测深度、精度及配置要求应按表 11.3-1 选用。当多个频率的天线均能满足探测深度要求时，应选择频率相对较高的天线。

探地雷达天线中心频率、探测深度、精度及配置要求　　表 11.3–1

天线中心频率（MHz）	探测深度（m）	探测精度（m）	配置要求
100 ~ 200	10	0.40	不少于 1 种
400 ~ 500	5	0.25	不少于 1 种
600 ~ 1000	2	0.10	不少于 1 种

11.4　检测方法

探地雷达检测现场的工作分为普查和详查两种工作方式，应根据不同的检测对象和不同检测阶段采用相应的检测方式。测线布设应覆盖整个探测区域，普查时应以平行管道走向布置测线，100 ~ 200MHz 天线测线间距不宜大于 4m，400 ~ 500MHz 天线测线间距不宜大于 2m；详查时，应布置测线网格，100 ~ 200MHz 天线测线间距不宜大于 2m，400 ~ 500MHz 天线测线间距不宜大于 1m，600MHz ~ 1GHz 天线测线间距不宜大于 0.5m。

根据普查分析结果，经过现场雷达详查，在分析综合资料的基础上，充分考虑探测结果的内在联系与可能存在的干扰因素，充分考虑地球物理方法的多解性造成的干扰异常，正确、有效识别异常。对探地雷达图谱异常体特征的识别，应从地球物理特征、波组形态、振幅和相位特性、吸收衰减特性等方面进行识别判定。异常属性划分为：疏松、富水。

疏松一般理解为在含水量一致的土体中密实度小于周边土体的区域，可分为轻微疏松、中等疏松、严重疏松、空洞，其识别特征为：

（1）地球物理特征：疏松土体的介电常数要小于周边密实土体的介电常数，疏松程度越严重，其与周边土体的电性差异越大。

（2）波组形态：疏松异常在探地雷达图谱上的形态特征主要取决于疏松的形状、大小以及疏松程度，若疏松内部介质不均匀，会造成波组的杂乱，波组杂乱程度随疏松程度的加大而加剧。

（3）振幅和相位特性：电磁波从介电常数大（波速小）的土体进入介电常数小（波速大）的土体时，反射系数为正，疏松顶面反射波与入射波同相，底面反射波与入射波反相，反射波的振幅大小与介电常数差异呈正比，与深度成反比。

（4）吸收衰减特性：疏松程度越严重，表明疏松土体中孔隙比越大，反射波的能量随着疏松程度的加剧而增强。

富水一般理解为土体中含水量高于周边土体的区域，可分为一般富水、严重富水，其识别特征为：

（1）地球物理特征：富水异常土体中的含水量大于周边土体的含水量，即富水异常的介电常数要大于周边土体的介电常数，且富水异常中含水量越高，其电性差异就越大。

（2）波组形态：富水异常在探地雷达图谱上的形态特征主要取决于异常的形状和大小，因为电磁波在水中的快速衰减，导致富水异常的波组显示主要为顶面的反射波形态，顶面下部反射波由于快速衰减，显示较弱。

（3）振幅和相位特性：电磁波从介电常数小（波速大）的土体进入介电常数大（波速小）的工体时，反射系数为负，富水异常顶面反射波与入射波反相，底面反射波与入射波同相；反射波的振幅大小与介电常数差异成正比，与深度成反比。

（4）吸收衰减特性：水会造成电磁波能量的迅速衰减，随着富水异常中含水量的增大，电磁波吸收衰减越明显。

土体病害属性及雷达图谱特征判读可参考表 11.4–1。

土体病害属性及雷达图谱特征　　表 11.4–1

分类	土体病害属性	雷达图谱特征
1	轻微疏松	反射信号能量有变化，同相轴较不连续，波形结构较为杂乱、不规则
2	中等疏松	反射信号能量变化较大，同相轴较不连续，波形较为杂乱、不规则
3	严重疏松	反射信号能量变化大，同相轴不连续，波形杂乱、不规则
4	一般富水异常	顶面反射信号能量较强、下部信号衰减较明显；同相轴较连续、频率变化不明显
5	严重富水异常	顶面反射信号能量强、下部信号衰减明显；同相轴较连续、频率变化不明显
6	空洞	反射信号能量强，反射信号的频率、振幅、相位变化异常明显，下部多次反射波明显，边界可能伴随绕射现象

空洞、脱空、疏松体、富水体四类地下病害体典型雷达图像（图 11.4–1 ~图 11.4–4）如下：

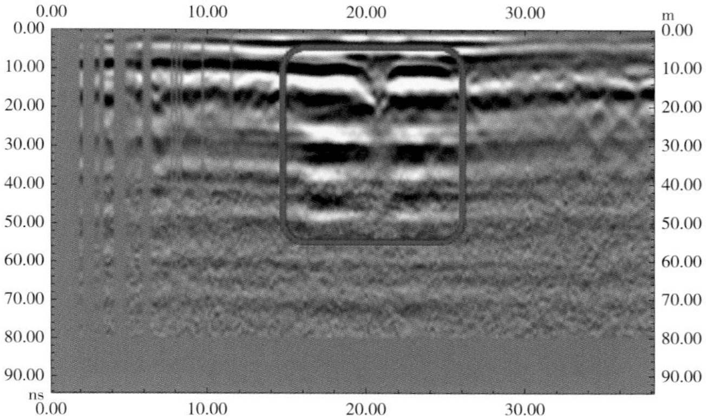

图 11.4–1　空洞雷达图像

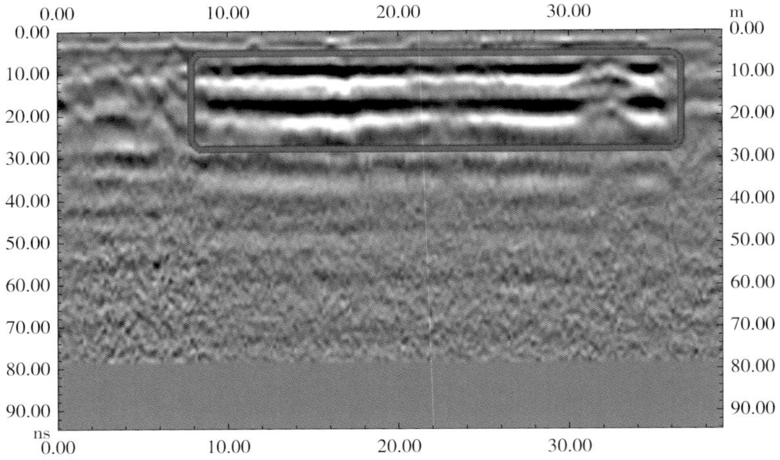

图 11.4-2　脱空雷达图像

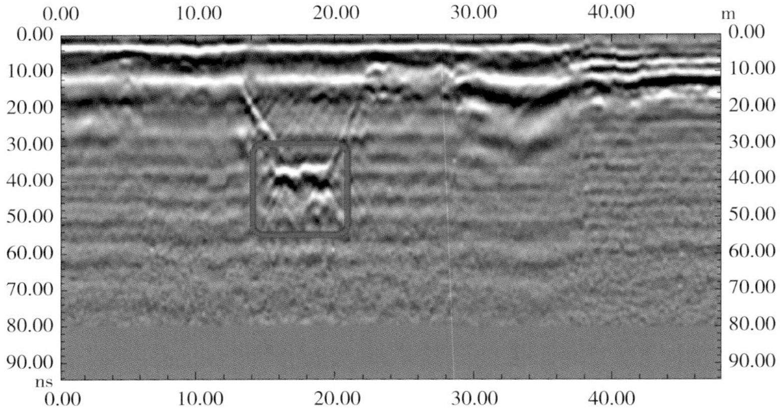

图 11.4-3　疏松体雷达图像

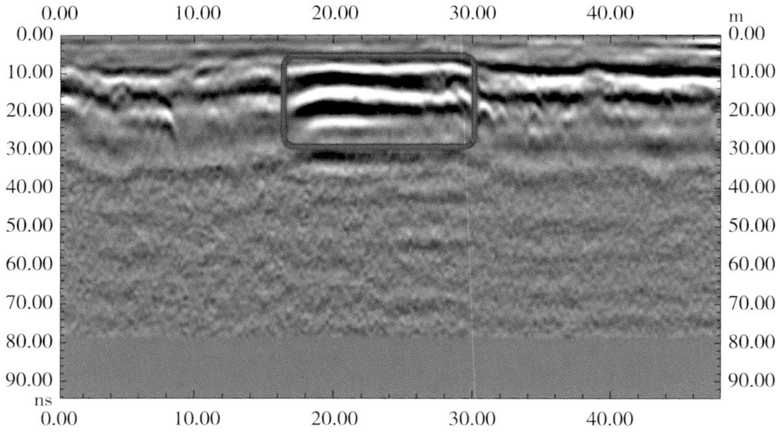

图 11.4-4　富水体雷达图像

11.5 市场参考指导价

在检测费用方面，目前国内探地雷达检测的市场价约 7000 ~ 8000 元 / 公里车道（北京、深圳等地数据），参照《工程勘察设计收费标准（2002 年修订本）》为 13500 元 / 公里车道。

第 12 章

缺陷智能识别

12.1 概述

自2012年以来，卷积神经网络等新一代人工智能技术及理论取得了巨大进展，国内外学者设计的各类卷积神经网络模型在图像识别、目标检测、场景识别等计算机视觉任务上获得了巨大的成功，同时在安防、工业检测以及遥感解译等领域得到了广泛应用，如人脸识别、产品缺陷检测和遥感目标识别。

近年来，国内外开展了大量的基于卷积神经网络的CCTV内窥视频的排水管道检测方法的研究，并形成了相关智能检测软件产品，用于城镇排水管道检测作业，极大提高了检测作业的信息化、自动化和智能化。

12.2 识别原理

12.2.1 基于深度学习的智能图像识别原理

1.MP神经元模型

人工神经网络是由大量的神经元即节点相互连接而构成的。McCulloch和Pitts参考生物神经元的结构，提出了逻辑神经元的模型，被称为MP人工神经元模型。如图12.2-1所示，MP神经元模型代表一种特定的输入与输出关系，由多个输入和一个输出组成，其工作简化为三个过程：输入信号的线性加权、求和、非线性激活，表示为式（12.2-1）：

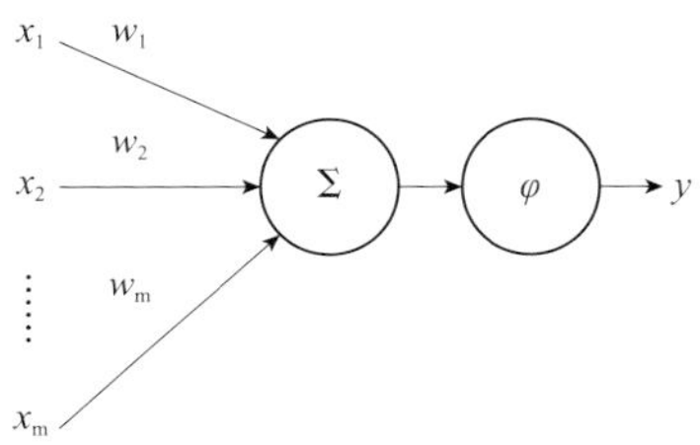

图12.2-1 MP神经元模型

$$y=\varphi\left(\sum_{i=0}^{m} w_i x_i + b\right) \tag{12.2-1}$$

式中 w_i——两个神经元的连接强度，简称权重；

x_i——神经元输入值；

b——偏置；

φ——激活函数，表示神经元内部的反应机制。

2. 前馈神经网络

前馈神经网络是一种简单的人工神经网络，该网络中，信息从输入节点通过隐藏层神经元移动到输出节点，隐藏层可以是一层，也可以是多层。Hinton 和 Rumelhart 等人提出了多层前馈感神经网络，其相邻两层之间采用了全连接的方式进行相连，即隐藏层均为全连接层。全连接中每一层的所有神经元与其前后两层的所有神经元均是完全成对连接的，但是在同一个全连接层内的神经元之间没有连接。图 12.2−2 所示是一个只包含了一层隐藏层的简单的前馈神经网络，使用 MP 神经元模型，该网络表示为式（12.2−2）和式（12.2−3）。

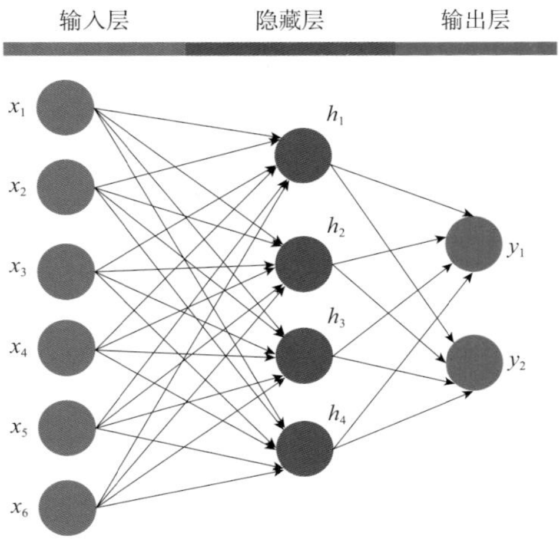

图 12.2−2 前馈神经网络

$$h=\varphi\left(W_x x+b_h\right) \tag{12.2-2}$$

$$y=\varphi\left(W_y h+b_y\right) \tag{12.2-3}$$

式中 W_x 和 b_h——分别为输入层到隐藏层的连接权重矩阵和偏置向量；

W_y 和 b_y——分别为隐藏层到输出层的连接权重矩阵和偏置。

同时 Hinton 和 Rumelhart 等人也提出了误差反向传播算法，该算法中误差定义为网络实际输出与期望输出之间的差异。在前馈神经网络中，输入信号经输入层进入网络，通过隐藏层，由输出层输出结果，因此神经元模型函数 10−1 也称为前向传播函数。网络的输出与期望输出进行比较，若有误差，则将误差由输出层反向向输入层传播，在这个过程中，利用梯度下降算法，根据一定的策略来对各层神经元的连接权重和偏置进行更新。这种基于信号正向传播与误差反向传播的各层参数更新，是迭代进行的，此迭代一直进行到误差减小到可接受的程度或进行到预先设定的学习迭代次数为止。

3. 基于卷积神经网络的图像识别

卷积神经网络是一种前馈神经网络，在神经网络中引入了局部感受野、卷积、池化等思想。图 12.2−3 所示是一个典型的用于图像识别的卷积神经网络，其由卷积层、全连接层、池化层等组成。

卷积层的参数是由一些可学习的卷积核即神经元集合构成。每个卷积核在空间上（宽度和高度）都比较小。在每个卷积层上，会有多个卷积核，在前向传播的时候，让每个卷积核都在输入数据的宽度和高度上滑动，然后计算整个卷积核和输入数据任一处的内积。

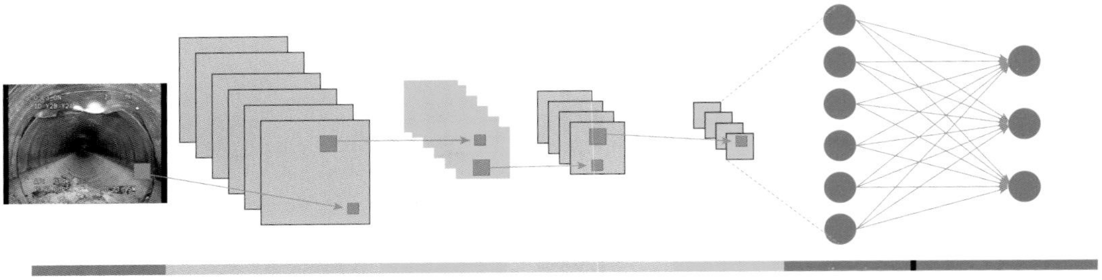

图12.2-3 卷积神经网络

当卷积核沿着输入数据的宽度和高度滑过后，再经过激活函数，会生成一个二维的特征图。在第 i 层，第 j 个卷积核在深度为 N 的输入的（x，y）位置上，该卷积和激活的操作可表示为式（12.2-4）：

$$v_{i,j}^{x,y}=\varphi\left(b_{i,j}+\sum_{m=0}^{N-1}\sum_{p=0}^{P_i-1}\sum_{q=0}^{Q_i-1}w_{i,j,m}^{p,q}v_{(i-1),m}^{(x+p),(y+q)}\right) \tag{12.2-4}$$

式中 φ——激活函数；

P 和 Q——卷积核的高度和宽度。

经过卷积和激活后生成的特征图给出了在每个空间位置处卷积核的反应。每个卷积核都会生成一个不同的二维特征图。将每个卷积核生成的不同特征图映射在深度方向上层叠起来就生成了输出数据。

池化层用于降低数据体的空间尺寸，减少网络中参数的数量，使得计算资源耗费变少，也能有效控制过拟合。

全连接层同卷积层一样，与激活层一起形成神经元结构。损失层用在网络训练的过程中，放在网络的最后一层，用来计算前向传播的误差。Softmax 层则是在网络测试即作业过程中，放在网络的最后一层，用于获得最终的图像识别得分。

12.2.2 排水管道缺陷图像智能识别基础

1. 排水管道检测的难点

（1）图像的拍摄环境：当对地下管网等成像条件较差的环境进行检测时，尤其是污水管网中所获取图像质量会大受影响，管网内壁附着物等会大大增加检测误差。

（2）图像的拍摄方法：摄像机成像过程中管壁必须在成像区域内成像，这就要求摄像机视角不能太小且焦距应尽量短；这样所拍摄的图像中心部位都是管网中空黑色区域，而只是图像边缘部分落在管网内壁上，由此引起管网内壁图像的畸变，对检测精度会产生不利影响。

（3）摄像机的位置估计：摄像机所获取的图像不具有管网内壁的距离信息，很难建立图像坐标系与管网内空间坐标系之间的关系，要对缺陷区域进行定位必须先确定摄像机的位置。

（4）有效检测：要实现管网内表面缺陷的有效检测，对缺陷类型与位置进行准确判断。

（5）检测过程的自动化：要降低人力成本，减少检测过程中的人工干预，必须使得“采集－解析－理解”的检测过程尽可能自动化。

2. 基于深度学习的排水管道缺陷检测的优势

（1）作为人工智能的一个重要分支，卷积神经网络在2012年后取得了巨大进展，在图像分类、目标识别等计算机能力方面已经全面超越了传统方法。

（2）排水管道中环境复杂以及缺陷情况复杂多样，很难设计选取手工特征对所有缺陷进行表达或使用一个浅层模型对所有缺陷进行识别。而深度学习方法则可以对复杂特征建立一个端到端的模型对所有缺陷图片进行表达和识别。

（3）随着近年来排水管道检测的逐步开展，目前累积的缺陷样本已经达到了智能识别的开展基础，可供深度卷积神经网络进行训练学习。

12.3　智能缺陷检测作业流程

在CCTV检测视频的排水管道智能缺陷检测软件产品中，缺陷检测作业分为3个步骤：①缺陷图像智能识别与缺陷实例智能筛选；②人机交互；③管道智能评估与成果资料报告自动生成。同时在智能检测作业过程中，借助智能检测软件产品中的辅助功能提高作业的生产效率。

1. 缺陷图像智能检测与缺陷实例智能筛选

排水管道智能缺陷检测软件产品中，包含一个卷积神经网络模型，其由大规模的CCTV检测视频中的图像样本训练，可将CCTV检测视频中的图像识别为如图12.3-1所示的三类：非作业图像、缺陷图像以及无缺陷图像。软件对CCTV检测视频进行缺陷分析过程中，每隔12帧或24帧会调用该神经网络模型对图像进行识别，以完成对缺陷图像的智能检测。

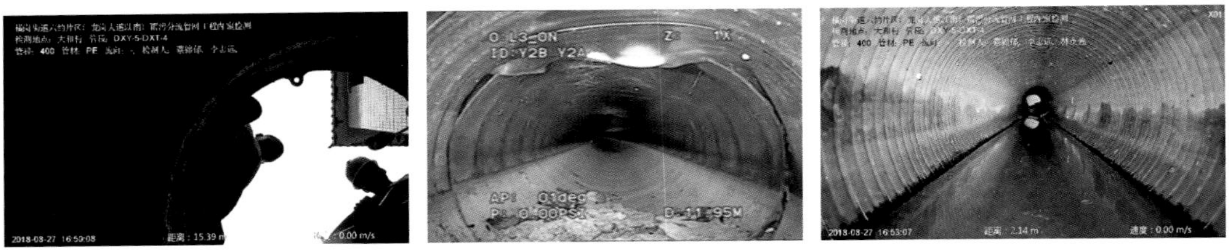

（a）非作业图像　　（b）缺陷图像　　（c）无缺陷图像

图 12.3-1　CCTV 检测视频中的三类图像

由于每个缺陷实例在 CCTV 检测视频中可能持续较长时间，会达到数十帧甚至数百帧缺陷图像，卷积神经网络模型仅完成了图像的检测，未能筛选出各个缺陷实例。因此智能检测软件还需要从大量的缺陷图像中筛选出各缺陷实例。智能检测软件在缺陷图像检测的过程中，对于每一对相邻的缺陷图像，使用卷积神经网络提取深度特征，计算两帧的相似性，当相似度达到一定的阈值时，该两帧判为同一缺陷实例，否则判为不同的缺陷实例，同时对于同一缺陷实例的图像，选取缺陷得分最高的来表示该缺陷实例。

如图 12.3-2 所示为智能检测软件对缺陷图像识别结果与缺陷实例筛选结果的一个示例，上半部分为卷积神经网络对 CCTV 检测视频中图像进行检测获得的缺陷图像置信度。下半部分为在缺陷检测过程中从缺陷图片中通过相似度计算对缺陷实例筛选的结果，其中绿色部分为非缺陷图像（包括非作业图像和无缺陷图像），蓝色部分为缺陷图像，红色部分为从大量的缺陷图像中筛选到的缺陷实例。

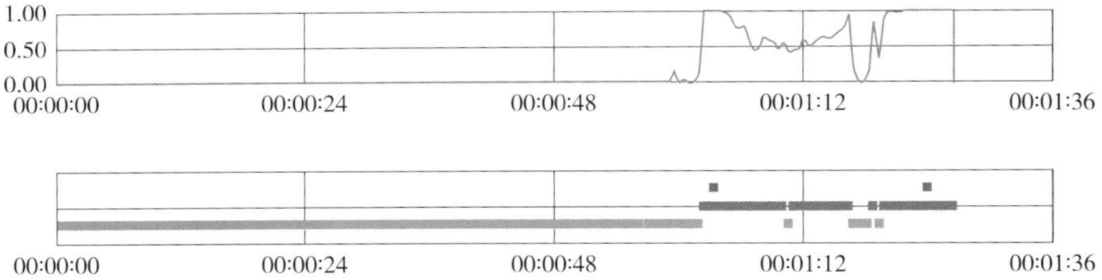

图 12.3-2　缺陷图像识别结果与缺陷实例筛选结果示例

2. 人机交互

对于缺陷图像智能检测与缺陷实例智能筛选的结果，智能检测软件提供人机交互的接口完成结果的修正以及缺陷的时钟表示等工作，对检测到的渗漏缺陷进行箭头标注以及信息完善，如图 12.3-3 所示。

3. 管道智能评估与成果资料自动生成

对于人机交互后的结果，智能缺陷检测软件可根据第 13 章中的评估要求，在缺陷检测

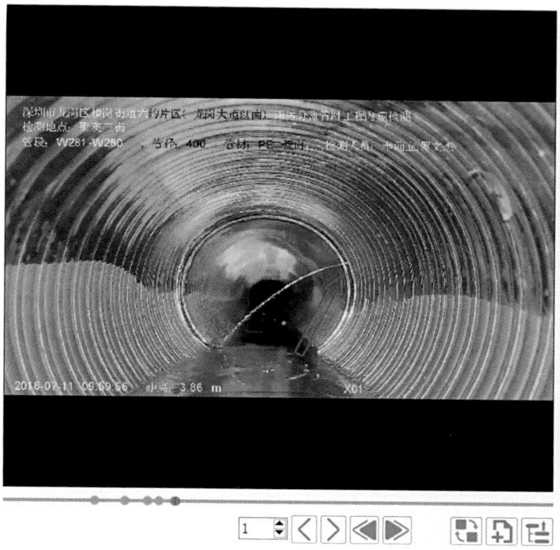

图 12.3-3　人机交互

图 12.3-4　工程管理示例

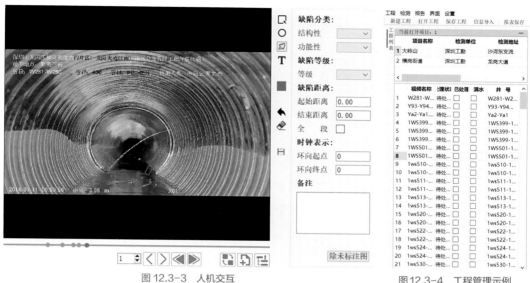

结果的基础上智能地完成对管道的结构性状况评估和功能性状况评估。同时智能缺陷检测软件使用检测结果和评估结果自动地生成成果资料，包括：排水管道缺陷统计表、管道状况评估表以及排水管道检测成果表等。

4. 智能检测作业的辅助功能

在作业过程中，还可以借助智能缺陷检测软件的辅助功能来提高作业效率，如工程的创建和修改，作业人员的管理以及作业量的统计、检测结果的信息化保存等。如图 12.3-4 所示为深圳大岭山和横岗街道两个工程管理示例，智能缺陷检测软件根据不同的工程分布进行检测作业，并生成成果资料。如图 12.3-5 所示为对某 CCTV 检测视频的可视化示例。

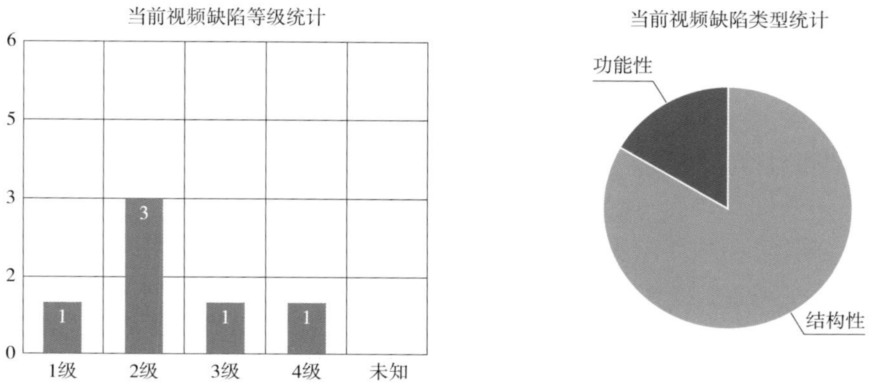

图 12.3-5　CCTV 检测视频的可视化示例

12.4 成果评价

对于智能缺陷检测作业成果的评价，包括：CCTV 检测视频中图像识别的准确率，缺陷实例的召回率，缺陷实例的重复率以及成果资料种类等。

1. CCTV 检测视频中图像检测的准确率

CCTV 检测视频中图像检测是评估智能缺陷检测软件中卷积神经网络模型对图像识别的准确程度，包括对非作业图像、缺陷图像以及无缺陷图像的识别。

CCTV 检测视频中图像检测的准确率 = 卷积神经网络正确识别的图像数量 / 卷积神经网络识别的图像数量。

2. 缺陷实例的召回率

缺陷实例召回率是反应智能缺陷检测软件通过缺陷图像检测和缺陷实例筛选后，对 CCTV 检测视频中的缺陷实例被找到的比例，召回率越高，说明缺陷实例找到的越多、遗漏越少。

缺陷实例的召回率 =CCTV 检测视频中缺陷实例中被筛选到的实例数量 /CCTV 检测视频中的缺陷实例数量。

3. 缺陷实例的重复率

由于一个缺陷实例持续时间较长，在机器人拍摄过程中，其特征会发生一定的变化，智能缺陷检测软件可能会将一个缺陷实例筛选为多个缺陷实例。缺陷实例重复率是反应智能缺陷检测软件通过缺陷图像检测和缺陷实例筛选后，对缺陷实例的筛选不够准确的情况，重复率越高，说明缺陷实例筛选准确率越低。

缺陷实例的重复率 = 缺陷检测软件检测到的缺陷实例数量 /CCTV 检测视频中缺陷实例中被筛选到的实例数量。

4. 成果资料种类

由于各省市的成果资料模板不同，成果资料种类是指智能缺陷检测软件中可支持生成的成果资料类型的数量。如图 12.4-1 所示的智能缺陷检测软件可生成国际报告模板、杭州模板等 11 类模板。智能缺陷检测软件支持的成果资料种类越多，适用的管道检测作业单位越多。

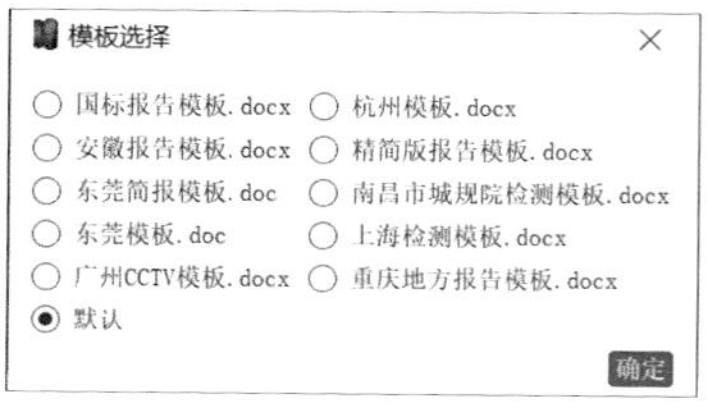

图 12.4-1 生成模板示例

第13章

管道评估

13.1 概述

为了给排水管道检测、评估提供一个可供比较的客观标准，英国水研究中心（WRC）于1980年颁布了《排水管道状况分类手册》，1993年该手册又发行了第三版，增补了内容。该手册将管道内部状况分为结构性缺陷、功能性缺陷、建造性缺陷和特殊原因造成的缺陷。在CCTV检测中主要关注的是结构性缺陷和功能性缺陷。该手册将结构性缺陷分为管身裂痕、管身裂缝、脱节、接头移位、管身断裂、管身穿孔、管身坍塌、管身破损、砂浆脱落、管身变形、砖块位移、砖块遗失共12项；将功能性缺陷分为树根侵入、渗水、结垢、堆积物、淤堵、起伏蛇行共6项。

丹麦将管道缺陷分为结构性缺陷、功能性缺陷及特殊构造。结构性缺陷主要有裂缝/断裂、腐蚀/侵蚀、变形、接头错口、脱节、橡皮圈松脱，共6项；功能性缺陷主要有树根侵入、渗入、沉淀、沉积、洼水和障碍物，共6项。两类缺陷共12项。

日本于2003年12月颁布了《下水管道电视摄像调查规范（案）》，该规范中将管道状况分为破损、腐蚀、裂缝、接头错口、起伏蛇行、灰浆黏着、漏水、支管突出、油脂附着、树根侵入，共10项。

对于功能性缺陷，检测的结果判定需根据管道是否预清洗过。如果管道预先清洗过，许多功能性缺陷将会在清洗过程中消除。例如，管内的淤泥、油垢等，将会在高压清洗水冲刷下被清除。

管道的基本功能是满足设计所要求的输送能力以及保持这种能力的安全性和耐久性。所以，城市排水管道健康状况是指在规定的时间和条件下，管道稳定、持续地完成预定功能的能力，且不对社会、经济、环境造成负面影响。

管道评估即是对管道根据检测后所获取的资料，特别是影像资料进行分析，对缺陷进行定义、对缺陷严重程度进行打分、确定单个缺陷等级和管段缺陷等级，进而对管道状况进行评估，提出修复和养护建议。

管道健康状况指标体系的设置力求全面地考虑与管道健康状况有关的各类要素，并能反映管道的实际和特点，为预测管道今后几年内使用性能的变化情况、制定平日养护和维修计划提供科学依据。指标体系应体现以下原则：

（1）科学性原则。能够反映健康管道的基本特征，并能较好地度量管道健康状况总体水平。

（2）层次性原则。管道健康状况涵盖结构本体状况，周围条件和建设的原始活动因素引起的管体变化而导致的功能变化情况，其健康评估指标体系是一个结构、施工、周围条件及运行管理等的复杂系统，采用分层方法可以极大地降低系统的复杂程度，同时通过分层分类的方法可以从各角度直观地判断管道健康状况。

（3）系统性原则。指标体系设置要系统而全面，能够从结构、功能以及周边条件等各个角度表征管道健康状况，并组成一个完整的体系，综合地反映管道健康的内涵、特征及水平。

（4）可操作性原则。对管道进行评估的前提是首先对管道进行技术调查，在此基础上进行诊断和评估。技术调查是对排水设施进行调查，确定管道病态（缺陷）位置，评估管道健康级别，制定养护计划，提高养护效率，节约养护经费。实施技术调查的手段、方法、内容和精度都是评估的先决条件。如果由于评估的要求过高而手段达不到，则评估的方法就只能是纸上谈兵，不具有可操作性。

根据以上思路，管道健康评估指标体系由目标层、系统层、状态层和指标层组成。目标层是对管道健康评估指标体系的高度概括，表示管道健康状况的总体综合水平。系统层主要从本体结构的物理属性及服务功能的社会属性进行评估。状态层是在系统层下能够代表该系统的检测状态，设置管道结构性缺陷状况和功能性缺陷状况两个系统的状态描述群。指标层是表述各个分类指标的不同要素，定量反映管道健康状况。指标设置力求少而精，突出重点，各项指标应相对的独立，具有较好的代表性，可以较好地反映新旧管道的特点和各状态层表达的管道健康状况。

13.2 CJJ 181 规程评价指标体系

13.2.1 管道局部缺陷评价指标设置的重要性分析

评估方法应该综合考虑管道本体结构与服务功能。由于管道是线性输送通道，具有开关效应：一点受阻，影响全线，只要管路有一处非常严重的缺陷，就足以使整条管路瘫痪。无论是沿管路的总体缺陷还是局部缺陷，都是管道的病害，都将影响管道的正常运行和功能的发挥。因此管道的健康状况评估应该包括线路状况评估和局部状况评估，最终的评估指标，不仅有线路评估指标，还应该有局部评估指标。根据管道缺陷的特点和工程实践，点状的局部缺陷更多、更普遍，故局部评估指标更重要，也更合理。根据系统性原则，指标能够从结构、功能以及周边条件等各个角度表征管道健康状况，并组成一个完整的体系。局部缺陷反映的是该部位结构性缺陷的严重程度或者对管道服务性功能的影响程度，是评估管道重要的基础性指标，应该是指标体系的组成部分。

13.2.2 管道缺陷平均值计算方法分析

管道缺陷的线路平均指标也分两种情况，一种是沿长度平均值，一种是点数平均值。长度平均值反映该段管道缺陷的长度平均情况，对于沿程性缺陷（腐蚀、沉积、浮渣、结垢）的评估有实际意义，对局部性缺陷并没有实际意义。点数平均值反映该段管道局部缺陷（破裂、变形、错位、脱节、渗漏、胶圈脱落、支管接入、异物侵入、障碍物、树根、坝头）的平均值，是管道缺陷个数的平均值，该值与缺陷个数有关，与管道长度基本无关，反映局部缺陷的整体状况，是局部性缺陷的综合指标。

13.3 CJJ 181 规程评价方法

13.3.1 评估核心技术

由于管道评估是根据检测资料对缺陷进行判读打分，填写相应的表格，计算相关的参数，工作繁琐。为了提高效率，提倡采用计算机软件进行管道的评估工作。管道的很多缺陷是局部性缺陷，例如孔洞、错口、脱节、支管暗接等，其纵向长度一般不足 1m，为了方便计算，1 处缺陷的长度按 1m 计算。当缺陷是连续性缺陷（纵向破裂、变形、纵向腐蚀、起伏、纵向渗漏、沉积、结垢）且长度大于 1m 时，按实际长度计算；当缺陷是局部性缺陷（环向破裂、环向腐蚀、错口、脱节、接口材料脱落、支管暗接、异物穿入、环向渗漏、障碍物、残墙、坝根、树根）且纵向长度不大于 1m 时，长度按 1m 计算。当在 1m 长度内存在两个及以上的缺陷时，该 1m 长度内各缺陷分值进行综合叠加，如果叠加值大于 10 分，按 10 分计算，叠加后该 1m 长度的缺陷按一个缺陷计算（相当于一个综合性缺陷）。排水管道的评估应对每一管段进行。排水管道是由管节组成管段、管段组成管道系统。管节不是评估的最小单位，管段是评估的最小单位。在针对整个管道系统进行总体评估时，以各管段的评估结果进行加权平均计算后作为依据。

管道评估应以管段为最小评估单位。当对多个管段或区域管道进行检测时，应列出各评估等级管段数量占全部管段数量的比例。当连续检测长度超过 5km 时，应作总体评估。

CJJ 181 规程规定的缺陷等级主要分为 4 级，根据缺陷的危害程度给予不同的分值和相应的等级。分值和等级的确定原则是：具有相同严重程度的缺陷具有相同的等级。管道缺陷等级分类应符合表 13.3-1 的规定。

管道缺陷等级分类　　表 13.3-1

缺陷性质	等级			
	1	2	3	4
结构性缺陷程度	轻微缺陷	中等缺陷	严重缺陷	重大缺陷
功能性缺陷程度	轻微缺陷	中等缺陷	严重缺陷	重大缺陷

13.3.2　特殊结构及附属设施名称、代码和定义

特殊结构及附属设施的名称代码和定义应符合表 13.3-2 的规定。

特殊结构及附属设施名称、代码和定义　　表 13.3-2

名称	代码	定义
已修	YX	该段管道已经修复
变径	BJ	两检查井之间不同直径管道相接处
倒虹管	DH	管道遇到河道、铁路等障碍物，不能按原有高程埋设，而从障碍物下面绕过时采用的一种倒虹型管段
检查井（窨井）	YJ	管道上连接其他管道以及供维护工人检查、清通和出入管道的附属设施
暗井	MJ	用于管道连接，有井室而无井筒的暗埋构筑物
井盖埋没	JM	检查井盖被埋没
雨水口	YK	用于收集地面雨水的设施
排放口	PK	将雨水或处理后的污水排放至水体的构筑物

特殊结构及附属设施的代码主要用于检测记录表和影像资料录制时录像画面嵌入的内容表达。“已修”用来记录管道以前做过的维修，维修的管道和旧管道之间在管壁上有差距；“变径”是指管径在直线方向上的改变，变径的判读需要根据专业知识，判断是属于管径改变还是管道转向，见图 13.3-1。检查井和雨水口用来对管段中间的检查井和雨水口进行标示。管道转向见图 13.3-2 ~ 图 13.3-4，CCTV 检测特殊结构常用描述方法见表 13.3-3。

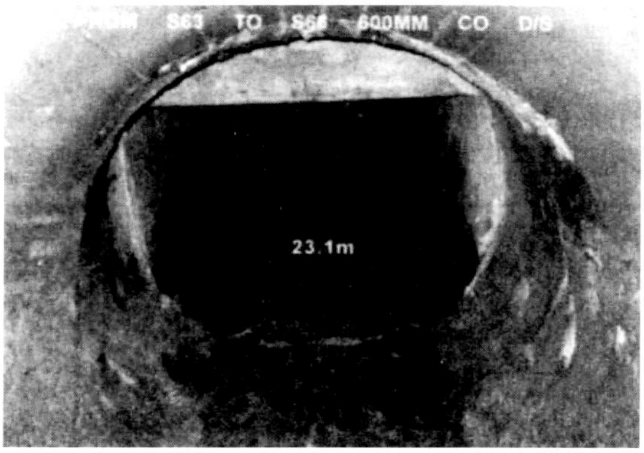

图 13.3-1　管道变径

图 13.3-2　管道左转向

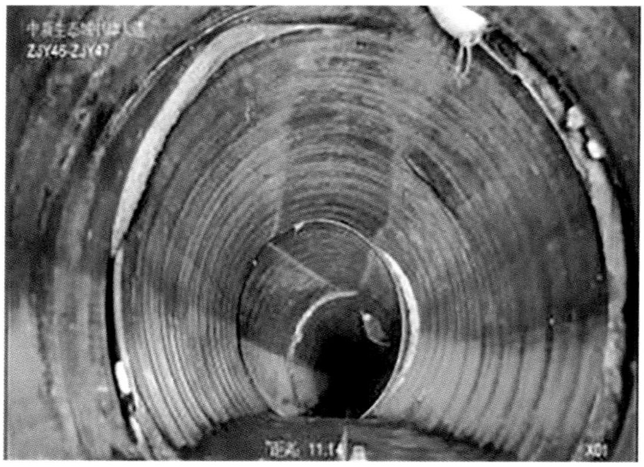

图 13.3-3　管道右转向

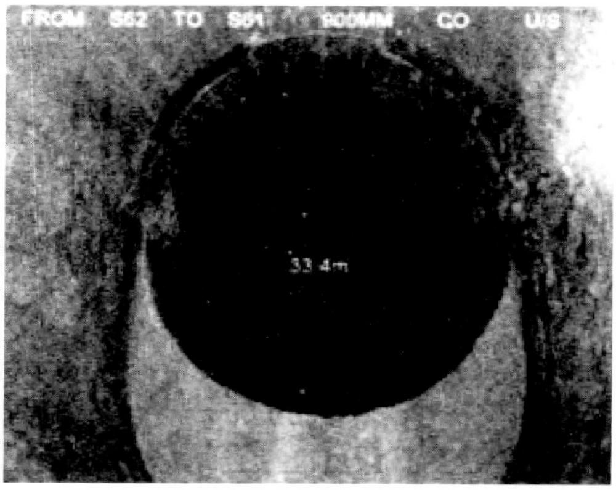

图 13.3-4　管道向上转

CCTV 检测特殊结构常用描述方法　　表 13.3-3

代码	描述举例	代码	描述举例
XF	管道修补	JS	管道中非正常的积水
BJ	管道变径	自定义	管道材料改变
DH	倒虹管 KS××，倒虹管 JS××	自定义	管道坡度改变
YJ	人井，检查井，检修井	自定义	管道沿轴线方向向左转向
MJ	连接暗井	自定义	管道沿轴线方向向上转向

操作状态名称和代码用于影像资料录制时设备工作的状态等关键点的位置记录，操作状态名称和代码应符合表 13.3-4 的规定。

操作状态名称和代码　　表 13.3-4

名称	代码编号	定义
缺陷开始及编号	KS××	纵向缺陷长度大于 1m 时的缺陷开始位置，其编号应与结束编号对应
缺陷结束及编号	JS××	纵向缺陷长度大于 1m 时的缺陷结束位置。其编号应与开始编号对应

续表

名称	代码编号	定义
入水	RS	摄像镜头部分或全部被水淹
中止	ZZ	在两附属设施之间进行检测时。由于各种原因造成检测中止

CCTV 检测操作状态常用描述方法见表 13.3-5。

CCTV 检测操作状态常用描述方法　　表 13.3-5

代码编号	描述举例	代码编号	描述举例
KS××	连续性缺陷范围开始	RS/ZZ	镜头被水淹没，无法完成检测，放弃检测
JS××	连续性缺陷范围结束	ZZ	镜头被缠绕，无法完成检测，放弃检测

13.4 结构性状况评估

13.4.1 管道结构性缺陷类型与分级

管道结构性缺陷是指管道结构本体遭受损伤，影响强度、刚度和使用寿命的缺陷。管道结构性缺陷可以通过维修得到改善。管道结构性缺陷的名称、代码、等级划分及分值应符合表 13.4-1 的规定。

管道结构性缺陷名称、代码、等级划分及分值　　表 13.4-1

缺陷名称	缺陷代码	定义	等级	缺陷描述	分值
破裂	PL	管道的外部压力超过自身的承受力致使管子发生破裂。其形式有纵向、环向和复合 3 种	1	裂痕——当下列一个或多个情况存在时： （1）在管壁上可见细裂痕； （2）在管壁上由细裂缝处冒出少量沉积物； （3）轻度剥落	0.5
			2	裂口——破裂处已形成明显间隙，但管道的形状未受影响且破裂无脱落	2
			3	破碎——管壁破裂或脱落处所剩碎片的环向覆盖范围不大于弧长 60°	5
			4	坍塌——当下列一个或多个情况存在时： （1）管道材料裂痕、裂口或破碎处边缘环向覆盖范围大于弧长 60°； （2）管壁材料发生脱落的环向范围大于弧长 60°	10

续表

缺陷名称	缺陷代码	定义	等级	缺陷描述	分值
变形	BX	管道受外力挤压造成形状变异	1	变形不大于管道直径的 5%	1
			2	变形为管道直径的 5% ~ 15%	2
			3	变形为管道直径的 15% ~ 25%	5
			4	变形大于管道直径的 25%	10
腐蚀	FS	管道内壁受侵蚀而流失或剥落，出现麻面或露出钢筋	1	轻度腐蚀——表面轻微剥落，管壁出现凹凸面	0.5
			2	中度腐蚀——表面剥落显露粗骨料或钢筋	2
			3	重度腐蚀——粗骨料或钢筋完全显露	5
错口	CK	同一接口的两个管口产生横向偏差，未处于管道的正确位置	1	轻度错口——相接的两个管口偏差不大于管壁厚度的 1/2	0.5
			2	中度错口——相接的两个管口偏差为管壁厚度的 1/2 ~ 1	2
			3	重度错口——相接的两个管口偏差为管壁厚度的 1 ~ 2 倍	5
			4	严重错口——相接的两个管口偏差为管壁厚度的 2 倍以上	10
起伏	QF	接口位置偏移。管道竖向位置发生变化，在低处形成洼水	1	起伏高 / 管径≤ 20%	0.5
			2	20%< 起伏高 / 管径≤ 35%	2
			3	35%< 起伏高 / 管径≤ 50%	5
			4	起伏高 / 管径 >50%	10
脱节	TJ	两根管道的端部未充分接合或接口脱离	1	轻度脱节——管道端部有少量泥土挤入	1
			2	中度脱节——脱节距离不大于 20mm	3
			3	重度脱节——脱节距离为 20 ~ 50mm	5
			4	严重脱节——脱节距离为 50mm 以上	10
接口材料脱落	TL	橡胶圈、沥青、水泥等类似的接口材料进入管道	1	接口材料在管道内水平方向中心线上部可见	1
			2	接口材料在管道内水平方向中心线下部可见	3
支管暗接	AJ	支管未通过检查井直接侧向接入主管	1	支管进入主管内的长度不大于主管直径 10%	0.5
			2	支管进入主节内的长度在主管直径 10% ~ 20% 之间	2
			3	支管进入主管内的长度大于主管直径 20%	5
异物穿入	CR	非管道系统附属设施的物体穿透管壁进入管内	1	异物在管道内且占用过水断面面积不大于 10%	0.5
			2	异物在管道内且占用过水断面面积为 10% ~ 30%	2
			3	异物在管道内且占用过水断面面积大于 30%	5
渗漏	SL	管外的水流入管道	1	滴漏——水持续从缺陷点滴出，沿管壁流动	0.5
			2	线漏——水持续从缺陷点流出，并脱离管壁流动	2
			3	涌漏——水从缺陷点涌出，涌漏水面的面积不大于管道断面的 1/3	5
			4	喷漏——水从缺陷点大量涌出或喷出，涌漏水面的面积大于管道断面的 1/3	10
脱空	TK	管周局部土体流失导致管道失去支撑	1	脱空面积占管道外轮廓总面积小于 10%	0.2
			2	脱空面积占管道外轮廓总面积 10% ~ 30%	2
			3	脱空面积占管道外轮廓总面积不小于 30%	5

注：表中缺陷等级定义区域 X 的范围为 x ~ y 时，其界限的意义是 $x<X\leq y$。

管道从材质角度，可分为老管道和新型管道。老管道多采用砂石、水泥、混凝土材料，而新型管道主要采用 PVC、HOPE 等塑料材质。根据材质不同，主要出现的问题也不尽相同。

（1）老管道常见的缺陷

老管道容易出现裂缝破损，致使管道出现泄漏，直接渗入周围土壤导致地下水质受污染。2019 年 8 月 11 日，中石油辽化分公司的污水管道破裂，污水流入辽阳市良种场园区内，导致种植的苗木被淹、死亡，造成污染事件。2019 年 10 月，山东省潍坊市冶源镇污水管道破裂致 10 万斤鲶鱼死亡，氨氮超标 120 倍，养殖户损失惨重。如果排水管道存在泄漏造成有毒污水渗入地下，直接造成地下水被污染。如果渗漏发生在北方的冬季，由于特有的季节冻土层，这种危害可能被延迟。几种老管道缺陷示例见图 13.4-1。

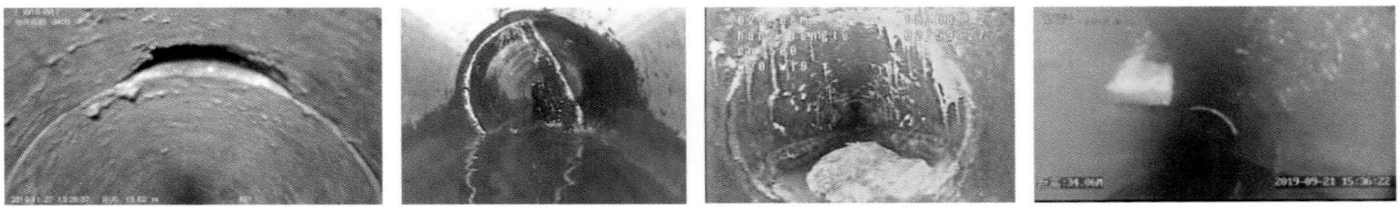

（a）破损　（b）渗漏　（c）障碍物　（d）支管接入

图 13.4-1　老管道缺陷示例

管道中出现砂石等沉积物，致使管道中水流不畅。这些沉积物主要源于管道内部的混凝土材质，长久使用后受周围环境、上层物的压力等多种条件因素的影响，管壁会落下一些的砂土等碎渣。时间一长，会积聚在管道中形成一定的沉积物，阻碍水流通过。

沉降及坍塌，这主要是管道上部的承受压力过大所导致的。混凝土属于塑性材质，受压应力和剪切应力的共同作用，管道开始主要受压应力的影响较大，沿中心轴向出现裂缝，后期受到剪切应力的影响裂缝不断向侧面扩展，最终发生断裂造成局部的坍塌。

CCTV 检测结果表明，腐蚀是管道的主要结构性缺陷之一。管道受到硫化氢气体腐蚀，在管道顶部均形成连续的腐蚀沟槽，有的部分管道上部存在成片的“麻脸”腐蚀，以及不连续的顶部腐蚀。污水中的硫酸盐在厌氧条件下被还原为硫化物，进而生成硫化氢，在污水管道上方存在自由空间条件下，硫化氢挥发后被氧化，生成二氧化硫并吸收水汽，最终形成硫酸，从而对污水管道产生腐蚀作用。当管道中经常充满水，则不容易发生硫化氢腐蚀，根据目前的检测结果表明，腐蚀程度与管龄并无明显的正相关性，与管内的运行水位关系密切。所以当管道实行低水位运行时，管道硫化氢腐蚀的风险将加剧，这一问题应予以关注。

我国设计规范规定新建管道不允许连接支管，但在实际中，老管道改造工程施工中，遇到旧的支管不在检查井位置，也没有因此建造检查井或暗井，而是直接在管壁开孔，遂形成新的暗接支管。更为严重的是，这类新的暗接支管与主管的连接不紧密，内壁没有经过砂浆抹面，从主管内看，很像是管道穿孔，非常容易发生地下水渗漏，这类穿孔的主要原因不是腐蚀，而是施工中随意在主管上开洞，而后又没有接入支管形成的，这给管道的结构状况以及地下水渗入量的控制均造成了很大的危害。

工程经验表明，渗漏除发生在暗接支管、管道穿孔处之外，大多数渗漏都发生在管道接头处。根据已有的检测资料，发生渗漏的管道都是刚性接口，管材长度小于或等于 2.0m/ 节，而采用了柔性接口的管道，状况明显好于刚性接口管道，特别在流砂型土壤区域，采用柔性接口的优越性更加明显。根据上海市的经验，当地下水位高，软土地基土质差，即使建造了混凝土管道基础，也不能有效控制管道的不均匀沉降，造成管道接头漏水现象普遍，而在流砂型土壤地区，渗漏还容易造成路面塌陷等严重事故。因此，上海市已制定规范要求新建市政管道一律采用柔性接口，当前，新建管道需要对柔性接头管道的接口制作质量、施工质量给予重视，而大量老化的刚性接口管道的渗漏检查与控制，是管道修复的主要任务。

当地下水位变化大，检测时间正处于地下水位低于管底时，检测时则不会发生渗漏现象，此时渗漏的缺陷不易发现。但是根据工程经验，在管道存在渗漏时，在渗漏处常常可见橙黄色的水垢，这是渗漏的间接证明。但是在缺陷判读时，以“可见则定，不见不定”为原则，未见水流，尽管有水垢，但仍然不定渗漏的缺陷。

（2）新型管道常见的缺陷

管道接头的老化或错位。由于 PVC 管道是分段连接而成的（如顶管工艺），因此，每段之间就存在接口连接的问题。一是管道连接管口错位现象；另一个是时间一长，这种接头处就特别容易出现锈垢老化腐蚀的状况，造成管道接口泄漏。

管道弯曲变形。由于施工时管道上方埋设土壤不够密实，随着运行后地面荷载不断增大，承受压力超过极限，根据管道上方受到集中荷载的作用将会导致管道的弯曲变形。

管道发生椭圆状变形。由于管道周围填满了碎石土壤，随时间环境的变化迁移，受到地面物体压力的影响，管道周围各方向将对管道进行挤压，致使管道轴切面变形成椭圆状（由于塑料管属于脆性材质，以上两种变形到一定程度后管道会发生突然性的断裂，污染环境）。新型管道缺陷示例见图 13.4-2 和图 13.4-3。

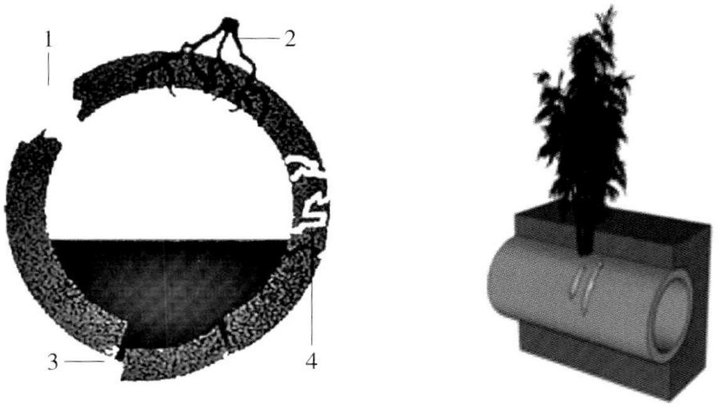

1—管道漏点；2—根系堵塞；3—管道塌陷；4—管道裂纹

图 13.4-2　新型管道缺陷示例（一）

（3）新型管道和老管道都会出现的问题

1）树根缠绕。在埋设管道的上方或周围存在一些树木植物。时间一长，会造成植物的根系与管道缠绕，进而

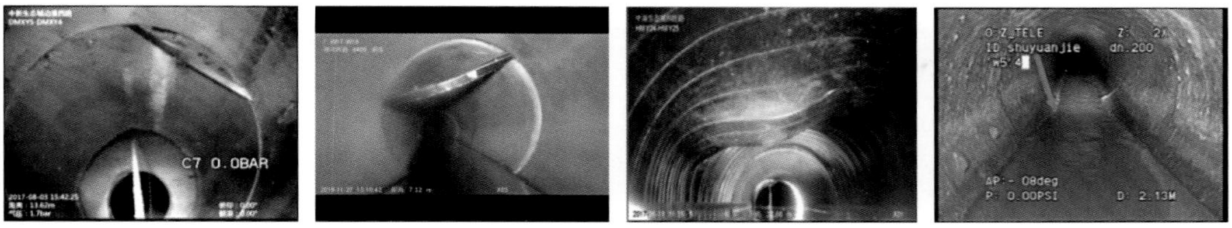

（a）接口缺陷　（b）接口缺陷　（c）变形　（d）沉降

图 13.4-3　新型管道缺陷示例（二）

对管壁产生腐蚀，损坏管道。或者大量的树根渗入管道直至堵塞整个管道内部，导致管道无法畅通运作。

2）管道堵塞，导致水流不畅。国内情况复杂，管道中经常会出现很多意想不到的情况，各种污物堵塞管道。

3）老管道材料比较粗糙，容易出现局部坡度不平滑的现象；而新型管道的每段接头处容易出现搭接错位的现象，这些都将造成管道在运行时局部积水或管道淤积堵塞。

4）管道走向不明，断面不清，末端不知所踪等现象，甚至有些排水管道在铺设很久后都没有起到排水功能（如在铺设管道时压力墙没有拆除，新旧排水管道根本就没有连通）。

（4）结构性缺陷定义说明

在结构性缺陷中，管道腐蚀的缺陷等级数量定为 3 个等级。当腐蚀已经形成了空洞或钢筋变形，这种程度已经达到 4 级破裂，即将坍塌，此时该缺陷在判读上和 4 级破裂难以区分，故将第 4 级腐蚀缺陷纳入第 4 级破裂，不再设第 4 级腐蚀缺陷。接口材料脱落的缺陷等级数量定为 2 个等级，细微差别在实际工作中不易区别，胶圈接口材料的脱落在管内占的面积比例不高，为了方便判读，仅区分水面以上和水面以下胶圈脱落两种情况，分为 2 个等级。

结构性缺陷说明见表 13.4-2。

结构性缺陷说明　　表 13.4-2

缺陷名称	代码	缺陷说明	等级数量
破裂	PL	管道的外部压力超过自身的承受力致使管材发生破裂，其形式有纵向、环向和复合三种	4
变形	BX	管道受外力挤压造成形状变异，管道的原样被改变（只适用于柔性管）。 变形率 =（管内径 – 变形后最小内径）÷ 管内径 × 100% 《给水排水管道工程施工及验收规范》GB 50268—2008 第 4.5.12 条第 2 款“钢管或球墨铸铁管道的变形率超过 3% 时，化学建材管道的变形率超过 5% 时，应挖出管道，并会同设计单位研究处理”。这是新建管道变形控制的规定。对于已经运行的管道，如按照这个规定则很难实施，且费用也难以保证。为此，CJJ 181 规程规定的变形率不适用于新建管道的接管验收，只适用于运行管道的检测评估	4

续表

缺陷名称	代码	缺陷说明	等级数量
腐蚀	FS	管道内壁受侵蚀而流失或剥落，出现麻面或露出钢筋。管道内壁受到有害物质的腐蚀或管道内壁受到磨损。管道水面上部的腐蚀主要来自于排水管道中的硫化氢气体所造成的腐蚀。管道底部的腐蚀主要是由于腐蚀性液体和冲刷的复合性的影响造成的	3
错口	CK	同一接口的两个管口产生横向偏离，未处于管道的正确位置。两根管道的套口接头偏离，邻近的管道看似“半月形”	4
起伏	QF	接口位下沉，使管道坡度发生明显的变化，形成洼水。造成弯曲起伏的原因既包括管道不均匀沉降引起，也包含施工不当造成的。管道因沉降等因素形成洼水（积水）现象，按实际水深占管道内径的百分比记入检测记录表	3
脱节	TJ	两根管道的端部未充分接合或接口脱离。由于沉降，两根管道的套口接头未充分推进或接口脱离。邻近的管道看似“全月形”	4
接口材料脱落	TL	橡胶圈、沥青、水泥等类似的接口材料进入管道。进入管道底部的橡胶圈会影响管道的过流能力	2
支管暗接	AJ	支管未通过检查井而直接侧向接入主管	3
异物穿入	CR	非管道附属设施的物体穿透管壁进入管内。侵入的异物包括回填土中的块石等，压破管道、其他结构物穿过管道、其他管线穿越管道等现象。与支管暗接不同，支管暗接是指排水支管未经检查井接入排水主管	3
渗漏	SL	管道外的水流入管道或管道内的水漏出管道。由于管内水漏出管道的现象在管道内窥检测中不易发现，故渗漏主要指来源于地下的（按照不同的季节）或来自于邻近漏水管的水从管壁、接口及检查井壁流入	4

1）破裂。常分为裂痕、裂口、破碎（穿洞）、坍塌四种情况（表 13.4–3）。每种情况说明如下：

①裂痕。即裂纹，是在管道内表面出现的有一定长度、一定裂开度的线状缝隙，不包括可见块状缺失的部分。

②裂口：即裂缝，有一定长度的、裂开度大于裂隙，裂隙中有片状破块存在，还未脱离管体，通常呈不规则状。

③破碎（穿洞）：一些裂缝和折断可能会进一步发展，使得管道破坏成片状，或者管壁有些部分缺失，小面积脱落形成孔洞，形状有圆形、方形、三角形或不规则形。

④坍塌：管壁破碎并脱离管壁，面积大于穿洞，管道已形成破损。

破裂缺陷描述方法举例　　表 13.4–3

名称	代码	现象	位置表示
裂痕、裂口	PL	直断裂（平行于管道走向）	在 × × 点钟位置
		圆周断裂（垂直于管道走向）	时钟表示法
		不规则断裂	时钟表示法

续表

名称	代码	现象	位置表示
破裂（穿洞）	PL	管道破裂	在 ×× 点钟位置，从 ×× 点钟到 ×× 点钟位置
		管道穿洞	在 ×× 点钟位置，从 ×× 点钟到 ×× 点钟位置
坍塌		管道塌陷	用 % 表示塌陷的横截面积大小

2）变形。变形是指管道的周向发展改变，既可以是垂直方向上的高度减少，也可能是由于侧向压力导致的水平方向上的距离减少，见图 13.4-4 和图 13.4-5 所示。

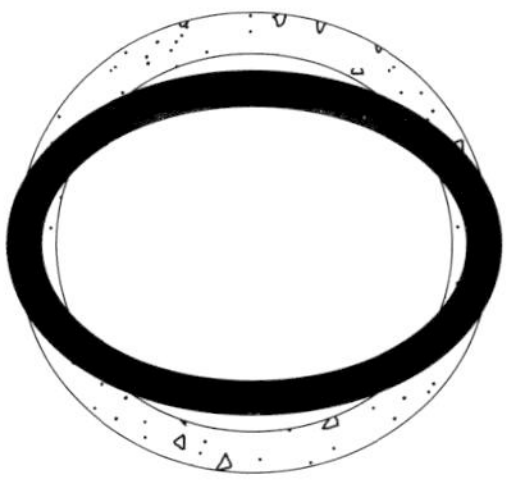
图13.4-4　垂直变形

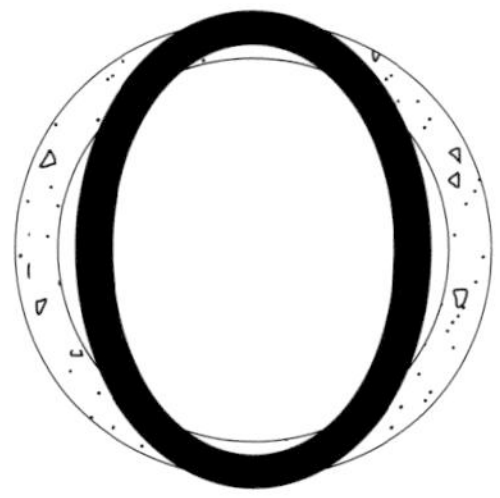
图13.4-5　水平变形

变形率可以采用图形变化对照的方法进行判读，用%表示变形率，环向位置采用时钟表示法，见图 13.4-6。

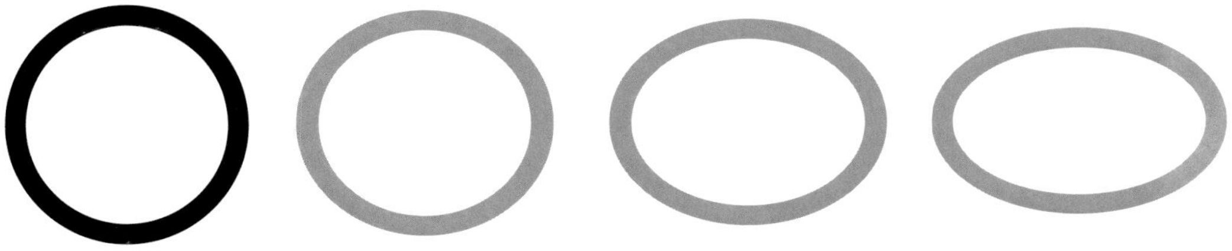
（a）圆管道　（b）变形等于管道直径的5%　（c）变形等于管道直径的15%　（d）变形等于管道直径的25%

图 13.4-6　管道变形率对照图

3）腐蚀。腐蚀是常见的缺陷，造成破损的主要原因是腐蚀性气体或者化学物质，内表面的破坏形式主要有剥落、麻面、穿孔等现象。腐蚀缺陷描述方法举例见表 13.4-4。

腐蚀缺陷描述方法举例　　表 13.4-4

名称	代码	现象	环向位置
腐蚀	FS	轻度，内壁表面水泥脱落，出现麻面	时钟表示法
		中度，内壁表面水泥呈颗粒状脱落	时钟表示法
		严重，内壁表面水泥呈块状脱落	时钟表示法

4）错口。两段管子接口位向上下左右任意方向偏移，可能是由于地基的不均匀沉降造成的。错口已造成管道整体断裂，在结构上不安全。

错口的程度按管壁厚度对照进行判断，见图 13.4-7 和图 13.4-8。

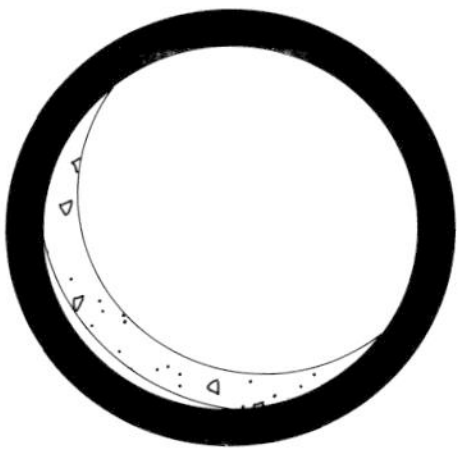

图 13.4-7　错口为 1 ~ 1.5 倍管壁厚

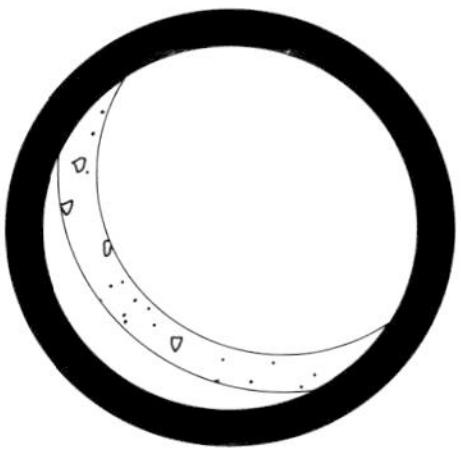

图 13.4-8　错口为 2 倍管壁厚

5）起伏。管道或者砖砌管道的一个区域发生沉降，混凝土管道产生起伏将可能导致接口脱节，塑料管起伏将常常伴随管道变形。在产生起伏的管段，检测时将观测到该段管道内的水深沿程不同。管内水深的判读见图 13.4-9。

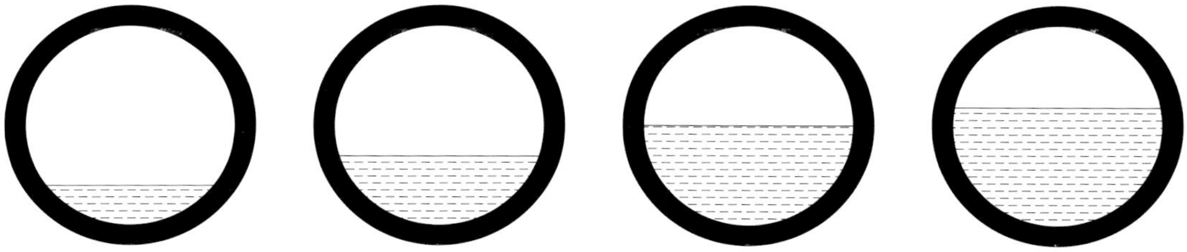

（a）水深 / 管径 =20%　（b）水深 / 管径 =35%　（c）水深 / 管径 =50%　（d）水深 / 管径 =60%

图 13.4-9　管内水深的判读

6）脱节。由于地面移动，或者挖掘的影响，管道接口在直线方向上离位，接口离位可以在检测中发现，这需要摄像头平移或者侧视移动来估计脱节的大小。脱节的情况分为两种，一种是接口离位，但承插口尚未脱离，接口密封圈尚未失效，承插口的嵌固作用仍然有效，见图 13.4-10；另一种情况是承插口已经脱离，管道承插口的嵌固作用失效，相当于管道断裂，见图 13.4-11。

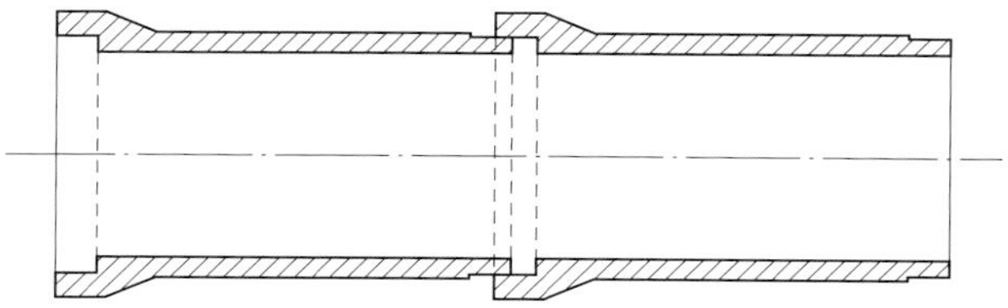

图 13.4-10　承插口尚未脱离示意图

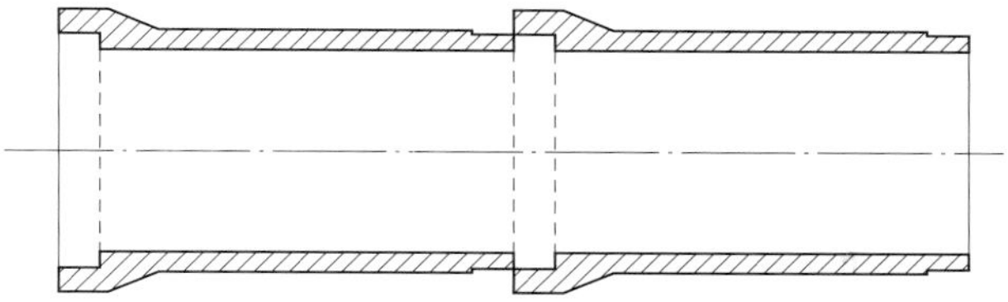

图 13.4-11 承插口已经脱离示意图

7）接口材料脱落。CJJ 181 规程考虑接口的刚性接口材料若进入管内一般会被冲走，看不到，胶圈材料则会悬挂在管道内，故缺陷描述主要是针对胶圈密封材料。如上部胶圈脱落，未悬挂在过水面内，对水流没有影响，则定义为 1 级缺陷；在下部的过水面内可见胶圈，则定义为 2 级缺陷；如由于接口材料脱落导致地下水流入，则按渗水另计缺陷。CJJ 181 规程没有区分防水圈侵入和防水圈破坏这两种情况，主要基于：只要是胶圈进入管内，无论是否破坏，都已经失去作用；若胶圈仅在原位破坏，则在管内看不到，也就无评价意义。

8）支管暗接。由于我国对于支管接入主管的规定是采用检查井内接入，支管的这种接入的方式将会对管道结构产生影响，参考丹麦和上海的规程，将支管暗接纳入结构性缺陷。支管是人为接入主管排水，从评分分值上来说，支管未接入主管是支管暗接中最严重的，按破洞处理。当支管接入主管后，接口位如未修补处理，存在缝隙，则另计破裂缺陷；如修补则仅计支管暗接缺陷。支管接入长度的判读见图 13.4-12，支管暗接缺陷描述方法举例见表 13.4-5。

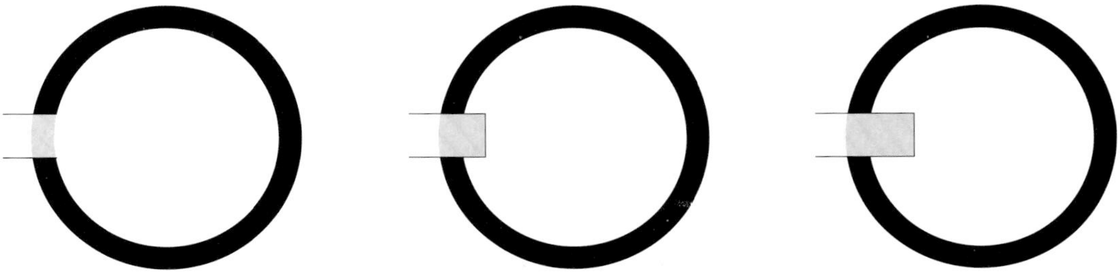

（a）支管未接入主管内　（b）支管接入主管内的长度等于主管直径 10%　（c）支管接入主管内的长度等于主管直径 20%

图 13.4-12 支管接入长度的判读

支管暗接缺陷描述方法举例　表 13.4-5

名称	代码	现象	位置尺寸
支管暗接	AJ	接口位突出，但主管未受损伤	在 ×× 点钟位置，接入管口直径（mm），突出（mm）
		接口位突出，且主管受损出现裂痕	在 ×× 点钟位置，接入管口直径（mm），突出（mm）
		接口位突出，且主管受损出现破裂	在 ×× 点钟位置，接入管口直径（mm），突出（mm）
		支管未接入，且主管受损出现破裂	在 ×× 点钟位置，破裂口直径（mm）

9）异物穿入。异物穿入按异物在管道内占用过水断面面积分为 3 个等级。由于异物穿入破坏了管道结构，故定义为结构性缺陷。对于非穿透管壁的异物，定义为功能性缺陷。异物穿入占用断面的判读见图 13.4-13，异物穿入缺陷描述方法举例见表 13.4-6。

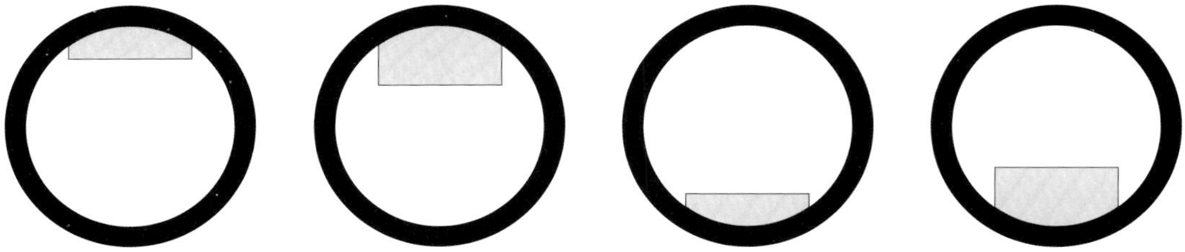

（a）异物在管道内的上方，且占用断面等于 10%　（b）异物在管道内的上方，且占用断面等于 20%；　（c）异物在管道内的下方，且占用断面等于 10%　（d）异物在管道内的下方，且占用断面等于 20%

图 13.4-13　异物穿入占用断面的判读

异物穿入缺陷描述方法举例　表 13.4-6

名称	代码	现象	位置尺寸
异物穿入	CR	异物在管道中轴线以上，阻水面积小于 10%	在 ×× 点钟位置，侵入物尺寸（mm）
		异物在管道中轴线以上，阻水面积小于 10%	在 ×× 点钟位置，侵入物尺寸（mm）
		异物已导致管道破损，阻水面积大于 10%	在 ×× 点钟位置，侵入物尺寸（mm）

10）渗漏。渗漏分为内渗和外渗。由于外渗在内窥检测中看不到，故对于 CCTV 检测等内窥检测技术不适用；内渗往往是由结构性缺陷引起的附加缺陷，它将导致流砂进入管道，不但增加管道的输水量，还引起地下被掏空。渗漏的基本判读方法为：水沿管壁缓慢渗入为 1 级缺陷；当水依靠惯性力可以脱离管壁流入时为 2 级缺陷；当水具有一定的压力小股射入时为 3 级缺陷；多处涌入或喷出，涌漏水形成的水帘面积超过 1/3 管道断面时为 4 级缺陷。

13.4.2 管段结构性缺陷参数计算

1. 管段结构性缺陷参数

管段结构性缺陷参数应按式（13.4-1）计算：

$$F=\max\{P_i\} \tag{13.4-1}$$

式中　F——管段结构性缺陷参数；

P_i——本管段第 i 个结构性缺陷的分值，按表 13.4-1 取值。

管段结构性缺陷参数 F 的确定，是对管段损坏状况参数经比较取大值而得。CJJ 181 规程的管段结构性参数的确定是依据排水管道缺陷的开关效应原理，即一处受阻，全线不通。因此，管段的损坏状况等级取决于该管段中最严重的缺陷。

2. 管段损坏状况参数

管段损坏状况参数 S 的确定应符合下列规定：

（1）管段损坏状况参数应按式（13.4–2）计算：

$$S=\sum_{n}^{i}\left(P_i\times\frac{l_i}{l_1+l_2+l_3+\cdots+l_n}\right) \quad (13.4\text{–}2)$$

式中 S——管段损坏状况参数，按缺陷点数计算的加权平均分值；

n——管段的结构性缺陷数量；

l_i——本管段第 i 个结构性缺陷的纵向长度（m）。

（2）当管段存在结构性缺陷时，结构性缺陷密度应按式（13.4–3）计算：

$$S_M=\frac{1}{SL}\sum_{i=1}^{n}P_i l_i \quad (13.4\text{–}3)$$

式中 S_{M}——管段结构性缺陷密度；

L——管段长度（m）。

管段损坏状况参数是缺陷分值的计算结果，S 是管段各缺陷分值的加权平均值。

管段结构性缺陷密度是基于管段缺陷平均值 S 时，对应 S 的缺陷总长度占管段长度的比值。该缺陷总长度是计算值，并不是管段的实际缺陷长度。缺陷密度值越大，表示该管段的缺陷数量越多。

管段的缺陷密度与管段损坏状况参数的平均值 S 配套使用。平均值 S 表示缺陷的严重程度，缺陷密度表示缺陷量的程度。

3. 管段结构性缺陷等级

管段结构性缺陷等级评定应符合表 13.4–7 的规定。管段结构性缺陷类型评估可按表 13.4–8 确定。

管段结构性缺陷等级评定 表 13.4–7

等级	缺陷参数 F	损坏状况描述
Ⅰ	$F\leqslant 1$	无或有轻微缺陷，结构状况基本不受影响，但具有潜在变坏的可能
Ⅱ	$1<F\leqslant 3$	管段缺陷明显超过一级，具有变坏的趋势

续表

等级	缺陷参数 F	损坏状况描述
Ⅲ	$3<F\leqslant 6$	管段缺陷严重，结构状况受到影响
Ⅳ	$F>6$	管段存在重大缺陷，损坏严重或即将导致破坏

管段结构性缺陷类型评估　　表 13.4–8

缺陷密度 S_M	<0.1	0.1 ~ 0.5	>0.5
管段结构性缺陷类型	局部缺陷	部分或整体缺陷	整体缺陷

在进行管段的结构性缺陷评估时应确定缺陷等级，结构性缺陷参数 F 是比较了管段缺陷最高分和平均分后的缺陷分值，该参数的等级与缺陷分值对应的等级一致。管段的结构性缺陷等级仅是管体结构本身的病害状况，没有结合外界环境的影响因素。管段结构性缺陷类型指的是对管段评估给予局部缺陷还是整体缺陷的综合性定义的参考值。

13.4.3 管段修复指数计算

管段修复指数是在确定管段本体结构缺陷等级后，再综合管道重要性与环境因素，表示管段修复紧迫性的指标。管道只要有缺陷，就需要修复。但是如果需要修复的管道多，在修复力量有限、修复队伍任务繁重的情况下，制定管道的修复计划就应该根据缺陷的严重程度和缺陷对周围的影响程度，根据缺陷的轻重缓急制定修复计划。修复指数是制定修复计划的依据。

管段修复指数应按式（13.4–4）计算：

$$RI=0.7F+0.1K+0.05E+0.15T \tag{13.4–4}$$

式中　K——地区重要性参数，可按表 13.4–9 的规定确定；

E——管道重要性参数，可按表 13.4–10 的规定确定；

T——土质影响参数，可按表 13.4–11 的规定确定。

地区重要性参数 K　　表 13.4–9

地区类别	K 值
中心商业、附近具有甲类民用建筑工程的区域	10
交通干道、附近具有乙类民用建筑工程的区域	6
其他行车道路、附近具有丙类民用建筑工程的区域	3
所有其他区域或 $F<4$ 时	0

管道重要性参数 E 表 13.4–10

管径 D	E 值	管径 D	E 值
D>1500mm	10	600mm ≤ D ≤ 1000mm	3
1000<D ≤ 1500mm	6	D<600mm 或 F<4	0

土质影响参数 T 表 13.4–11

土质	一般土层或 F=0	粉砂层	湿陷性黄土			膨胀土			淤泥类土		红黏土
			Ⅳ级	Ⅲ级	Ⅰ、Ⅱ级	强	中	弱	淤泥	淤泥质土	
T 值	0	10	10	8	6	10	8	6	10	8	8

管段的修复等级划分按照式（13.4–5）计算的修复指数确定，如果结构性缺陷参数 F=0，即管段没有缺陷，但在最不利条件下的修复指数 RI 也可达到 3，管段的修复等级为Ⅱ级，这与实际不符。为此，当结构性缺陷参数 F=0 时不计算 RI 值，直接定义 RI=0。

地区重要性参数中考虑了管道敷设区域附近建筑物重要性，如果管道堵塞或者管道破坏，建筑物的重要性不同，影响也不同。建筑类别参考了《建筑工程抗震设防分类标准》GB 50223—2008。该标准第 3.0.1 条提到，建筑抗震设防类别划分应包括：建筑破坏造成的人员伤亡、直接和间接经济损失及社会影响的大小；城镇的大小、行业的特点、工矿企业的规模；建筑使用功能失效后，对全局的影响范围大小等。由于建筑抗震设防分类标准划分和 CJJ 181 规程地区重要性参数中的建筑重要性具有部分相同的因素，所以 CJJ 181 规程关于地区重要性参数的确定，考虑了管道附近建筑物的重要性因素。

管径大小基本可以反映管道的重要性，目前各国没有统一的大、中、小排水管道划分标准，CJJ 181 规程采用《城镇排水管渠与泵站运行、维护及安全技术规程》CJJ 68—2016 第 3.1.6 条关于排水管道按管径划分为小型管、中型管、大型管和特大型管的标准。

埋设于粉砂层、湿陷性黄土、膨胀土、淤泥类土、红黏土的管道，由于土层对水敏感，一旦管道出现缺陷，将会产生更大的危害。

处于粉砂层的管道，如果管道存在漏水，则在水流的作用下，产生流砂现象，掏空管道基础，加速管道破坏。

湿陷性黄土是在一定压力作用下受水浸湿，土体结构迅速破坏而发生显著附加下沉，导致建筑物破坏。我国黄土分布面积达 60 万 km^2，其中有湿陷性的约为 43 万 km^2，主要分布在黄河中游的甘肃、陕西、山西、宁夏、河南、青海等省区，地理位置属于干旱与半干旱气候地带，其物质主要来源于沙漠与戈壁，抗水性弱、遇水强烈崩解、膨胀量较小，但失水收缩较明显。管道存在漏水现象时，地基迅速下沉，造成管道因不均匀沉降导致破坏。

在工程建设中，经常会遇到一种具有特殊变形性质的黏性土，其土中含有较多的黏粒及亲水性较强的蒙脱石或伊利石等黏土矿物成分，它具有遇水膨胀、失水收缩的特性，并且这种作用循环可逆，具有这种膨胀和收缩性的土，称为膨胀土。管道存在漏水现象时，将会引起此种地基土变形，造成管道破坏。

淤泥类土是在静水或缓慢的流水（海滨、湖泊、沼泽、河滩）环境中沉积，经生物化学作用形成的含有较多有机物、未固结的饱和软弱粉质黏性土。我国淤泥类土按成因基本上可以分为两大类：一类是沿海沉积淤泥类土，另一类是内陆和山区湖盆地及山前谷地沉积地淤泥类土。其特点是透水性弱、强度低、压缩性高，状态为软塑状态，一经扰动，结构破坏，处于流动状态。当管道存在破裂、错口、脱节时，淤泥被挤入管道，造成地基沉降，地面塌陷，破坏管道。

红黏土是指碳酸盐类岩石（石灰岩、白云岩、泥质泥岩等），在亚热带温湿气候条件下，经风化而成的残积、坡积或残～坡积的褐红色、棕红色或黄褐色的高塑性黏土。主要分布在云南、贵州、广西、安徽、四川东部等。有些地区的红黏土受水浸湿后体积膨胀，干燥失水后体积收缩，具有胀缩性。当管道存在漏水现象时，将会引起地基变形，造成管道破坏。

管段修复等级划分应符合表 13.4-12 的规定。

管段修复等级划分　　表 13.4-12

等级	修复指数 RI	修复建议及说明
Ⅰ	$RI \leqslant 1$	结构条件基本完好，不修复
Ⅱ	$1<RI \leqslant 4$	结构在短期内不会发生破坏现象，但应做修复计划
Ⅲ	$4<RI \leqslant 7$	结构在短期内可能会发生破坏，应尽快修复
Ⅳ	$RI>7$	结构已经发生或即将发生破坏，应立即修复

根据修复指数确定修复等级，等级越高，修复的紧迫性越大。

13.5 功能性状况评估

13.5.1 管道功能性缺陷类型与分级

管道功能性缺陷指导致管道过水断面发生变化，影响畅通性能的缺陷。管道功能性缺陷可以通过养护疏通得到改善。

管道功能性缺陷名称、代码、等级划分及分值应符合表 13.5-1 的规定。

管道功能性缺陷名称、代码、等级划分及分值　　表 13.5-1

缺陷名称	缺陷代码	定义	等级	缺陷描述	分值
沉积	CJ	杂质在管道底部沉淀淤积	1	沉积物厚度为管径的 20% ~ 30%	0.5
			2	沉积物厚度为管径的 30% ~ 40%	2
			3	沉积物厚度为管径的 40% ~ 50%	5
			4	沉积物厚度大于管径的 50%	10
结垢	JG	管道内壁上的附着物	1	硬质结垢造成的过水断面损失不大于 15%；软质结垢造成的过水断面损失在 15% ~ 25% 之间	0.5
			2	硬质结垢造成的过水断面损失在 15% ~ 25% 之间；软质结垢造成的过水断面损失在 25% ~ 50% 之间	2
			3	硬质结垢造成的过水断面损失在 25% ~ 50% 之间；软质结垢造成的过水断面损失在 50% ~ 80% 之间	5
			4	硬质结垢造成的过水断面损失大于 50%；软质结垢造成的过水断面损失大于 80%	10
障碍物	ZW	管道内影响过流的阻挡物	1	过水断面损失不大于 15%	0.1
			2	过水断面损失在 15% ~ 25% 之间	2
			3	过水断面损失在 25% ~ 50% 之间	5
			4	过水断面损失大于 50%	10
残墙、坝根	CQ	管道闭水试验时砌筑的临时砖墙封堵，试验后未拆除或拆除不彻底的遗留物	1	过水断面损失不大于 15%	1
			2	过水断面损失在 15% ~ 25% 之间	3
			3	过水断面损失在 25% ~ 50% 之间	5
			4	过水断面损失大于 50%	10
树根	SG	单根树根或是树根群自然生长进入管道	1	过水断面损失不大于 15%	0.5
			2	过水断面损失在 15% ~ 25% 之间	2
			3	过水断面损失在 25% ~ 50% 之间	5
			4	过水断面损失大于 50%	10
浮渣	FZ	管道内水面上的漂浮物（该缺陷需记入检测记录表，不参与计算）	1	零星的漂浮物，漂浮物占水面面积不大于 30%	—
			2	较多的漂浮物，漂浮物占水面面积为 30% ~ 60%	—
			3	大量的漂浮物，漂浮物占水面面积大于 60%	—

注：表中缺陷等级定义区域 X 的范围为 x ~ y 时，其界限的意义是 $x<X \leq y$。

管道功能性缺陷等级划分详细解释如下：

（1）沉积。由细颗粒固体（如泥砂等）长时间堆积形成，淤积量大时会减少过水面积。缺陷的严重程度按照沉积厚度占管径的百分比确定，判读的方法可参照水位，管道沉积占用断面比例对照图见图 13.5-1。

（2）结垢。结垢根据管壁上附着物的不同分为硬质结垢和软质结垢，硬质结垢和软质结垢相同的断面损失率具有不同的等级，主要是因为软质结垢的视觉断面对水流的影响弱于硬质结垢。结垢与沉积不同，结垢是细颗粒污物附着在管壁上，在侧壁和底部均可存在，而沉积只存在于管道底部。管道结垢断面损失率示意图见图 13.5–2。

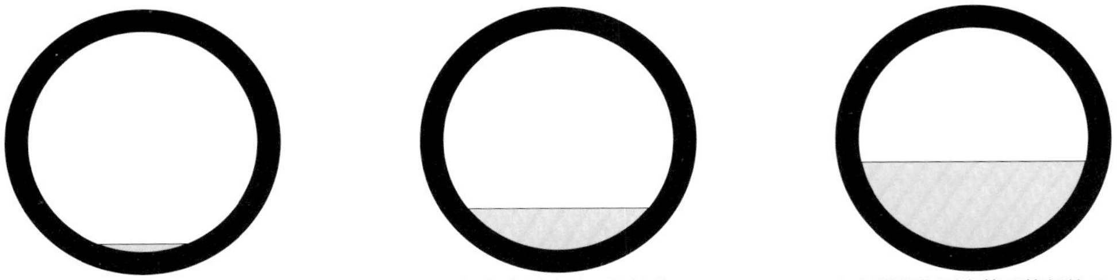

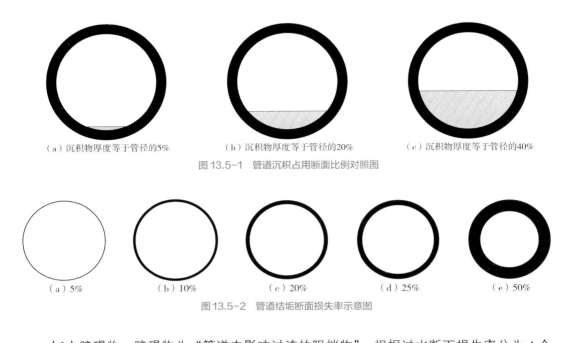

（a）沉积物厚度等于管径的5%　（b）沉积物厚度等于管径的20%　（c）沉积物厚度等于管径的40%

图 13.5–1　管道沉积占用断面比例对照图

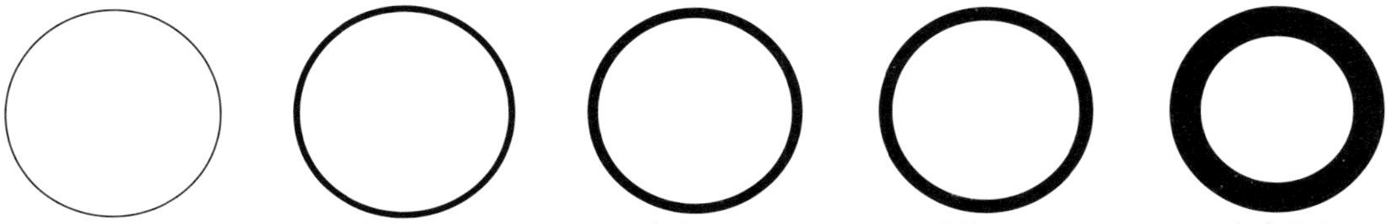

（a）5%　（b）10%　（c）20%　（d）25%　（e）50%

图 13.5–2　管道结垢断面损失率示意图

（3）障碍物。障碍物为“管道内影响过流的阻挡物”，根据过水断面损失率分为 4 个等级。是否属于“障碍物”基于两点：一是管道结构本身是否完好，二是工程性（可追溯性）缺陷和非工程性（难以追溯性）缺陷。如果障碍物破坏了管体结构，则将其纳入结构性缺陷，缺陷名称为“异物穿入”；如果管体结构完好，管内障碍物则归为功能性缺陷。障碍物明显是施工问题造成的且可追溯的则定义为工程性缺陷，障碍物不明原因或难以追溯的定义为非工程性缺陷；故此，CJJ 181 规程将非工程性缺陷定义为“障碍物”，工程性缺陷的阻塞物定义为“残墙、坝根”。因此，障碍物是外部物体进入管道内，具有明显的、占据一定空间尺寸的特点，如石头、柴板、树枝、遗弃的工具、破损管道的碎片等。障碍物造成的断面损失判读见图 13.5–3。

（4）残墙、坝根。CJJ 181 规程将残墙、坝根定义为“管道闭水试验时砌筑的临时砖墙封堵，试验后未拆除或拆除不彻底的遗留物”，其特点是管道施工完毕进行闭水试验时砌筑的封堵墙。残墙、坝根特征明显，是工程性结构，由施工单位所为，具有很明确的可追溯性，故将其单独列项。障碍物的特点是发现地点与物体进入管道地点不同，常常不明来源，责任人难以追溯，故 CJJ 181 规程将障碍物和残墙坝根列为两种不同的缺陷。

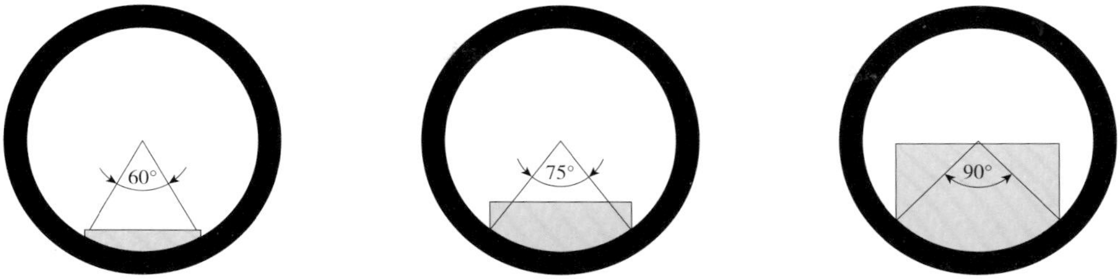

（a）断面损失5%　（b）断面损失15%　（c）断面损失40%

图 13.5-3　障碍物占用断面比例对照图

（5）树根。树根从管道接口的缝隙或破损点侵入管道，生长成束后导致过水面积减小，由于树根的穿透力很强，往往会导致管道受损。CJJ 181 规程中的树根未按照树根的粗细分级，只是根据侵入管道的树根所占管道断面的面积百分率进行分级。

（6）浮渣。不溶于水及油渣等漂浮物在水面囤积，按漂浮物所占水面面积的百分比分为 3 个等级。由于漂浮物所占面积经常处于动态的变化中，另外借鉴上海的成熟做法，将漂浮物只记录现象，不参与计算。

功能性缺陷描述方法参见表 13.5-2。

功能性缺陷描述方法　　表 13.5-2

名称	缩写	描述方法	位置表示
沉积	CJ	沉积物淤积厚度	用百分比（%）表示
结垢	JG	管壁结垢	用减少过水面积所占管径的比例和时钟位置表示
障碍物	ZW	块石等	用减少过水面积所占的百分比（%）表示
残墙、坝根	CQ	未拆除的挡水墙	用减少过水面积所占的百分比（%）表示
树根	SG	树根穿透管壁	成簇的根须用减少过水面积所占的百分比（%）表示
浮渣	FZ	水面漂浮淤积物（油污等）	用减少过水面积所占的百分比（%）表示

13.5.2　管段功能性缺陷参数计算

1. 管段功能性缺陷参数

管段功能性缺陷参数应按式（13.5-1）计算：

$$G=\max\{P_j\} \tag{13.5-1}$$

式中　G——管段功能性缺陷参数；

P_j——第 j 个功能性缺陷的分值，按表 13.5-1 取值。

2. 运行状况参数

运行状况参数的确定应符合下列规定：

（1）管段运行状况参数应按式（13.5-2）计算：

$$Y=\sum_{m}^{j}\left(P_j\times\frac{l_j}{l_1+l_2+l_3+\cdots+l_m}\right) \tag{13.5-2}$$

式中　Y——管段运行状况参数，按缺陷点数计算的功能性缺陷加权平均分值；

m——管段的功能性缺陷数量；

l_j——本管段第 j 个功能性缺陷的纵向长度（m）。

（2）当管段存在功能性缺陷时，功能性缺陷密度应按式（13.5-3）计算：

$$Y_{\mathrm{M}}=\frac{1}{YL}\sum_{j=1}^{m}P_j l_j \tag{13.5-3}$$

式中　Y_{M}——管段功能性缺陷密度；

L——管段长度（m）。

管段运行状况系数是缺陷分值的计算结果，Y 是管段各缺陷分值的加权平均值。

管段功能性缺陷密度是基于管段平均缺陷值 Y 时的缺陷总长度占管段长度的比值，该缺陷密度是计算值，并不是管段缺陷的实际密度，缺陷密度值越大，表示该管段的缺陷数量越多。

管段的缺陷密度与管段损坏状况参数的平均值 Y 配套使用。平均值 Y 表示缺陷的严重程度，缺陷密度表示缺陷量的程度。

当出现两个尺寸相同的障碍物之类局部结构性缺陷，2 个障碍物的间距大于 1m 并且小于 1.5m 时，考虑到两个障碍物之间产生影响，可能会放大缺陷的严重程度，此时可取 β=1.1，其他情况下 β=1.0。

3. 管段功能性缺陷等级

管段功能性缺陷等级评定应符合表 13.5-3 的规定。管段功能性缺陷类型评估可按表 13.5-4 确定。

管段功能性缺陷等级评定　　表 13.5-3

等级	缺陷参数	运行状况说明
Ⅰ	$G\leqslant 1$	无或有轻微影响，管道运行基本不受影响
Ⅱ	$1<G\leqslant 3$	管道过流有一定的受阻，运行受影响不大
Ⅲ	$3<G\leqslant 6$	管道过流受阻比较严重，运行受到明显影响
Ⅳ	$G>6$	管道过流受阻很严重，即将或已经导致运行瘫痪

管段功能性缺陷类型评估　　表 13.5-4

缺陷密度 Y_M	<0.1	0.1 ~ 0.5	>0.5
管段功能性缺陷类型	局部缺陷	部分或整体缺陷	整体缺陷

13.5.3　管段养护指数计算

在进行管段的功能性缺陷评估时应确定缺陷等级，功能性缺陷参数 G 是比较了管段缺陷最高分和平均分后的缺陷分值，该参数的等级与缺陷分值对应的等级一致。管段的功能性缺陷等级仅是管段内部运行状况的受影响程度，没有结合外界环境的影响因素。

管段的养护指数是在确定管段功能性缺陷等级后，再综合考虑管道重要性与环境因素，表示管段养护紧迫性的指标。由于管道功能性缺陷仅涉及管道内部运行状况的受影响程度，与管道埋设的土质条件无关，故养护指数的计算没有将土质影响参数考虑在内。如果管道存在缺陷，且需要养护的管道多，在养护力量有限、养护队伍任务繁重的情况下，就应该根据缺陷的严重程度和缺陷发生后对服务区域内的影响程度、根据缺陷的轻重缓急制定养护计划。养护指数是制定养护计划的依据。

（1）管段养护指数应按式（13.5-4）计算：

$$MI=0.8G+0.15K+0.05E \tag{13.5-4}$$

式中　MI——管段养护指数；

K——地区重要性参数，可按表 13.4-9 的规定确定，当 $G<4$ 时，$K=0$；

E——管道重要性参数，可按表 13.4-10 的规定确定，当 $D<600$mm 或 $G<4$ 时，$E=0$。

当管段不存在功能性缺陷时，应当是完好的，所以也就不存在养护的问题。但是根据式（13.5-4），即使 $G=0$，当地区、管道这两个环境因素均处于最不利情况时，也有 $MI=2$ 的计算结果。根据表 13.5-5 的管段养护等级划分，养护指数为Ⅱ级，应做养护计划，这显然不合理。所以当 $G<4$ 时，$K=0$；当 $D<600$mm 或 $G<4$ 时，$E=0$。

（2）管段养护等级划分应符合表 13.5-5 的规定。

管段养护等级划分　　表 13.5-5

等级	养护指数 MI	养护建议及说明
Ⅰ	$MI \leqslant 1$	没有明显需要处理的缺陷
Ⅱ	$1<MI \leqslant 4$	没有立即进行处理的必要，但宜安排处理计划
Ⅲ	$4<MI \leqslant 7$	根据基础数据进行全面的考虑，应尽快处理
Ⅳ	$MI>7$	输水功能受到严重影响，应立即进行处理

13.6 管道周边环境状况评估

13.6.1 土体病害因素与分类

管道周边土体病害指土体中存在的土质疏松、空洞、富水异常等构造性缺陷。这些土体病害往往与管道自身缺陷并存且有所关联。根据《室外排水管道检测与评估技术规程》T/CECS 1507—2023，管道周边土体病害状况受多种因素影响，每种因素的影响程度不一，较为复杂，故对于管道土体病害分值采用了多因素加权法进行计算，并经由专家探讨打分，结合工程经验，确定土体病害因素、分类代码、因素分值、权重及分值。如表 13.6-1 所示。

土体病害因素、分类代码、因素分值、权重及分值　　表 13.6-1

	因素	分类（代码）	因素分值	权重	分值
土体病害	病害属性	轻微疏松（QS）	1	0.35	=Σ（因素分值 × 权重）
		中等疏松（ZS）	2		
		一般富水（YF）			
		严重疏松（YS）	5		
		严重富水（ZF）			
		空洞（KD）	10		
	病害覆土深度	$H>5$m	1	0.20	
		2m$<H\leqslant$5m	2		
		1m$<H\leqslant$2m	5		
		$H\leqslant$1m	10		
	病害面积	$S\leqslant 2\text{m}^2$	1	0.16	
		$2\text{m}^2<S\leqslant 4\text{m}^2$	2		
		$4\text{m}^2<S\leqslant 10\text{m}^2$	5		
		$S>10\text{m}^2$	10		
	病害高度	$H\leqslant$1m	1	0.14	
		1m$<H\leqslant$2m	2		
		2m$<H\leqslant$4m	5		
		$H>4$m	10		
	相对管线距离	$L>3D$（D 为管径）	1	0.10	
		$2D<L\leqslant 3D$	2		
		$D<L\leqslant 2D$	5		
		$L\leqslant D$	10		
	地下水影响	地下水位很低	1	0.05	
		地下水位低于管道	2		
		地下水位偶尔超过管道	5		
		地下水位常年超过管道	10		

13.6.2 管段周边土体病害参数计算

1. 管段周边土体病害参数

管段周边土体病害参数应按式（13.6−1）计算：

$$H=\max\{P_k\} \quad (13.6-1)$$

式中 H——管段周边土体病害参数；

P_k——本管段第 k 个土体病害缺陷的分值，按表 13.6−1 取值。

2. 管段周边土体病害状况参数

管段周边土体病害状况参数 R 的确定应符合下列规定：

（1）管段周边土体病害状况参数应按式（13.6−2）计算：

$$R=\sum_t^k\left(P_k\times\frac{l_k}{l_1+l_2+l_3+\cdots+l_t}\right) \quad (13.6-2)$$

式中 R——管段周边土体病害状况参数，按缺陷点数计算的土体病害缺陷加权平均分值；

t——管段的土体病害缺陷数量；

l_k——本管段第 k 个土体病害缺陷的纵向长度（m）。

（2）当管段周边存在土体病害时，土体病害密度应按式（13.6−3）计算：

$$R_{\mathrm{M}}=\frac{1}{RL}\sum_{k=1}^{t}P_k l_k \quad (13.6-3)$$

式中 R_{M}——管段周边土体病害密度；

L——管段长度（m）；

其余符号意义同前。

（3）管道周边土体病害等级评定应符合表 13.6−2 的规定。管道周边土体病害类型评估可按表 13.6−3 确定。

管段周边土体病害等级评定　　表 13.6−2

等级	病害参数	周边土体状况描述
Ⅰ	$H\leqslant 1$	无或有轻微病害，对管道安全运行影响较小
Ⅱ	$1<H\leqslant 3$	土体病害程度中等，对管道安全运行构成一定影响
Ⅲ	$3<H\leqslant 6$	土体病害比较严重，对管道安全运行构成较大影响
Ⅳ	$H>6$	土体病害很严重，对管道安全运行构成严重影响

管段周边土体病害类型评估　　表 13.6-3

病害密度 R_M	<0.1	0.1 ~ 0.5	>0.5
管段周边土体病害类型	局部病害	部分或整体病害	整体病害

13.6.3 管段的环境指数计算

管段的环境指数是在确定管段周边土体病害等级后，再综合管道自身、管道重要性与环境因素，表示周边土体环境对管段运行安全影响程度的指标。

环境指数是制定管道周边土体病害处置计划的依据。影响排水管道的安全状态因素有很多，如管材、接口形式、埋设方法、同一断面管道数量和距离、地面活荷载情况、周边土体病害、病害区域大小、病害区域和管道的距离等。上述因素可以大体归纳为管道运行环境、管道自身技术状态、管道周边土体病害状况和周边土体病害与管道的相对位置等 4 大影响方面。环境指数计算式综合考虑了以上 4 个影响方面的因素。管段环境指数应按式（13.6-4）计算，管段环境等级划分按照表 13.6-4 的决定。

$$EI=0.7\times H+0.1\times K+0.05\times E+0.05\times T \quad (13.6\text{-}4)$$

式中　EI——管段环境指数；

K——地区重要性参数，可按表 13.4-9 的规定确定；

E——管道重要性参数，可按表 13.4-10 的规定确定；

T——土质影响参数，可按表 13.4-11 的规定确定。

管段环境等级划分　　表 13.6-4

等级	环境指数 EI	处理建议及说明
Ⅰ	$EI\leqslant 1$	对管道安全运行无影响或影响较小，建议定期巡查
Ⅱ	$1<EI\leqslant 4$	对管道安全运行构成一定影响，建议加强重点巡查
Ⅲ	$4<EI\leqslant 7$	对管道安全运行构成较大影响，可能引发次生灾害，应制定处置计划并加强监测
Ⅳ	$EI>7$	对管道安全运行构成严重影响，易引发严重次生灾害，应立即进行处置

13.7 管道检测与评价实例

广州市某区道路下排水管道经检测后，某三个管段的结构性缺陷检测结果如表 13.7-1 所示，功能性缺陷检测结果如表 13.7-2 所示。

排水管道结构性缺陷检测结果 表 13.7-1

序号	管段编号	管径（mm）	材质	检测长度（m）	缺陷距离（m）	缺陷名称及位置	缺陷等级	缺陷分值
1	W4-W5	600	HDPE	44.00	18.37	变形，位置：0901	3	5
					20.33 ~ 22.85	变形 2 级，位置：1002	2	2
					27.05 ~ 30.56	变形 3 级，位置：0408	3	5
2	Y21-Y22	400	HDPE	35.00	9.11	破裂 4 级，位置：0902	4	10
3	W26-W27	800	钢筋混凝土	50.00	14.68	接口材料脱落，位置：0705	2	3
					25.45	渗漏，位置：12	2	2
					31.58	接口材料脱落，位置：1102	1	1

排水管道功能性缺陷检测结果 表 13.7-2

序号	管段编号	管径（mm）	材质	检测长度（m）	缺陷距离（m）	缺陷名称及位置	缺陷等级	缺陷分值
1	W4-W5	600	HDPE	44.00	30.16	树根位置 02	1	0.5
2	Y21-Y22	400	HDPE	35.00	12.00 ~ 31.00	沉积	2	2
3	W26-W27	800	钢筋混凝土	50.00	50.00	残墙	4	10

（1）管道结构性评估参数计算

1）管段损坏状况参数 S 的确定

W4-W5：该管段有三个缺陷，分值分别为 5、2、5，则 $S=(5+2+5)/3=4$，$S_{max}=5$。

Y21-Y22：该管段有一个缺陷，分值为 10，则 $S=10$，$S_{max}=10$。

W26-W27：该管段有三个缺陷，分值分别为 3、2、1，则 $S=(3+2+1)/3=2$，$S_{max}=3$。

2）管段结构性状况评价参数 F 的确定

W4-W5：$S=(5+2+5)/3=4$，$S_{max}=5$，则 $F=S_{max}=5$。

Y21-Y22：$S=10$，$S_{max}=10$，则 $F=S_{max}=10$。

W26-W27：$S=(3+2+1)/3=2$，$S_{max}=3$，则 $F=S_{max}=3$。

3）管段结构性缺陷密度 S_M 的确定

W4-W5：$S=4$，$L=44$，缺陷分值和长度分别为 5/1、2/2.52、5/3.51，

则 $S_M=(5\times1+2\times2.52+5\times3.51)/(4\times44)=0.16$。

Y21-Y22：$S=10$，$L=35$，缺陷分值和长度分别为 10/1，

则 $S_M=(10\times1)/(10\times35)=0.03$。

W26-W27：$S=2$，$L=50$，缺陷分值和长度分别为 3/1、2/1、1/1，

则 $S_M=(3\times1+2\times1+1\times1)/(2\times50)=0.06$。

4）管段结构性缺陷等级和类型的确定

W4-W5：$F=5$，$3<F\leqslant6$，管段为 Ⅲ 级缺陷；$0.1<S_M<0.5$ 管段为部分缺陷。

Y21-Y22：F=10，F>6，管段为Ⅳ级缺陷；S_M<0.1 管段为局部缺陷。

W26-W27：F=3，1< F ≤ 3，管段为Ⅱ级缺陷；S_M<0.1 管段为局部缺陷。

5）管段修复指数 RI 的确定

该区域地质为淤泥、砂质粉，地处中心商业区。

W4-W5：K=10，E=3，T=10，RI=0.7×5+0.1×10+0.05×3+0.15×10=6.15。

Y21-Y22：K=10，E=0，T=10，RI=0.7×10+0.1×10+0.05×0+0.15×10=9.50。

W26-W27：K=0，E=0，T=10，RI=0.7×3+0.1×0+0.05×0+0.15×10=3.60。

（2）管道功能性评估参数计算

1）管段运行状况参数 Y 的确定

W4-W5：管段存在一个缺陷，分值为 0.5，则 Y=0.5/1=0.5，Y_{max}=0.5。

Y21-Y22：该管段存在一个缺陷，分值为 2，则 Y=2/1=2，Y_{max}=2。

W26-W27：该管段存在一个缺陷，分值为 10，则 Y=10/1=10，Y_{max}=10。

2）管段功能性参数 G 的确定

W4-W5：Y=0.5，Y_{max}=0.5，G=Y_{max}=0.5。

Y21-Y22：Y=2，Y_{max}=2，G=Y_{max}=2。

W26-W27：Y=10，Y_{max}=10，G=Y_{max}=10。

3）管段功能性缺陷密度 Y_M 的确定

W4-W5：Y=0.5，L=44，

缺陷分值和长度分别为 0.5/1，则 Y_M=（0.5×1）/（0.5×44）=0.023。

Y21-Y22：Y=2，L=35，

缺陷分值和长度分别为 2/19，则 Y_M=（2×19）/（2×35）=0.54。

W26-W27：Y=10，L=57.2，

缺陷分值和长度分别为 10/1，则 Y_M=（10×1）/（10×57.2）=0.02。

4）管段功能性缺陷等级和类型的确定

W4-W5：G=0.5，G<1，管段为Ⅰ级缺陷；Y_M<0.1，管段为局部缺陷。

Y21-Y22：G=2，1<G ≤ 3，管段为Ⅱ级缺陷；Y_M>0.5，管段为整体缺陷。

W26-W27：G=10，G>6，管段为Ⅳ级缺陷；Y_M<0.1，管段为局部缺陷。

5）管段养护指数 MI 的确定

该区域地质为淤泥、砂质粉土，地处中心商业区。

W4-W5：G=0.5，K=0，E=0，MI=0.8×0.5+0.15×0+0.05×0=0.40，养护等级Ⅰ级。

Y21-Y22：G=2，K=0，E=0，MI=0.8×2+0.15×0+0.05×0=1.60，养护等级Ⅱ级。

W26-W27：G=10，K=10，E=3，MI=0.8×10+0.15×10+0.05×3=9.65，养护等级Ⅳ级。

（3）管道状况评估结果见表 13.7-3

管段状况评估表

表 13.7-3

任务名称：XX 区域排水管道工程

管段	管径（mm）	长度（m）	材质	埋深（m）		结构性缺陷						功能性缺陷					
				起点	终点	平均值 S	最大值 S_{max}	缺陷等级	缺陷密度 S_M	修复指数 RI	综合状况评价	平均值 Y	最大值 Y_{max}	缺陷等级	缺陷密度 Y_M	养护指数 MI	综合状况评价
W4-W5	600	44.00	HDPE	3.652	3.582	4	5	Ⅲ	0.16	6.15	管段缺陷严重，结构受到影响，短期内会发生破坏，应尽快修复。该管段应修复三处，有条件时建议整体修复	0.5	0.5	Ⅰ	0.02	0.40	有轻微影响；局部缺陷
Y21-Y22	400	35.00	HDPE	3.102	3.021	10	10	Ⅳ	0.03	9.50	管段存在重大结构性缺陷，结构已经发生破坏，应立即修复。局部修复	2	2	Ⅱ	0.54	1.60	管道过流有一定的受阻，运行受影响不大；整体清疏
W26-W27	800	50.00	钢筋混凝土	4.211	4.107	2	3	Ⅱ	0.06	3.60	管段缺陷存在变坏的趋势，由于地处中心商业区，应尽快修复。局部修复	10	10	Ⅳ	0.02	9.65	管道断流，已经导致运行瘫痪；局部缺陷，应立即拆除

13.8 管道周边环境状况评估实例

某交通干道混凝土排水管道，管径 600mm，混凝土平基，橡胶圈柔性接口，埋设于粉土层中，该层具中压缩性，含水量为 32%（湿 ~ 很湿），是该区的主要潜水层，是易产生流砂现象的土层。管道运行三年后发现检查井下沉、管道上方的路面下凹。为有目的地进行修复、加固，采用了地质雷达 + 管道内窥的方法进行综合探查。

一般含水的疏松区内介质（水）相对周围土质介电常数高，导电率高，对电磁波能量吸收大，电磁波传播速度慢（$V_{土}\approx 3V_{水}$），使得雷达反射波在频率、能量，相位等特征上产生较大差异，反射波能量较弱，同相轴呈凹型。疏松区四周土体充填使得土体疏松和上部土层下沉、疏松，在地质雷达剖面上同样也反映出同相轴下凹、杂乱的形态，形象地表征出疏松区的形态。图 13.8-1 为某道路 R ~ Q 井段地质雷达检测时间剖面图，从图上可以看出，R 井西侧 0 ~ 2.5m 深度 3 ~ 4.1m、3.5 ~ 7m 深度 2.9 ~ 3.9m 和 17.5 ~ 23m 深度 2.4 ~ 3.9m 三处地质雷达反射波同相轴呈凹型，且相对杂乱，频率相对低，从而分析判断为严重疏松区。每处面积分别大约为 $5m^2$、$7m^2$、$15m^2$。

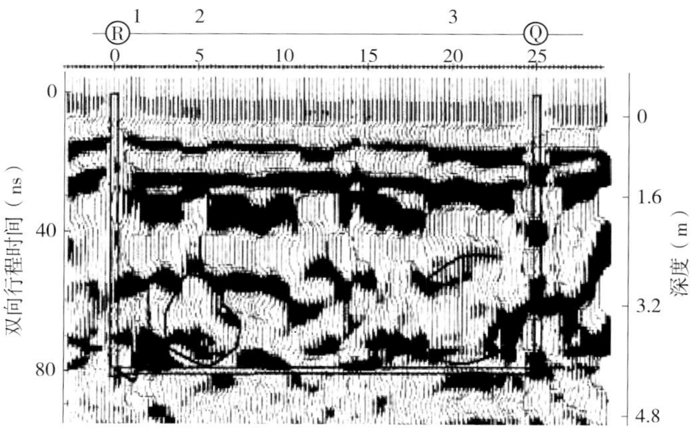

图 13.8-1　R ~ Q 井段地质雷达检测时间剖面图

对管道进行电视内窥，结果发现在 R 井西侧 0.66m 处缝隙较大；5.80m 处有裂缝；6.50m、8.90m、11.3m、14.9m、16.1m、17.3m、18.5m、20.9m、22.1m 位置接头拉开；19.7m 处接头受损。内窥结果显示管道有损坏的位置与地质雷达检测发现的异常区域基本吻合。

按该管段周边土体病害最严重处进行评分计算：

$$H=5\times0.35+2\times0.20+10\times0.16+2\times0.14+10\times0.10+10\times0.05=5.53$$

管段环境指数 $EI=0.7\times H+0.1\times K+0.05\times E+0.05\times T+0.05\times J+0.05\times M$

$$=0.7\times5.53+0.1\times6+0.05\times3+0.05\times8+0.05\times8+0.05\times8=5.8$$

$4<EI\leqslant7$ 环境等级为Ⅲ级，对管道安全运行构成较大影响，可能引发次生灾害，应制定处置计划并加强监测。

第 14 章

全景激光量化检测技术

14.1 概述

目前的CCTV检测一般使用旋转镜头，变倍倍数一般为10倍，爬行器前进时采用正向摄影的方法，遇到缺陷时，爬行器停止，使用侧向摄影方法，详细扫描缺陷（图14.1-1）。

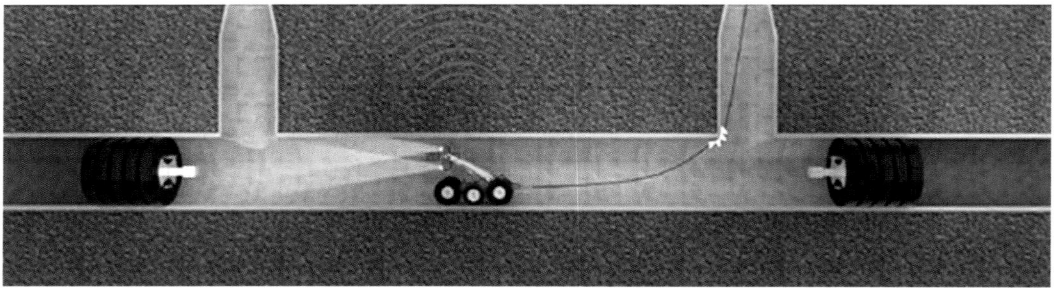

图 14.1-1　CCTV 检测原理图

检测完成后，由内业人员观看视频、结合现场记录表判读缺陷，进而输出检测报告。在这个过程中，缺陷的等级由判读人员定性确认。判读人员判读的对象为视频。

对于管道CCTV检测，CJJ 181规程对此有下列要求：

（1）直向摄影过程中，图像应保持正向水平，中途不应改变拍摄角度和焦距。

（2）在爬行器行进过程中，不应使用摄像镜头的变焦功能，当使用变焦功能时，爬行器应保持在静止状态。当需要爬行器继续行进时，应先将镜头的焦距恢复到最短焦距位置。

（3）侧向摄影时，爬行器宜停止行进，变动拍摄角度和焦距以获得最佳图像。

（4）在管道检测过程中，录像资料不应产生画面暂停、间断记录、画面剪接的现象。

（5）在检测过程中发现缺陷时，应将爬行器在完全能够解析缺陷的位置至少停止10s，确保所拍摄的图像清晰完整。

根据现行行业规范进行排水管道CCTV检测时，需要人工全程盯守爬行器的行进过程，管道缺陷处爬行器停止前进并环视管道缺陷部位，操作较为繁琐，检测效率低下，同时容易产生漏检的情况。在获取管道检测视频后，需要人工对缺陷进行分级分类，一方面，该工作完全依靠个人经验，没有对管道缺陷部位进行有效量化。另一方面，依靠人工智能对缺陷进行判读过程中，也存在准确率不足、缺陷无法量化的问题。

14.2　检测原理

全景激光量化测检测技术，采用多传感器融合的爬行器在管道中采集管道数据，保证爬行器在管道中行进一次即获得管道内全部信息，检测人员无需实时关注检测过程，爬行器也无需在每一个缺陷部位停止并进行环视。

爬行器在管道中爬行一次后即获得视频、激光轮廓、全景图、色谱图和姿态数据并对管道内缺陷部位进行有效量化，为管道养护提供有效的数据支撑。

激光检测是采用激光雷达探头对管道内部进行检测的方法。激光雷达的工作原理是向目标发射探测激光束，然后将接收到的从目标反射回来的信号与发射信号进行比较，进行适当处理后，就可获得目标的有关信息，如目标距离，它由激光发射机、光学接收机、转台和处理系统等组成，处理系统控制转台以一定速度旋转，在旋转过程中不断测量四周的目标距离。该距离应用在管道内部，就是管道内表面各个方向离激光雷达的距离。使用激光雷达在管道内部进行检测时，获取的激光数据反映了管道内部的轮廓情况，所以也叫激光轮廓数据或管道剖面激光数据。

获取激光轮廓数据后，通过算法，找到该轮廓的中心点，然后从 12 点钟方向开始，计算每个激光测量点到该中心点的距离，与标准的管道半径相比，根据与标准管道半径的差值而以不同的颜色进行显示，并将管道的激光轮廓数据进行展开展示，可以得到色谱图。

色谱图上不同颜色的点反映了该处的实际管径与理论管径的偏差。状态良好的管道，是不会存在偏差的，色谱图是一张显示很均匀的纯色图片。如果存在沉积或者破裂，色谱图上会以不同的颜色呈现。通过色谱图可以快速判断沉积、破裂、是否为支管等。

全景检测是 CCTV 检测的一种，其特征在于使用的镜头为全景镜头，拥有较大的视场范围，结合计算机处理技术，可以得到管道的全景展开图。

全景检测可以获得水平方向上 360°、垂直方向上一定角度的视场的装置，全景环形镜头在探测器上所成的像为环带像，同一视场角下的景物在像面上位于同一个圆，该圆的半径就是像高。环状像面的内半径由环带镜头视场上边缘对应的视场角度决定，外半径由环带镜头的下边缘对应的视场角度决定。

全景影像数据，又叫全景视频，是通过全景镜头对管道内部成像获取的数据。结合里程数据，对全景视频进行展开而获取的管道平铺图。可以简单理解为将一个圆形的管道沿着某条线切开，然后再平铺而得到的图片，又称全景展开图。

全景激光检测是同时使用激光雷达探头和全景镜头对管道进行检测的一种方法，单次检测就可以得到管道的全景影像数据、管道的全景展开图、管道的激光轮廓数据、管道的色谱图等。

14.3 设备类型和技术特点

14.3.1 设备类型

全景激光检测设备见图 14.3-1。

图 14.3-1 全景激光检测设备

14.3.2 技术特点

全景镜头、激光雷达探头的主要技术指标见表 14.3-1、表 14.3-2。

全景镜头主要技术指标 表 14.3-1

项目	技术指标
图像传感器	≥ 1/4″CCD，彩色
灵敏度（最低感光度）	≤ 3 勒克斯（lx）
视场角度	≥ 170°
分辨率	≥ 1920 × 1080

激光雷达探头主要技术指标 表 14.3-2

项目	技术指标
激光安全等级	IEC-60825Class1
测量管径范围	300 ~ 6000mm（反射率 10%）

续表

项目	技术指标
测量盲区	≤ 0.1m
扫描频率	≥ 5Hz（300rpm）
视场角度	360°
角度分辨率	≤ 0.33°
测量精度	≤ ±2cm

全景激光量化检测设备的技术特点包括：

（1）摄像镜头为全景镜头，视场角度达到 170° 以上；

（2）激光雷达探头的视场角度为 360°，能够完整地扫描到管道的断面轮廓；

（3）爬行器具有前进、后退、空档、变速、防侧翻等功能，轮径大小、轮间距可以根据被检测管道的大小进行更换或调整；

（4）主控制器可以在监视器上同步显示日期、时间、管径、在管道内的行进距离等信息，还可以进行数据处理；

（5）灯光强度可进行无级调节。

14.4 检测方法

14.4.1 检测条件

为了达到最佳的检测效果，管道内部水位不应超过 5%。

全景检测使用的是一种特殊的镜头，物体离镜头的距离不同，所成像的变形程度不同，因此，检测时摄像镜头的移动轨迹应在管道的中轴线上，偏离度不应大于管径的 10%。当对特殊形状的管道进行检测时，应适当调整摄像头的位置并获得最佳图像。

光源对全景视频的影响十分关键，因此在开始检测前，要仔细调节光源强度，确保视频图像清晰。

在检测过程中，如遇到图像质量变差等不理想的情况，爬行器应停止，调节光源，确保最佳的图像效果，然后继续检测，如一直无法获取理想的图像效果，应终止检测。

14.4.2 检测准备

设备进入管道后，正式开始检测前，需要对激光轮廓数据进行标定。

激光雷达轮廓数据在不同的环境下测量值略有偏差，在正式开始检测前，要对激光雷达轮廓数据进行标定。标定可以确保数据更加准确，后期色谱图输出、变形量计算等也会更加准确。

标定的具体方法是，首先人工测量实际管道的直径，然后观察采集软件上显示的直径，如果发现采集软件显示的直径与人工测量的直径不同，直接点击软件上的标定按钮，输入两者的差值。

开始检测前，需要正确输入管道尺寸，同时需要选择合适的展开圆位置及展开宽度。参数确定后，试检测一小段，看全景展开图是否清晰，是否存在明显的“百叶窗”等现象，如果存在上述现象，需要调整参数。

上述参数确认后，软件会提示推荐最大行走速度，爬行器需要以低于这个速度进行爬行，确保检测效果。

检测过程中，如遇到无法通过的障碍时，需要在软件上进行操作，此时软件会将当前影像进行全幅展开，使得缺陷在全景图上有所体现，进而能够通过全景图进行缺陷的判读。

14.4.3 检测数据获取

爬行器在管道中爬行时，实时获取管道检测视频、激光轮廓数据、行进里程数据、爬行器姿态数据，通过上述数据，实时计算得到管道全景图、色谱图。将管道内部全景以一张图来呈现。检测过程中无停止、无旋转、无环视、无调教变倍并且无停留观察。图 14.4-1 为全景激光量化检测界面图。

14.4.4 缺陷判读

在分析判读过程中，通过管道全景图中发现缺陷，无需回看视频，当点选全景图中的缺陷部位时，软件自动关联激光轮廓数据和视频的对应帧，同时支持缺陷局部放大。图 14.4-2 为缺陷判读界面图。

使用全景激光量化检测技术获取的管道内部全景图，相当于把管道剪开，然后平铺，通过平面展开图，可以直观地看到管道内部的情况，而无需观看视频，极大地提升了判读效率，降低了数据分析量。从全景示意图中，可以清晰地看到 3 个支管的接入位置，看到管壁破裂、模拟结垢等缺陷。图 14.4-3 为管道全景示意图。

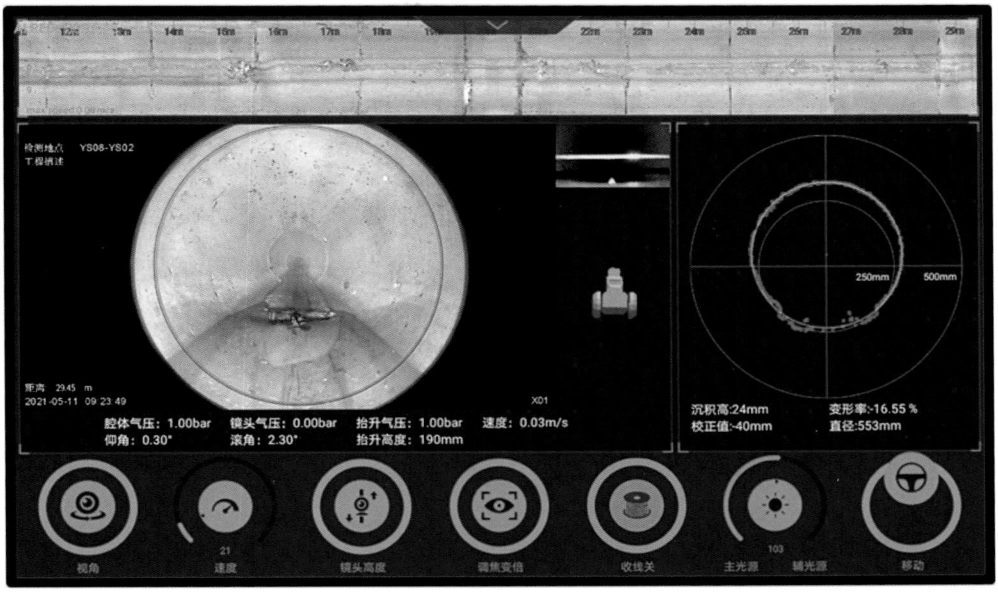

图 14.4-1　全景激光量化检测界面图

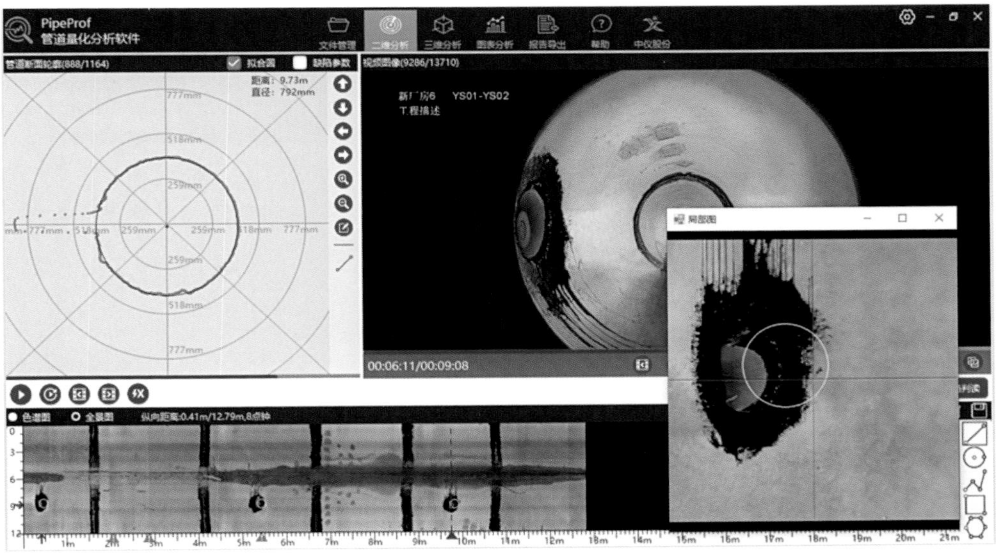

图 14.4-2　缺陷判读界面图

图14.4-3　管道全景示意图

在进行分析时，导入的数据为上述激光雷达轮廓数据、色谱图、影像数据、基全景图；判读人员以色谱图、全景图为主进行分析，在色谱图或者全景图有异常的地方进行点击，会自动关联到该地方的激光雷达轮廓数据和影像数据，此时进行缺陷的判读，可以进行精确的量化。可以在激光雷达轮廓数据上测出破裂尺寸、变形率、沉积量等，同时可以在平面展开图上确认裂缝宽度、缺陷长度等。所判读的缺陷信息，除了CJJ 181规程提到的缺陷图片外，还包括激光雷达轮廓数据、缺陷的量化信息等。图14.4-4为管道缺陷判读示意图。

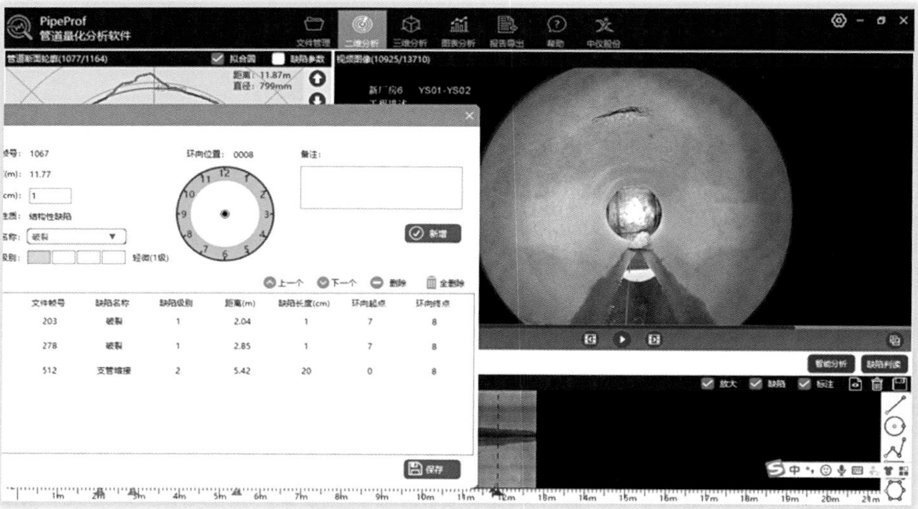

图14.4-4 管道缺陷判读示意图

14.4.5 缺陷量化分析

全景激光量化检测技术可对CJJ 181规程中规定的大部分缺陷进行量化，可按表14.4-1进行全景激光检测量化缺陷分析。

全景激光检测量化缺陷分析 表14.4-1

缺陷类别	缺陷名称	能否量化	注释
结构性缺陷	破裂	能	当管道出现2级以上破裂时，即出现裂口、碎片、坍塌时，既可以在全景图上看到缺陷，又能够通过激光轮廓数据发现。当仅为1级缺陷，即裂痕时，激光轮廓数据可能无法发现缺陷，但是全景图上可以，能够对缺陷进行像素级的量测
	变形	能	激光轮廓数据可以对变形进行准确的量化
	腐蚀	能	在当前标准中，关于腐蚀，没有量化的指标；可以结合全景图与激光数据，确定腐蚀的等级及面积

续表

缺陷类别	缺陷名称	能否量化	注释
结构性缺陷	错口	能	单独依靠激光数据和全景图片，是没有办法量化错口的。必须要配置IMU，且对IMU的精度要求比较高，爬行器轨迹能够准确绘制出来，同时还需要生成三维视图，在三维视图里面发现并量化错口
	脱节	能	脱节的地方，激光数据一般会发生变化，通过色谱图，能够找到脱节处，全景镜头的视频，能够辅助确认。 为了量化脱节的长度，对行进速度有严格的要求
	接口材料脱落	能	能够量化
	支管暗接	能	能够量化，通过全景图和激光数据进行量化，能够准确量化支管进入管道内部的长度
	异物穿入	否	无法量化异物造成的过水断面损失率
	起伏	能	结合IMU数据，可以准确量化管道的起伏
	渗漏	否	此时激光雷达测不到数据，无法量化
功能性缺陷	沉积	能	通过激光轮廓数据量化
	结垢	能	通过激光轮廓数据量化
	障碍物	能	对可以越过的障碍物，能够起到量化作用
	树根	能	通过激光轮廓数据量化
	残墙坝根	否	残墙坝根一般在管道端部，设备无法通过，该处的激光数据或者轮廓数据可能无法得到
	浮渣	否	全景量化检测以无水环境为主，无法量化

量化可以通过多种数据对不同缺陷进行量化，在基于全景图量化（图14.4-5）中，当标注出缺陷后，自动进行量化，量化内容包括缺陷的开始距离、结束距离、缺陷净距、面

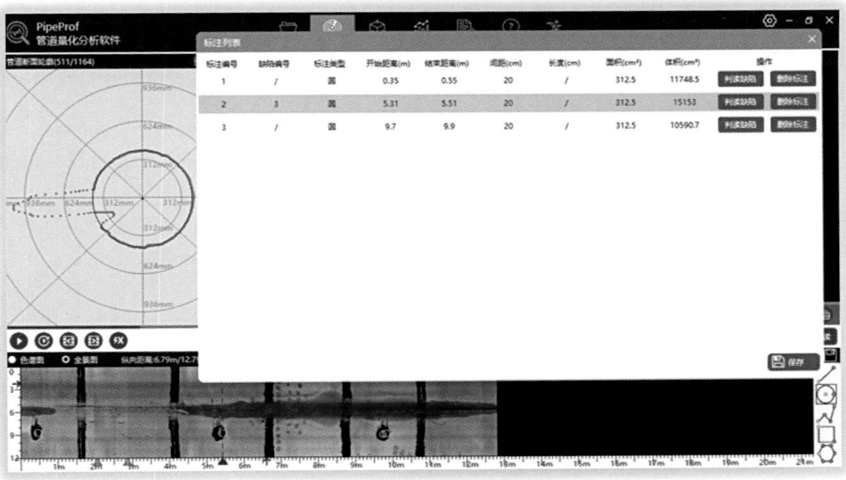

图14.4-5　基于全景图量化示意图

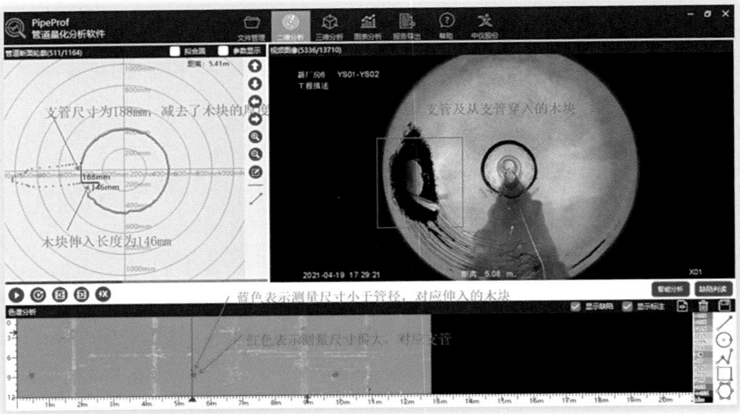

图 14.4-6　基于色谱图量化示意图

积、体积等。在基于色谱图量化中（图 14.4-6），通过找出色谱图中颜色异常的点，对应着不同类型的缺陷，在关联的激光轮廓数据中进行量测。

14.5　评估方法

全景激光量化检测的评估方法遵循 CJJ 181 规程中的各项管道评估规定，与现有规程不同的地方在于，它可以将一些以往无法量化的数值进行量化，例如在现有规程中，当计算管道结构性修复时，由于原有管道最小内径以及最大内径无法准确测算，因此通常在管道结构性修复和半结构性修复中，将管道的形状变形率取值 2% 来进行计算。而采用全景激光量化检测后，管道的变形率可以进行精确量化，因此可以在管道评估中采用量化后的变形率数据。

此外，可量化数据还包括管道沉积量、管道缺陷面积等数据，可以提升管道评估的有效性，为管道修复提供更为精准的依据。

14.6　市场参考指导价

全景检测市场参考指导价见表 14.6-1。

全景检测市场参考指导价（单位：元 /100m）　　表 14.6-1

定额编号				XX-X-XX	XX-X-XX
分类	名称	单价（元）	单位	管径（mm）	
				800mm 以内	800mm 以上
人工	人工费	770	工日	1	1
材料	尼龙绳	3	m	7.5	8.5
	其他材料	1	元	13.2	15.8
机具	全景量化检测设备（小）	3000	台	0.5	—
	全景量化检测设备（大）	4200	台	—	0.5
	柴油发电机（30kW 中型）	650	台	0.55	0.55
	载货汽车（装载质量 4t 中型）	540	台	0.55	0.55
	轴流通风机（7.5kW）	47.31	台	0.54	0.54
综合单价			元	2985.7	3，591.3

14.7　管道检测实例

14.7.1　工程实例

实例 1，对广州某波纹管进行变形量量化检测。

图 14.7-1 为波纹管检测示意图，根据激光雷达轮廓数据及色谱图可以看到管道的变形严重。通过量化激光雷达数据后的波纹管变形量检测示意图如图 14.7-2 所示，在色谱图上选取管道 2.27m 处，可见管道在 X 轴上的变形率高达 17.76%，过水断面损失率达到 28.47%。

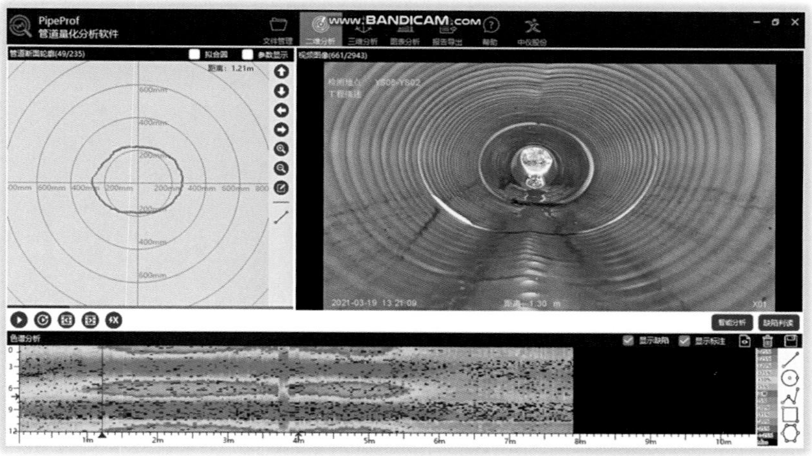

图 14.7-1　波纹管检测示意图

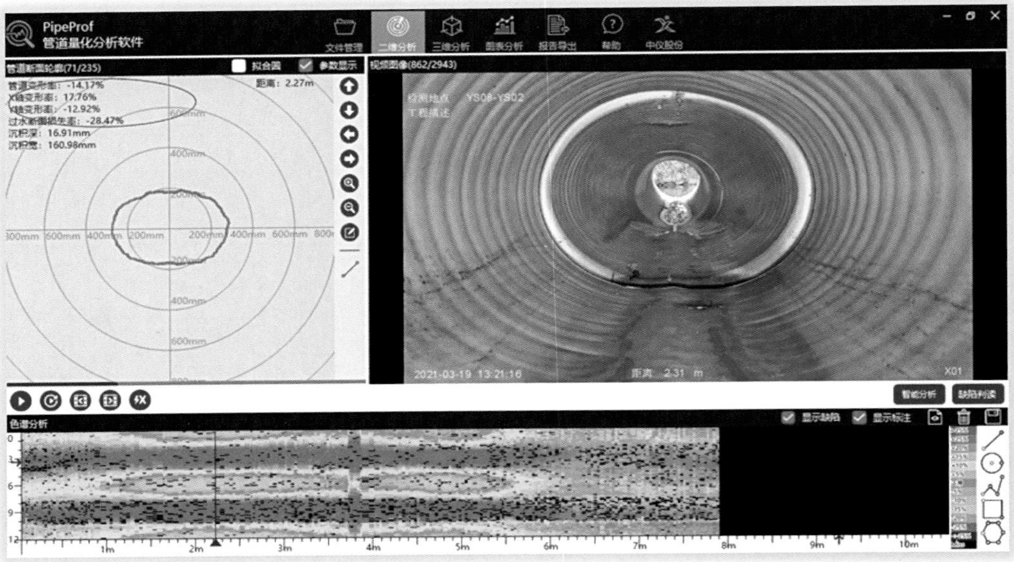

图 14.7-2　量化激光雷达数据后的波纹管变形量检测示意图

实例 2，对武汉某 DN600 的管道进行检测，管道长度共计 37m，管道全景示意图如图 14.7-3 所示。

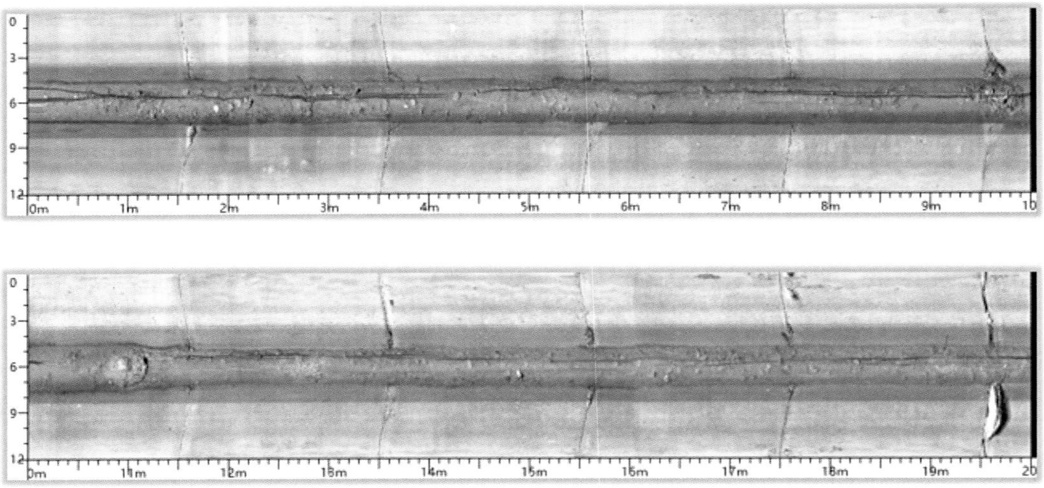

图14.7-3　DN600管道全景示意图

在对该管道进行量化的过程中，通过图 14.7-4 和图 14.7-5 可见，在该管道 19.56m 接缝处，有外部物体挤入管道，造成过水断面损失，损失率达到 18.91%。

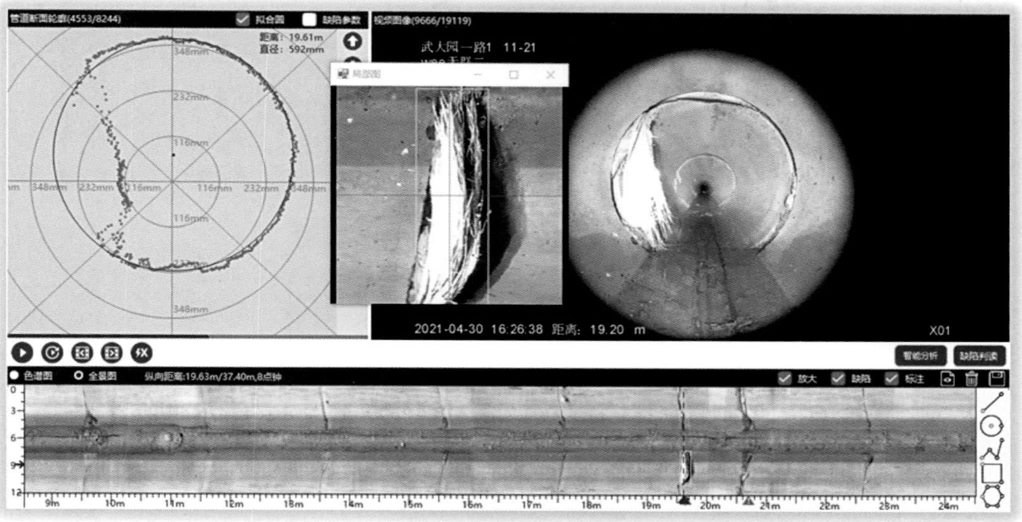

图14.7-4 DN600管道量化示意图（一）

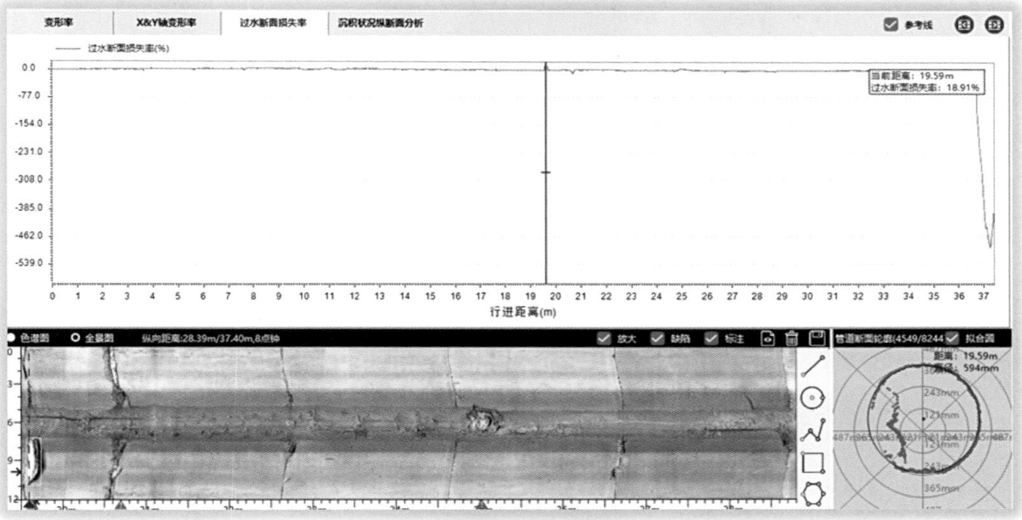

图14.7-5 DN600管道量化示意图（二）

此外，根据图14.7-6可见，在该管道25m处，出现沉积，通过对该沉积进行量化后，如图14.7-7可见，在管道25m处的沉积深度为63mm，沉积宽度为158mm。在管道37m处图像压缩异常，如图14.7-8所示，关联视频显示到达了检查井，井室直径为1208mm。

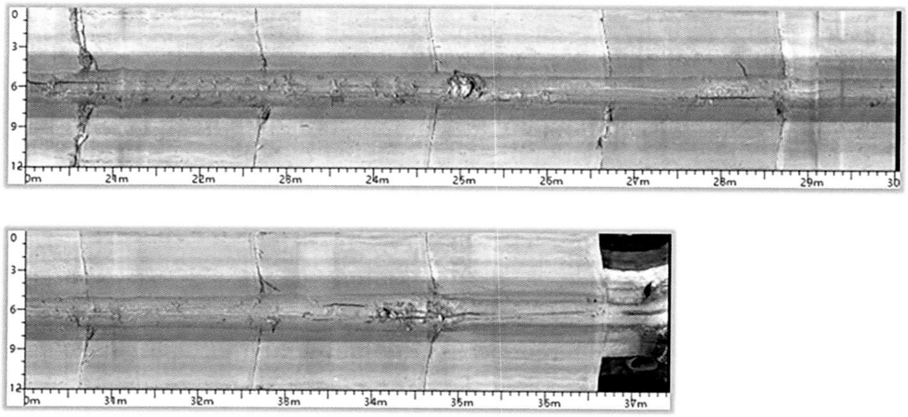

图14.7-6 DN600管道全景示意图

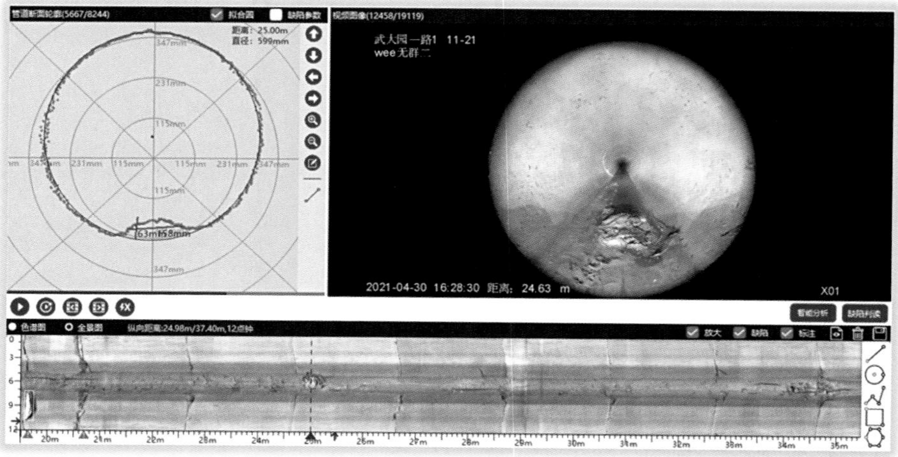

图14.7-7 DN600管道沉积量化示意图

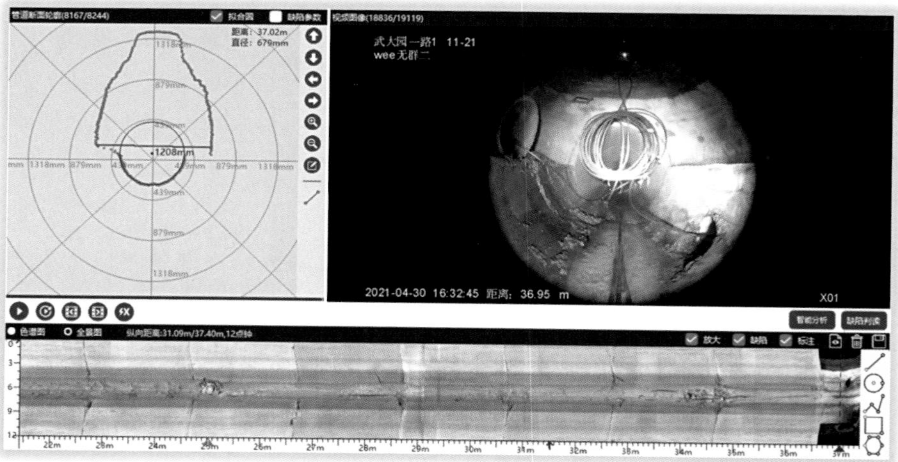

图14.7-8 DN600管道检查井口示意图

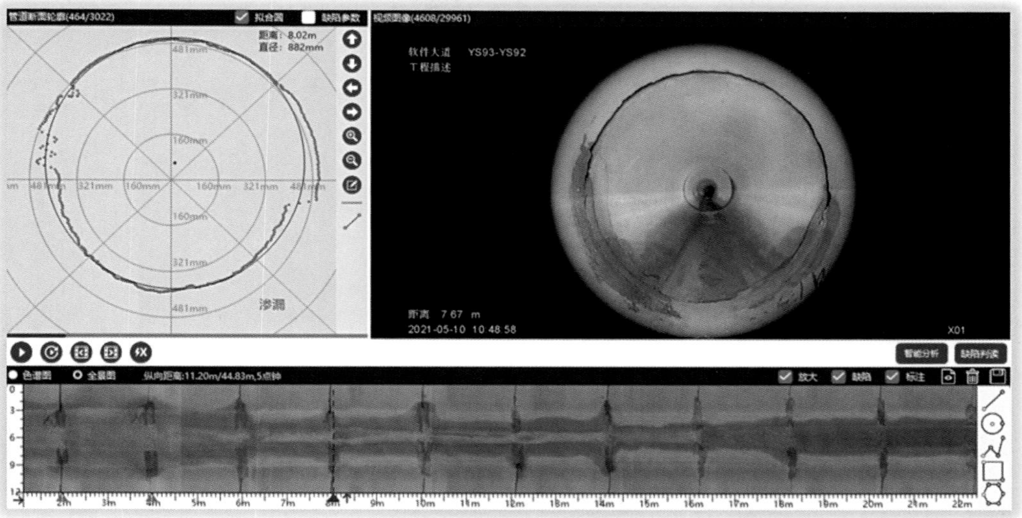

图 14.7-9　DN800管道检测示意图

实例 3，在对福州某 DN800 的管道进行全景量化检测，该管道长度共计 45m，从图 14.7-9 中，根据管道全景图，可见管道内部整体状况良好，但是在接口处存在缺陷，如管道 8m 处，存在接口材料脱落的情况，激光轮廓数据不是完整圆。

14.7.2　检测成果输出实例

在进行管道检测后，软件可以通过检测结果进行检测成果输出，图 14.7-10 为全景量化检测技术输出报告大纲，该报告格式及内容符合 CJJ 181 规程的基本规定，对管道的评估遵从 CJJ 181 规程的规定，同时报告丰富了全景展示和管道数据量化的部分内容。

图 14.7-11 ~ 图 14.7-14 为以图形方式展示的成果输出。

从以上图片可以看出，在输出报告中除了包括常规内容以外，还增加了管道展开示意图、管道沉积量判断示意图、管道变形率

◢ 一、工程概况
　1.1、工程概况一览表
　1.2、主要工程量表
　1.3、管道位置示意图
　1.4、作业流程示意图
◢ 二、检测结果
　2.1、检查井缺陷汇总一览表
　2.2、管道缺陷数量统计表
　2.3、管道缺陷数量统计图
　2.4、管道展开图
　2.5、管道三维模型图
　2.6、管道沉积量状况纵断面图
　◢ 2.7、管道变形率分布图
　　2.7.1、管道变形率图
　　2.7.2、过水断面损失率
◢ 三、评估结果
　▷ 3.1、评估依据与方法

图 14.7-10　全景量化检测技术输出报告大纲

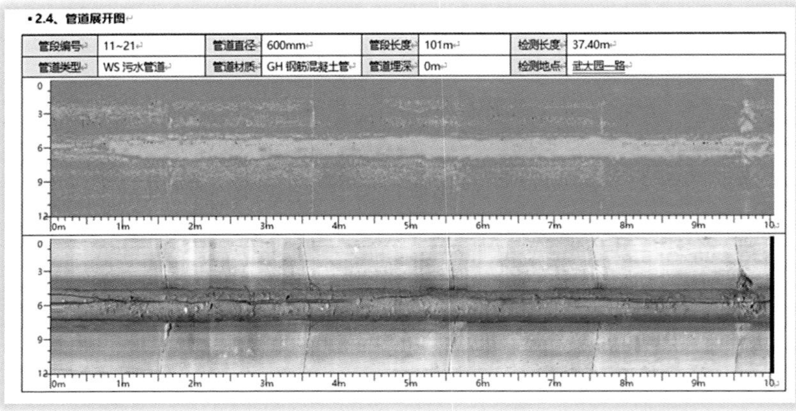

图 14.7-11 管道展开示意图

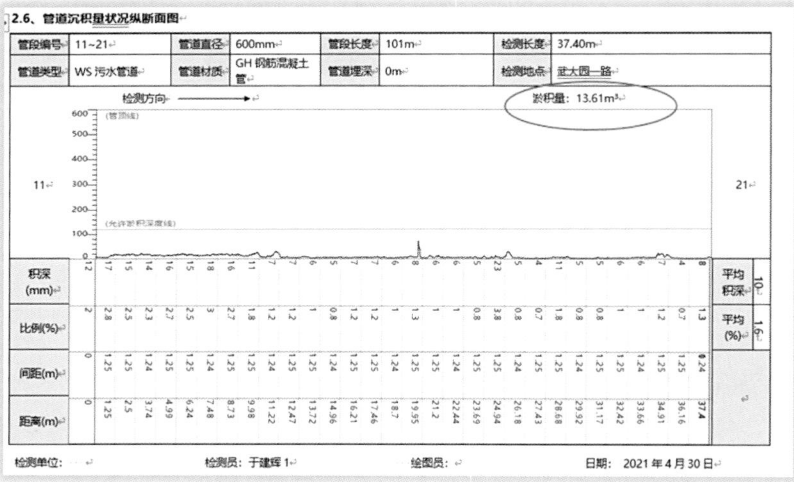

图 14.7-12 管道沉积量判断示意图

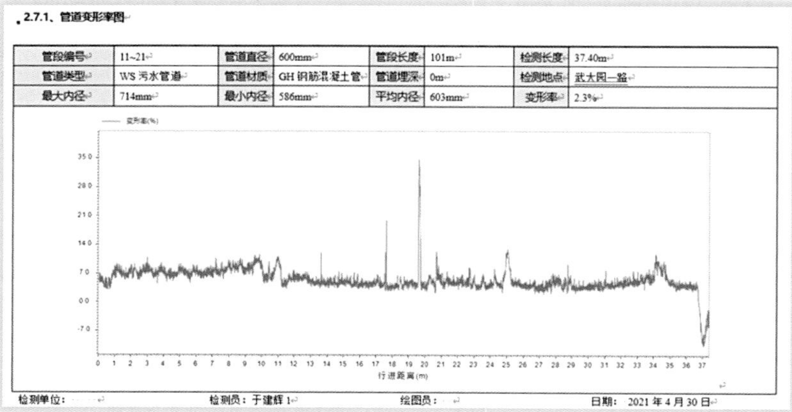

图 14.7-13 管道变形率示意图

缺陷序号	1/3	缺陷名称	异物穿入	缺陷等级	2 级	缺陷分值	5
缺陷性质	结构性	纵向距离	19.63m	缺陷长度	15.0m	环向位置	0711
沉积宽度	346mm	沉积高度	56mm	变形率	30.9%	断面损失	15.3%
缺陷描述							

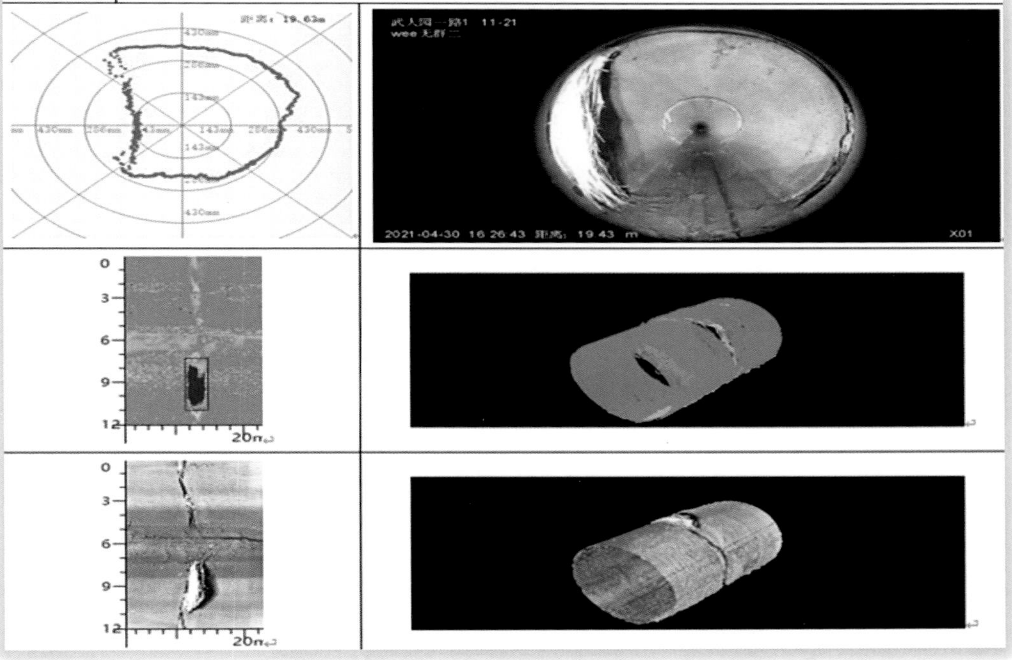

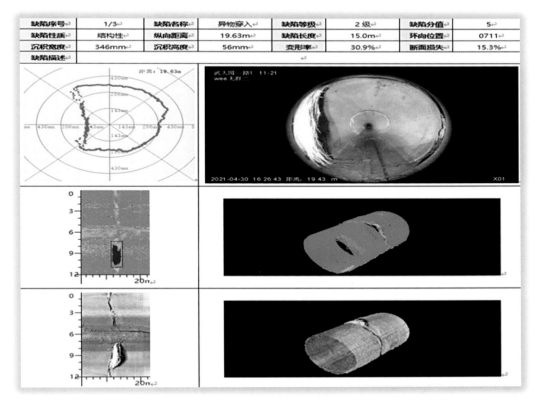

图 14.7-14　管段缺陷示意图

示意图、管道缺陷示意图，能够为管道修复设计提供有效的数据支撑。

综上所述，全景激光量化检测技术可以取代现有的 CCTV 检测方案，能够保证爬行器一次行进，获取全部管道数据，降低人工成本，提升检测效率。

第 15 章

检查井和雨水口检测与评估

15.1 概述

检查井和雨水口检测分为外部检查和内部检测。

检查井是整个排水系统的关键节点，管道的变径、支管接入、养护维修等都需要利用检查井，为适应目前排水管道及检查井检测的实际需求，使检测结果能够更好地指导养护管理和修复工程，编制了本章专门针对检查井检测评估的相关内容。

外部检查主要目的是调查检查井是否存在井盖倾斜、移位、破损或者塌陷、井盖凸起、周边路面开裂、雨水口堵塞、井盖或者雨水井箅子丢失等问题，主要通过人工目测方式进行。

内部检测主要目的是通过专用仪器检测检查井本身是否存在结构性和功能性缺陷，目前主要通过开井目测、潜望镜检测、声呐检测、三维扫描系统检测等方式完成。

目前国内对排水管网检查井检测评估不是十分重视，方法上主要依赖目测和潜望镜检测，甚至很多排水管网检测评估项目不对检查井健康状况进行检测评估，因此导致由于检查井的结构性和功能性缺陷影响排水效能和管网运行安全的事情常有发生。

15.2 技术特点

雨水口的深度较浅，一般目视检测或潜望镜检测即可满足要求。检查井的外部检查相对简单，一般目视检查即可。检查井内部检测由于受检查井特殊的结构和环境影响，潜望镜检测和声呐检测无法精准地查明检查井存在的各种结构性和功能性缺陷，利用三维成像技术来对检查井健康状况进行检测评估已经成为世界范围内特别是发达国家的主流检查井检测评估技术。三维成像技术是指利用专用三维成像扫描仪对检查井内壁进行三维成像扫描形成检查井内窥高精度全景影像，通过量化评估软件对检查井内部存在的各种结构性和功能性缺陷进行检测评估的专有技术。检查井检测宜与排水管道检测同步开展实施。

15.3 三维成像检测方法

15.3.1 检测条件

检查井内部检测时检查井的水位不宜高于主管道管径的20%且不宜大于200mm。检查井检测前应进行必要清掏或清洗，保证检查井内无影响检测的垃圾、淤积物，井壁表面无影响视觉检测的附着物。

15.3.2 检测流程

（1）在检查井井口固定好检查井三维扫描仪器，让扫描仪探头对准检查井中心处，缓慢将探头降落至与井口同一水平面，并以此作为检测起始位置。调试灯光、录入井号、日期等各项参数，将深度计量器归零，准备检测。

（2）开始检测后让探头缓慢、匀速下降，并同步录制视频影像资料，检测过程中确保探头无大幅度摆动、旋转等，探头行进速度不宜超过 0.1m/s。

（3）检测过程中，检测人员应观察检测视频的质量，确保检测视频明亮、清晰、流畅，能够看清检查井内壁。

（4）对各种缺陷、特殊结构和检测状况应作详细判读和记录，并应按本书附录 A 的格式填写现场记录表。

15.3.3 缺陷记录

三维扫描仪检测范围应能够覆盖从井口到井底，并满足视频录制的光线要求。主控制器应具有在监视器上同步显示项目名称、检测日期、时间、井号等信息。录制的影像资料应能够在计算机上进行存储、回放和截图等操作。

检查井缺陷定位采用时钟位置 + 深度表示法，以进水主干管中心线与井壁相交的处为时钟 0 点，按照俯视顺时针方向进行定位，深度方向将检查井顶部标记为起始“零”点，从上到下直至井底，检查井缺陷定位示意图见图 15.3-1，图中裂纹定位为（00-01）、（0.0-0.9）。

对检查井进行编号，编码规则应参考《城市地下管线探测技术规程》CJJ 61—2017 相关章节，具体规程如下：

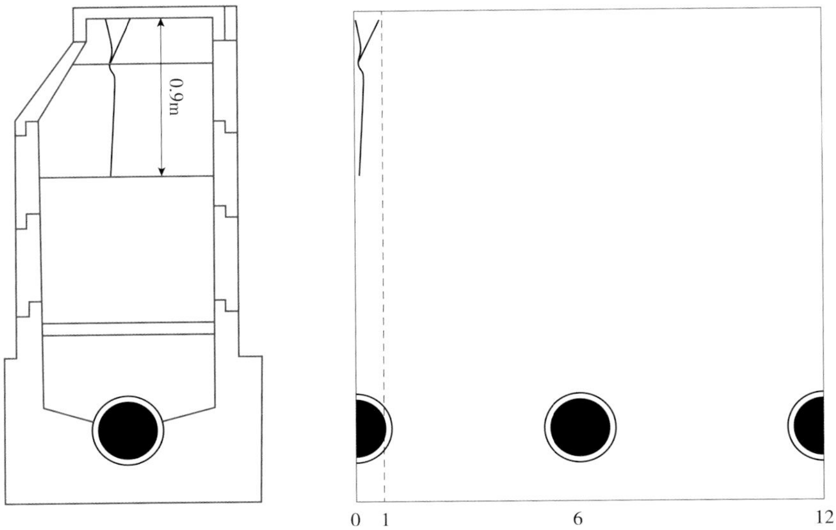

（a）剖面图　　（b）侧壁展开图

图 15.3-1　检查井缺陷定位示意图

检查井编号共 8 位，其中第 1 位、第 2 位为管线小类代号，第 3 位至第 8 位为标识管线点的顺序号，用 6 位数据表示。管线小类代号内容见表 15.3-1。

检查井编码规则　　表 15.3-1

检查井小类	代号
雨水	YS
污水	WS
雨污合流	HS

当检查井存在多条支管道时，应对支管道进行编号，编号按照以下规则进行：

进水管道编号以 00 点为起点，当对检查井内两条及以上的进水管道或出水管道进行排序时，排序方法应符合下列规定：

（1）进水主干管道以 00 点为起点，按照顺时针方向，采用大写英文字母 A、B、C…表示；

（2）出水管道以 00 点为起点，按照顺时针方向，采用大写罗马数字 Ⅰ、Ⅱ……表示；

（3）当在垂直方向有重叠管道时，应按其投影到井底平面的先后顺序进行排序。

一个检查井存在多条进出水管道时，需要对管道排序时，排序方法见图 15.3-2。

现场检测完成后，应由检测人员对检测资料进行复核并签名确认。

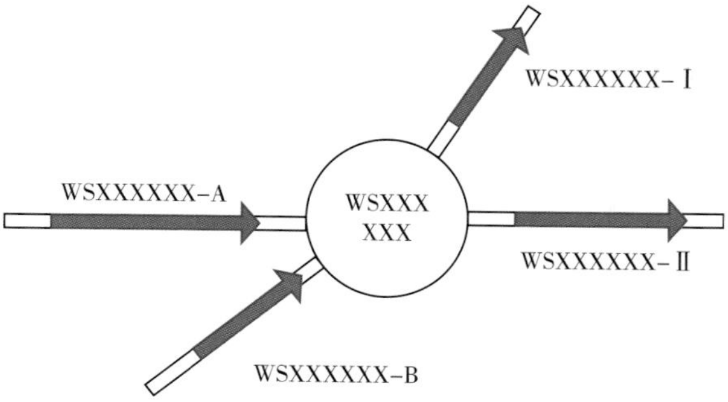

图 15.3-2　检查井内管道排序方法

对于检查井井壁渗漏严重、存在较大裂缝或怀疑井周土体有脱空的情况，宜采用探地雷达对检查井井壁外侧及检查井周边土体密实情况进行检测。

15.4　评估方法

检查井评估应依据内部检测资料进行。

外部检测主要涉及检查井井盖及周边道路的健康状况，考虑到国内道路、排水管理体制和设施划分的问题和实际操作性问题，为了能够使评估结果更加准确高效，未将外观检测进行量化评估，针对影响行人和行车安全的相关内容进行了强调。

检查井评估工作宜采用计算机软件进行。

检查井评估应以单个检查井作为最小评估单位。当对排水系统内多个检查井进行检测时，应列出各评估等级检查井占总数的比例。

检查井和雨水口检查时应现场填写记录表，并应符合本指南附录 A 的规定。

15.4.1　缺陷划分

内部检查时，对检查井的各种缺陷等级应按表 15.4-1 划分，结构性缺陷名称、代码、等级划分及分值按表 15.4-2 取值。

缺陷等级划分表　　表 15.4-1

等级	1	2	3	4
结构性缺陷	轻微缺陷	中等缺陷	严重缺陷	重大缺陷

结构性缺陷名称、代码、等级划分及分值 表 15.4-2

缺陷名称	缺陷代码	定义	等级	缺陷描述	分值
破裂	PL	外部压力超过自身的承受力或不均匀沉降致使井壁发生破裂。其形式有纵向、环向和复合 3 种	1	裂痕：当存在下列一种或者多种情况时： （1）在井壁上可见细裂痕，裂缝内未见沉积物冒出； （2）环向范围不大于 30°，纵向长度不大于 0.5m	0.5
			2	裂口： （1）破裂处已形成明显间隙，但检查井的形状未受影响； （2）环向范围不大于 60°，纵向长度不大于 1m	2
			3	破碎： （1）井壁存在多处明显破裂，裂缝较宽，存在水土流失风险； （2）环向范围不大于 90°，纵向长度不大于 1.5m	5
			4	坍塌：当存在下列一种或者多种情况时： （1）砖砌井存在砖块掉落、钢筋混凝土井裂缝处钢筋裸露，或破裂处存在明显错位、流土，检查井严重倾斜； （2）环向范围大于等于 90°，纵向长度大于或等于 1.5m	10
渗漏	SL	井外的水流入检查井	1	滴漏：水持续从缺陷点滴出，沿井壁流动	0.5
			2	线漏：水持续从缺陷点流出，并脱离井壁流动	2
			3	涌漏：水从缺陷点涌出，涌漏水面的面积不大于检查井断面的 1/3	5
			4	喷漏：水从缺陷点大量涌出或喷出，涌漏水面的面积大于检查井断面的 1/3	10
变形	BX	塑料检查井受外力挤压造成形状变异	1	变形不大于井环向直径的 5%	1
			2	变形为井环向直径的 5% ~ 15%	2
			3	变形为井环向直径的 15% ~ 25%	5
			4	变形大于井环向直径的 25%	10
腐蚀	FS	混凝土检查井内壁受侵蚀出现麻面或露出钢筋，砖砌井防腐砂浆腐蚀脱落	1	表面轻微剥落，井壁出现凹凸面	0.5
			2	表面剥落显露骨料或砌体结构	2
			3	骨料或钢筋完全显露或整块砌体结构裸露	5
			4	钢筋混凝土钢筋锈蚀严重、井壁变薄或砖砌井防腐砂浆层大部分脱落	10
倾斜	QX	井体与竖直方向发生偏离、歪斜	1	井体与竖直方向≤ 5°	0.5
			2	5°< 井体与竖直方向≤ 10°	2
			3	10°< 井体与竖直方向≤ 15°	5
			4	15°< 井体与竖直方向	10
下沉	XC	检查井整体或部分下沉	1	轻度下沉：最大下沉量≤ 20mm	0.5
			2	中度下沉：20mm< 最大下沉量≤ 50mm	2
			3	重度下沉：50mm< 最大下沉量≤ 100mm	5
			4	严重下沉：最大下沉量大于 100mm	1

续表

缺陷名称	缺陷代码	定义	等级	缺陷描述	分值
脱节	TJ	管道的端部与检查井未充分接合或接口脱离	1	轻度脱节：管道端部有少量泥土挤入	0.5
			2	中度脱节：脱节距离不大于 20mm	2
			3	重度脱节：脱节距离为 20mm ~ 50mm	5
			4	严重脱节：脱节距离为 50mm 以上	10
异物穿入	CR	非检查井附属设施的物体穿透井壁进入检查井内	1	异物在井内且占用过水断面面积不大于 10%	2
			2	异物在井内且占用过水断面面积为 10% ~ 30%	5
			3	异物在井内且占用过水断面面积大于 30%	10
爬梯缺陷	PT	爬梯松动锈蚀或缺损	1	任意一个出现轻微松动或者轻微锈蚀或轻微损坏的缺角	0.5
			2	任意一个出现明显松动或锈蚀或明显的缺角	2
			3	任意两个或以上出现明显松动或锈蚀或明显的缺角	5
			4	个部出现严重锈蚀或损坏	10
流槽破损	CP	检查井底部流槽发生破裂	1	裂缝：没有明显裂开的槽缝	0.5
			2	裂口：明显可见的裂口	2
			3	破碎：流槽结构明显地偏离原位置，但是尚未影响槽型，破碎环向覆盖弧长不超过 60°	5
			4	流槽整体破碎，不成形	10
砂浆脱落	TL	井壁砂浆发生脱落	1	井壁砂浆脱落纵向长度不大于 10cm	0.5
			2	井壁砂浆脱落纵向长度为 10cm ~ 20cm	2
			3	井壁砂浆脱落纵向长度为 20cm ~ 50cm	5
			4	井壁砂浆脱落纵向长度大于 50cm	10

15.4.2 评估方法

检查井评估方法和参数的选取尽量与管段评估保持一致，考虑到每个检查井相对独立，是不同于线状管段的点设施，不再对缺陷密度进行评估和分析，尽量做到方便实用。

检查井结构性缺陷参数 F 和功能性缺陷参数 G 的确定，是对检查井损坏状况参数叠加而得。CJJ 181 规程的检查井结构性参数的确定是依据叠加原理，即缺陷数目越多，病害越大，检查井状况越差。

检查井结构性缺陷参数 F 应按式（15.4-1）计算：

$$F = \sum_{i_1=1}^{n} P_i \qquad (15.4\text{–}1)$$

式中 F——检查井结构性缺陷参数；

P_i——检查井存在的各类缺陷分值，按表 15.4–2 取值；

n——检查井的结构性缺陷数量。

检查井结构性缺陷等级评定对照表应符合表 15.4–3 的规定。

检查井结构性缺陷等级评定对照表　　表 15.4–3

等级	缺陷参数 F	损坏状况描述
Ⅰ	$F \leqslant 1$	无或有轻微缺陷，结构状况基本不受影响，但具有潜在变坏的可能
Ⅱ	$1<F \leqslant 3$	检查井缺陷明显超过一级，具有变坏的趋势
Ⅲ	$3<F \leqslant 6$	检查井缺陷严重，结构状况受到影响
Ⅳ	$F>6$	检查井存在重大缺陷，损坏严重或即将导致破坏

检查井的修复指数是在确定检查井本体结构缺陷等级后，再综合管道重要性与环境因素，表示检查井修复紧迫性的指标。检查井只要有缺陷，就需要修复。但是如果需要修复的检查井多，在修复力量有限、修复队伍任务繁重的情况下，就应该根据缺陷的严重程度和缺陷对周围的影响程度，根据缺陷的轻重缓急制定修复计划。修复指数是制定修复计划的依据。

检查井修复指数应按式（15.4–2）计算：

$$RI=0.7 \times F+0.1 \times K+0.05 \times E+0.15 \times T \tag{15.4–2}$$

式中 RI——检查井修复指数；

K——地区重要性参数，可按表 13.4–9 的规定确定；

E——检查井连接主管道重要性参数，可按表 15.4–4 的规定确定；

T——土质影响参数，可按表 13.4–11 的规定确定。

检查井连接主管道重要性参数　　表 15.4–4

管径 D	雨水、合流管（渠）E 值	污水管
D>1500mm	10	—
1000mm<D ≤ 1500mm	6	10
600mm ≤ D ≤ 1000mm	3	6
D<600mm 或 F<4	1	3

地区重要性参数中考虑了检查井所在区域附近建筑物重要性，如果检查井渗漏或者破坏，建筑物的重要性不同，影响也不同。建筑类别参考了《建筑工程抗震设防分类标准》

GB 50223—2008。另外对于城市道路上的检查井，道路等级不同，缺陷影响也会不同，道路等级参考了《城市道路工程设计规范（2016 年版）》CJJ 37—2012。

埋设于粉砂层、湿陷性黄土、膨胀土、淤泥类土、红黏土的检查井，由于土层对水敏感，一旦井室出现缺陷，将会产生更大的危害。处于粉砂层的检查井，如果检查井存在漏水，则在水流的作用下，产生流砂现象，掏空检查井基础，加速检查井破坏。湿陷性黄土是在一定压力作用下受水浸湿，土体结构迅速破坏而发生显著附加下沉，导致建筑物破坏。膨胀土中含有较多的黏粒及亲水性较强的蒙脱石或伊利石等黏土矿物成分，它具有遇水膨胀，失水收缩，并且这种作用循环可逆，检查井存在漏水时，将会引起管周膨胀土土体变形，造成检查井破坏。淤泥类土特点是透水性弱、强度低、压缩性高，状态为软塑状态，一经扰动，结构破坏，处于流动状态。当检查井存在破裂、错口、脱节时，淤泥被挤入井内，井周易脱空，破坏检查井。红黏土是指碳酸盐类岩石经风化而成的残积、坡积或残～坡积的褐红色、棕红色或黄褐色的高塑性黏土。有些地区的红黏土受水浸湿后体积膨胀，干燥失水后体积收缩，具有胀缩性。当检查井存在漏水现象时，将会引起土体较大变形，造成检查井破坏。

检查井修复等级应按表 15.4-5 划分。

检查井修复等级划分　　表 15.4-5

等级	修复指数 RI	修复建议及说明
Ⅰ	$RI \leqslant 1$	结构条件基本完好，不修复
Ⅱ	$1<RI \leqslant 5$	结构在短期内不会发生破坏现象，但应做修复计划
Ⅲ	$5<RI \leqslant 7$	结构在短期内可能会发生破坏，应尽快修复
Ⅳ	$RI>7$	结构已经发生或即将发生破坏，应立即修复

15.5　市场参考指导价

检查井和雨水口检测与评估的工作内容包括启闭井盖、设备调试、检查设备下井、检查井检测、影像判读、设备回收、完成评估报告等。

检查井三维扫描法检测评估市场参考指导价：1013.25 元 / 座。

15.6 应用实例

实例 1

（1）管道概况

录像文件	WJRML150.mp4	检查井号		WJRML150	
建设年代	2016-01-01	检查井深度		5.5m	
井类型	污水井	检查井直径		1000mm	
检测人员	XXX	检测长度		5.5m	
检测地点	天津市 XX 路	检测日期		202X-XX-XX	
修复指数	14.9	养护指数		0	
序号	位置	名称	代码	状况描述	照片
缺陷 1	(0-12), (0-0.9)	腐蚀	FS	腐蚀 4 级，井壁砂浆大面积脱落	2
缺陷 2	(5-5), (3.5-3.5)	渗漏	SL	渗漏 3 级，涌漏水面的面积不大于检查井断面的 1/3	3
缺陷 3	(1-2), (4.5-4.5)	渗漏	SL	渗漏 3 级，涌漏水面的面积不大于检查井断面的 1/3	4
备注信息					

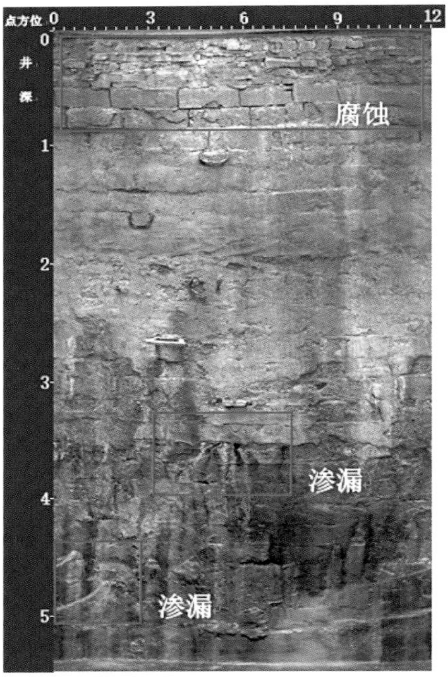

照片 1（展开图）

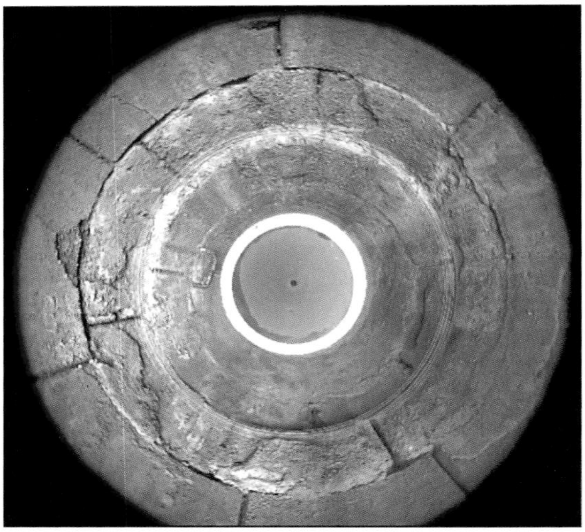

照片 2（缺陷 1）

续表

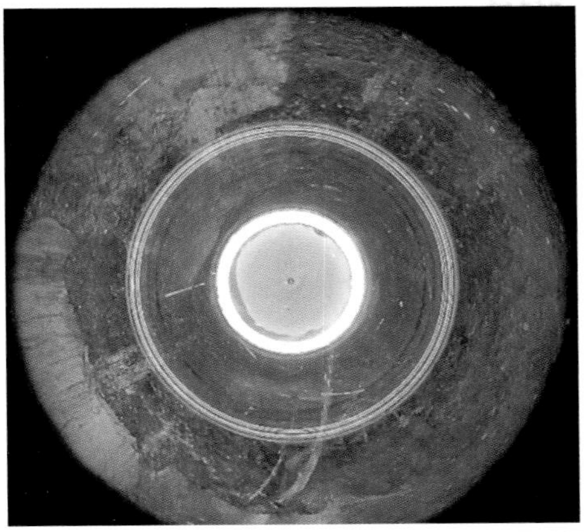	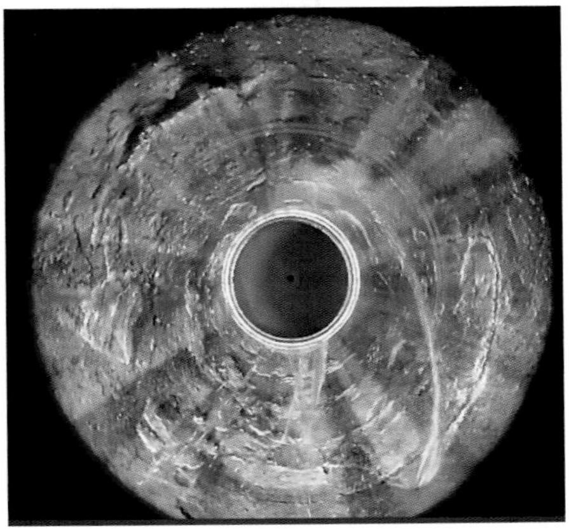
照片 3（缺陷 2）	照片 4（缺陷 3）

（2）病害分析

病害 1 位置：（0–12），（0–0.9）；

病害类型及等级评分：腐蚀 4 级 10 分；

说明：井壁砂浆大面积脱落；

病害 2 位置：（5–5），（3.5–3.5）；

病害类型及等级评分：渗漏 3 级 5 分；

病害 3 位置：（1–2），（4.5–4.5）；

病害类型及等级评分：渗漏 3 级 5 分；

说明：水从缺陷点涌出，涌漏水面的面积不大于检查井断面的 1/3。

检查井结构性缺陷参数应按下列公式计算：

$$F=\sum_{i_1=1}^{n}P_i \tag{15.6-1}$$

经计算 F=20>6，缺陷等级Ⅳ级，检查井存在重大缺陷，损坏严重或即将导致破坏。

检查井修复指数应按下式计算：

$$RI=0.7\times F+0.1\times K+0.05\times E+0.15\times T \tag{15.6-2}$$

检查井位于交通干道区域，K 取 6；检查井为污水井，直径 600mm ≤ D ≤ 1000mm，E 取 6；土质为一般土层，T 取 0。

经计算 RI=14.9>7，修复等级Ⅳ级，结构已经发生或即将发生破坏，应立即修复。

实例 2

（1）管道概况

录像文件	WJYRL087.mp4	检查井号		WJYRL087	
建设年代	2016-01-01	检查井深度		2.5m	
井类型	污水井	检查井直径		1000mm	
检测人员	XXX	检测长度		2.5m	
检测地点	天津市 XX 路	检测日期		202X-XX-XX	
修复指数	9.3	养护指数		0	
序号	位置	名称	代码	状况描述	照片
缺陷 1	(0–12), (0.3–0.4)	腐蚀	FS	腐蚀 4 级，井壁砂浆大面积脱落	2
缺陷 2	(6–7), (1.3–1.4)	渗漏	SL	渗漏 2 级，线漏水持续从缺陷点流出，并脱离井壁流动	3
备注信息					

照片 1（展开图）

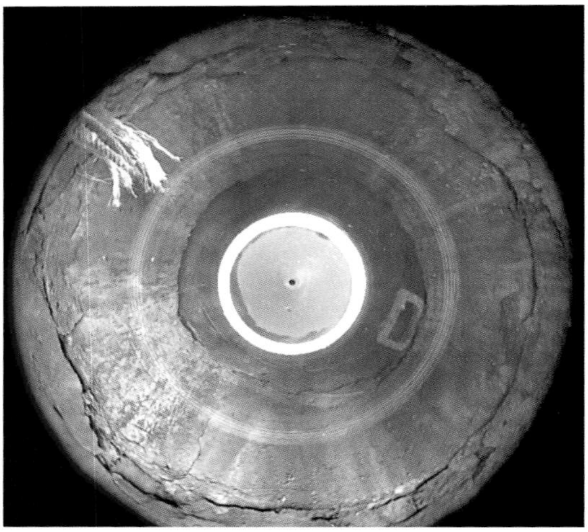

照片 2（缺陷 1）

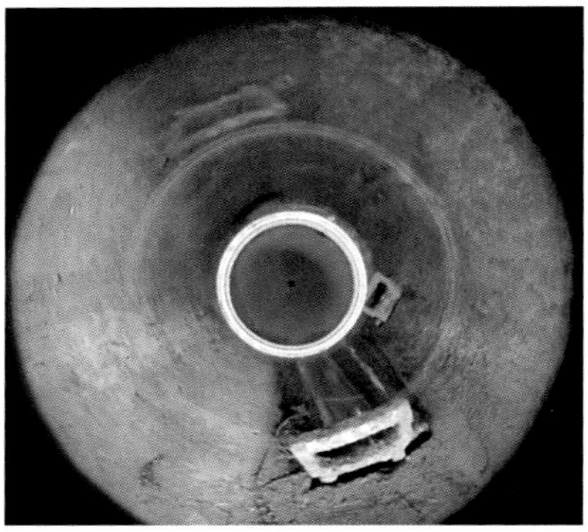

照片 3（缺陷 2）

（2）病害分析

病害位置：（0−12），（0.3−0.4）；

病害类型及等级评分：腐蚀 4 级 10 分；

说明：井壁砂浆大面积脱落；

病害位置：（6−7），（1.3−1.4）；

病害类型及等级评分：渗漏 2 级 2 分；

说明：水持续从缺陷点流出，并脱离井壁流动。

检查井结构性缺陷参数应按下列公式计算：

$$F = \sum_{i_1=1}^{n} P_i \tag{15.6-3}$$

经计算 F=12>6，缺陷等级Ⅳ级，检查井存在重大缺陷，损坏严重或即将导致破坏。

检查井修复指数应按下式计算：

$$RI=0.7 \times F + 0.1 \times K + 0.05 \times E + 0.15 \times T \tag{15.6-4}$$

检查井位于交通干道区域，K 取 6；检查井为污水井，直径 600mm ≤ D ≤ 1000mm，E 取 6；土质为一般土层，T 取 0。

经计算 RI=9.3>7，修复等级Ⅳ级，结构已经发生或即将发生破坏，应立即修复。

实例 3

（1）管道概况

录像文件	WJYRL091.mp4	检查井号		WJYRL091	
建设年代	2016-01-01	检查井深度		2.6m	
井类型	污水井	检查井直径		600mm	
检测人员	XXX	检测长度		2.6m	
检测地点	天津市 XX 路	检测日期		202X-XX-XX	
修复指数	0	养护指数		2.8	
序号	位置	名称	代码	状况描述	照片
缺陷 1	（5−7），（2−2.3）	障碍物	ZW	障碍物 2 级，过水断面损失在 15% ~ 25% 之间	2
备注信息					

续表

	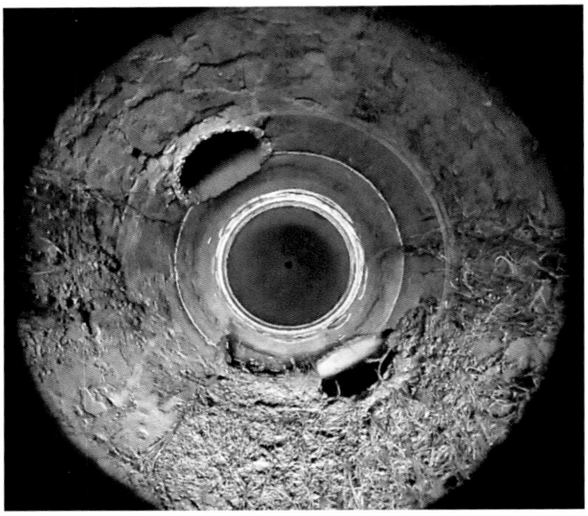
照片 1（展开图）	照片 2（缺陷 1）

（2）病害分析

病害位置：（5–7），（2–2.3）；

病害类型及等级评分：障碍物 2 级 2 分；

说明：过水断面损失在 15% ~ 25% 之间。

检查井结构性缺陷参数应按下列公式计算：

$$G=\sum_{j=1}^{m}P_j \tag{15.6–5}$$

经计算 1< G=2 ≤ 3 缺陷等级Ⅱ级，检查井过流有一定的受阻，运行受影响不大。

检查井养护指数应按下式计算：

$$MI=0.8\times G+0.15\times K+0.05\times E \tag{15.6–6}$$

检查井位于交通干道区域，K 取 6；检查井为污水井，直径 600mm ≤ D ≤ 1000mm，E 取 6；土质为一般土层，T 取 0。

经计算 1<MI=2.8 ≤ 4，修复等级Ⅱ级，没有立即进行处理的必要，但宜安排处理计划。

附录　现场记录表

检查井检查记录应按附表 1 填写。

检查井检查记录表　　　　**附表 1**

任务名称：　　　　　　　　　　　　　　　　　　　　第　页　共　页

<table>
<tr><td colspan="2">检测单位名称：</td><td colspan="6"></td><td>检查井编号</td><td></td></tr>
<tr><td>埋设年代</td><td></td><td>性质</td><td></td><td>井材质</td><td></td><td>井盖形状</td><td></td><td>井盖材质</td><td></td></tr>
</table>

<table>
<tr><td colspan="5">检查内容</td></tr>
<tr><td></td><td colspan="2">外部检查</td><td colspan="2">内部检查</td></tr>
<tr><td>1</td><td>井盖埋没</td><td></td><td>链条或锁具</td><td></td></tr>
<tr><td>2</td><td>井盖丢失</td><td></td><td>防坠落装置</td><td></td></tr>
<tr><td>3</td><td>井盖破损</td><td></td><td>爬梯松动、锈蚀或缺损</td><td></td></tr>
<tr><td>4</td><td>井框破损</td><td></td><td>井壁泥垢</td><td></td></tr>
<tr><td>5</td><td>盖框间隙</td><td></td><td>井壁裂缝</td><td></td></tr>
<tr><td>6</td><td>盖框高差</td><td></td><td>井壁渗漏</td><td></td></tr>
<tr><td>7</td><td>盖框凸出或凹陷</td><td></td><td>腐蚀</td><td></td></tr>
<tr><td>8</td><td>跳动和声响</td><td></td><td>管口孔洞、雨污混接点</td><td></td></tr>
<tr><td>9</td><td>周边路面破损、沉降</td><td></td><td>流槽破损</td><td></td></tr>
<tr><td>10</td><td>井盖标示错误</td><td></td><td>井底积泥、杂物</td><td></td></tr>
<tr><td>11</td><td>是否为重型井盖
（道路上）</td><td></td><td>水流不畅</td><td></td></tr>
<tr><td>12</td><td>其他</td><td></td><td>浮渣</td><td></td></tr>
<tr><td>13</td><td>—</td><td></td><td>其他</td><td></td></tr>
<tr><td>备注</td><td colspan="4"></td></tr>
</table>

检测员：　　　　记录员：　　　　校核员：　　　　检查日期：　年　月　日

雨水口检查记录应按附表 2 填写。

雨水口检查记录表

附表 2

任务名称：　　　　　　　　　　　　　　　　　　　　　　　　第　页　共　页

检测单位名称					雨水口编号			
埋设年代		材质		雨水箅形式		雨水箅材质		下游井编号	
检查内容								

	外部检查		内部检查	
1	雨水箅丢失		铰或链条损坏	
2	雨水箅破损		裂缝或渗漏	
3	雨水口框破损		抹面剥落	
4	盖框间隙		积泥或杂物	
5	盖框高差		水流受阻	
6	孔眼堵塞		私接连管	
7	雨水口框突出		井体倾斜	
8	异臭		连管异常	
9	路面沉降或积水		防坠落装置	
10	其他		其他	
备注				

检测员：　　　　　记录员：　　　　　校核员：　　　　　检查日期：　年　月　日

参考文献

[1] 广州市市政集团有限公司.城镇排水管道检测与评估技术规程:CJJ 181—2012[S]. 北京:中国建筑工业出版社，2012.

[2] 天津市排水管理处．城镇排水管道维护安全技术规程：CJJ 6—2009[S]. 北京：中国建筑工业出版社，2009.

[3] 上海市排水管理处、江苏通州四建集团有限公司．城镇排水管渠与泵站运行、维护及安全技术规程：CJJ 68—2016[S]. 北京：中国建筑工业出版社，2016.

[4] 北京市测绘设计研究院、正元地理信息有限责任公司．城市地下管线探测技术规程：CJJ 61—2017[S]. 北京：中国建筑工业出版社，2017.

[5] 上海市技术质量监督局．排水管道电视和声呐检测评估技术规程：DB31/T 444—2022[S]. 北京：中国标准出版社，2022.

[6] 山东省建筑科学研究院、中建八局第一建设有限公司．城镇排水管道检测与评估技术规程：DB37/T 5107—2018[S]. 北京：中国建材工业出版社，2018.

[7] 广州市市政集团有限公司．室外排水管道检测与评估技术规程：T/CECS 1507—2023[S]. 北京：中国建筑工业出版社，2024.

[8] 王和平．排水管道健康状况评估方法的研究 [J]. 给水排水，2011，47（8）.

[9] 李田，郑瑞东等．排水管道检测技术的发展现状 [J]. 中国给水排水，2006.

[10] 王和平，安关峰，谢广勇.《城镇排水管道检测与评估技术规程》(CJJ 181—2012）解读 [J]. 给水排水，2014，50（2）：124-127.

[11] 王珊珊，地下排水管道状态评价理论研究 [D]. 北京：中国地质大学，2014.

[12] 张珺．论排水管道的检测及评价方法 [J]. 给水排水，2011，47（S1）.

[13] 严敏，高乃云．现代排水管道检测技术 [J]. 给水排水，2007，(1）.

[14] 范秀清，欧芳等．城市排水管道非开挖修复技术探讨 [J]. 市政技术，2012，30（1）.

[15] 李卫海，林碧华等．城镇排水管道检测技术的发展与应用 [J]. 广州建筑，2009，37（1）.

[16] 周勇．排水管道的内窥检测技术 [J]. 中国市政工程，2007，(1）.

[17] 安关峰．城镇排水管道非开挖修复工程技术指南 [M]. 北京：中国建筑工业出版社，2016.

[18] 朱军 . 排水管道检测与评估 [M]. 北京：中国建筑工业出版社，2018.
[19] 邬星伊，王和平，郑以微 . 美国《检查井评估和认证程序》简介 [J]. 给水排水，2013，49（8）：104-107.
[20] 邬星伊 . 城镇排水检查井评估方法的研究 [D]. 广州：广东工业大学，2013.
[21] 马艳，周骅，余凯华等 . 排水管道（箱涵）检测及安全评估技术研究进展 [J]. 净水技术，2016，35（S1）：147-149+165.
[22] 中国城镇供水排水协会城市排水分会、中国标准化协会城镇基础设施分会、中国城市规划协会地下管线专业委员会 . 城镇排水管道检测与非开挖修复工程消耗量定额 2020[M]. 北京：中国建筑工业出版社，2020.
[23] 广东省非开挖技术协会 . 广东省排水管道非开挖修复更新工程预算定额 2019[M]. 北京：中国建筑工业出版社，2019.
[24] 陈水开，安关峰 . 市政工程潜水作业技术指南 [M]. 北京：中国建筑工业出版社，2020.
[25] 高立新 . 埋地塑料排水管道施工技术 [J]. 建设科技，2010，（11）.